BAU DIR DEINEN CAMPER

PIA VOIGT

Stiftung Warentest

INHALTS-VERZEICHNIS

BAD UND KÜCHE

INNENAUSBAU

ZUBEHÖR & SICHERHEIT

SERVICE

Achtung!
Warning!
Remove curtains from the danger zone when using

KAPITEL 1

BEDARFS-ERMITTLUNG

NUTZERTYPEN

Sie träumen davon, im eigenen, individuell gestalteten Camper die Welt zu erkunden? Dieses Buch hilft Ihnen, diesen Traum wahr werden zu lassen. Der erste Schritt: das richtige Fahrzeug finden.

Selbermachen statt kaufen? Das lohnt sich für alle, die selbst anpacken und gestalten wollen. Es freut natürlich auch den Geldbeutel: Statt etwa 70 000 Euro für ein Wohnmobil von der Stange auf den Tisch zu legen, können Sie es sich mit einem selbst ausgebauten zu einem Kurs von 20 000 Euro (inklusive Basisfahrzeug) ermöglichen, in einem vollständig autarken Kastenwagen auf Reisen zu gehen. Und es geht sogar noch günstiger. Unsere Kalkulationen finden Sie ab Seite 40.

Bevor Sie sich für die Basis Ihres künftigen Campingfahrzeugs entscheiden, sollten Sie sich Klarheit darüber verschaffen, welche Art von Urlaub Sie damit unternehmen möchten. Planen Sie hauptsächlich Wochenendtrips innerhalb Deutschlands, möchten Sie Sommer- wie Winterurlaube damit verbringen, oder soll es sogar eine längere Reise werden? Ein einsamer Platz am See in den gewaltigen Weiten Norwegens, umgeben von wilder Natur und an Geräuschen nichts als dem Zwitschern der Vögel? Oder doch lieber Strandurlaub auf dem bunten, trubeligen Campingplatz direkt am Meer mit der ganzen Familie? Oder vielleicht von beidem etwas?

Auf den folgenden Seiten helfen wir Ihnen bei der Entscheidungsfindung, das heißt, wir geben Ihnen das Hintergrundwissen, um zu entscheiden, welches Modell und welche Ausbauten zu Ihren Reisegewohnheiten und -vorlieben passen.

Haben Sie bereits ein älteres Wohnmobil oder einen Campervan erworben, der von den Vorbesitzern ausgebaut wurde? Und möchten Sie dieses Fahrzeug Ihren eigenen Bedürfnissen optimal anpassen? Dann finden Sie in diesem Ratgeber die besten Tipps für schlaue Umbauten wie beispielsweise die Vergrößerung eines Fensters (siehe Seite 60), die Verbreiterung des Wagens für ein Querschläfer-Bett (siehe Seite 174) oder die Nachrüstung einer Wassertanksonde (siehe Seite 132).

Sollten Sie sich noch nicht für ein Modell entschieden haben, finden Sie ab Seite 18 eine Übersicht der verschiedenen Klassen, die sich gut für den Selbstausbau eignen. Und ab Seite 27 erhalten Sie eine Kaufberatung inklusive Checkliste für Ihr zukünftiges Urlaubs- und Freizeitgefährt.

Reisegewohnheiten

Wohnmobilreisen kommen in vielen Formen und Farben. Sie können Ihren Urlaub stationär auf einem Campingplatz verbringen, während einer Rundreise von Wohnmobilstellplatz zu Wohnmobilstellplatz hüpfen oder gegen kleines Geld auf privaten Bauernhöfen nächtigen. In einigen europäischen Ländern ist auch das Wildcampen erlaubt. Diese Regelung bietet Wohnmobilreisenden die Möglichkeit, auf Parkplätzen in der unberührten Natur zu stehen. Jede Art des Urlaubs erfordert unterschiedliche Voraussetzungen an Ihren Camper. Lesen Sie nachfolgend, welche Infrastruktur wo benötigt wird. Je umfangreicher die benötigte Infrastruktur Ihres Wagens, desto mehr Platz muss dafür vorgehalten werden. Dies sollten Sie bei der Wahl der Größe Ihres Fahrzeugs (ab Seite 15) und bei der Grundrissplanung (ab Seite 32) beachten. In der Realität werden Sie jedes der aufgeführten Ziele mit Ihrem Camper wahrscheinlich einmal anfahren, dennoch sollten Sie um die eigenen Vorlieben wissen.

Campingplätze

Campingplätze bieten die luxuriöseste Art, sein Wohnmobil abzustellen. Dort tummeln sich neben Wohnmobilisten auch Menschen, die ihr Zelt oder ihren Wohnwagen aufstellen oder sich in Mobilheimen einmieten. Campingplätze sind oft sehr familienfreundlich und halten neben Waschhäusern mit Dusche und WC, Ver- und Entsorgungsmöglichkeiten, Stromanschluss und teilweise eigenen Küchen auch zusätzliche Angebote wie WLan, Cafés oder Bars, Spielplätze und sogar Kinderanimation bereit. Auch einen kleinen Supermarkt finden Sie dort nicht selten.

Campingplätze verfügen meist über eine besetzte Rezeption mit bestimmten Ankunftszeiten, an die sich die Urlauberinnen und Urlauber halten müssen. Nach der Anmeldung erhält man eine Einweisung und einen fixen Platz zugewiesen. Mittlerweile trifft man an einer Rezeption hin und wieder auch auf Anmeldeautomaten, die die Anreise auch außerhalb der Arbeitszeiten des Personals ermöglichen. Es empfiehlt sich, die Internetseite eines Campingplatzes zu besuchen, bevor Sie ihn anfahren. Dort finden Sie nicht zuletzt Informationen über Angebote, Preise und Anreisezeiten.

Möchten Sie mit Ihrem selbst ausgebauten Van am liebsten auf Campingplätzen mit deren breitem Angebot stehen, brauchen Sie Ihr Gefährt nur mit dem Nötigsten ausstatten und benötigen beispielsweise keine Solarmodule oder riesige Bordbatterie. Beim Ausbau lässt sich dabei zwar viel Geld sparen, dafür entstehen Ihnen auf dem Campingplatz fortwährend zusätzliche Kosten. Für zwei Personen im Wohnmobil können sie ab 30 Euro pro Nacht rechnen, auch höhere Preise sind keine Seltenheit mehr. Strom kommt meist verbrauchsabhängig oben drauf, hier können Sie also sparen. Um den Service zu nutzen, brauchen Campingplatzbesucher einen Landstromanschluss (siehe Seite 115) und, um sicher zu gehen, eine Kochmöglichkeit (siehe Seite 152) in ihrem Van. Auch eine kleine Spüle (siehe Seite 128) kann praktisch sein, damit man abends zum Zähneputzen nicht ins Waschhaus laufen muss. Eine geräumige Duschkabine inklusive WC würde jedoch nur unnötig Platz rauben.

Wohnmobilstellplätze

Wohnmobilstellplätze befinden sich oft innerhalb von Städten oder in der Nähe touristischer Attraktionen, um Reisenden einen einfachen Zugang zu ermöglichen. Besonders in Tourismusregionen gibt es sie mittlerweile mehr oder minder an jeder Ecke, und im ländlichen Raum werden pri-

Campingregelungen im Ländervergleich

	Campingplatzangebot	Stellplatzangebot	Freistehen
Belgien	Gut, vor allem in Küstennähe	Gering	Übernachtung außerhalb von Camping- und Stellplätzen maximal eine Nacht gestattet, regionale Verbote beachten
Bulgarien	Gering	Gering	Nicht gestattet
Dänemark	Sehr gut	Gut	Nicht gestattet
Deutschland	Sehr gut	Sehr gut	Zur Wiederherstellung der Fahrtüchtigkeit erlaubt, regionale Verbote beachten
Estland	Vor allem an der Küste	Nicht vorhanden	Außerhalb geschlossener Ortschaften gestattet
Finnland	Gut	Mittel	Regionale Verbote beachten
Frankreich	Sehr gut	Sehr gut	Unterschiedliche Regelungen vor Ort
Griechenland	Gut, vor allem an der Küste	Gering	Nicht gestattet
Großbritannien	Sehr gut	Nicht vorhanden	Unterschiedliche Regelungen vor Ort
Irland	Gut	Nicht vorhanden	Unterschiedliche Regelungen vor Ort
Italien	Sehr gut	Sehr gut, vor allem in Nord- und Mittelitalien	Unterschiedliche Regelungen vor Ort
Kroatien	An der Küste sehr gut	Gering	Nicht gestattet
Lettland	Gut	Nicht vorhanden	Außerhalb geschlossener Ortschaften gestattet

vate Angebote etwa auf Bauernhöfen immer beliebter.

Wohnmobilstellplätze können so unterschiedlich aussehen wie ihre Preise. Zwischen 0 Euro und 30 Euro pro Nacht bekommen Sie mal mehr, mal weniger Luxus geboten. Beginnend bei einem einfachen Parkplatz mit Ver-und Entsorgestation bis hin zu Stellplätzen, die sich kaum von Campingplätzen unterscheiden. Meist fährt man an eine Schranke, zahlt dort für die Nacht an einem Automaten und sucht sich selbstständig einen Platz aus. Hin und wieder bezahlen Sie auch bei einem Wart, der mehrmals täglich den Platz abläuft und direkt am Wohnmobil kassiert. Die schönsten Stellplätze Deutschlands, Österreichs und der Schweiz finden Sie in unserem Buch „Traumziele mit dem Wohnmobil".

Wollten Sie schon immer einmal Ihre Frühstückseier direkt von den frei laufenden Hühnern bekommen, die Sie gerade zufrie-

	Campingplatzangebot	Stellplatzangebot	Freistehen
Litauen	Gut an der Küste und an den Seen	Nicht vorhanden	Außerhalb geschlossener Ortschaften gestattet
Luxemburg	Gut	Gering	Nicht gestattet
Niederlande	Sehr gut	Gering	Nicht gestattet
Norwegen	Gut, insbesondere im südlichen Landesteil	Gering	Regionale Verbote beachten
Österreich	Gut	Gut	Für eine Nacht gestattet, regionale Verbote beachten
Polen	Gut, vor allem an der Küste	Gering	Nicht gestattet
Portugal	Vor allem in Küstennähe	Gering	Nicht gestattet
Rumänien	Vor allem an der Küste	Nicht vorhanden	Überall gestattet
Schweden	Gut im mittleren und südlichen Landesteil	Gering	Regionale Verbote beachten
Schweiz	Gut	Gut	Nicht gestattet
Serbien	Gering	Nicht vorhanden	Nicht gestattet
Slowakei	Mittel	Nicht vorhanden	Nicht gestattet
Slowenien	Gut im Nordwesten des Landes	Gering	Nicht gestattet
Spanien	Sehr gut	Gering	Nicht gestattet
Tschechien	Gut	Nicht vorhanden	Nicht gestattet
Ungarn	Gut	Nicht vorhanden	Nicht gestattet

den gackernd über den Bauernhof streifen sehen? Währenddessen nebenan auf den saftigen Weiden Kühe und Schafe grasen? Wenn Sie sich nach einer solchen Landidylle sehnen, sollten Sie einen Blick auf die Internetseite park4night.com werfen. Dort finden Sie neben Wohnmobilstell- und Campingplätzen weltweit auch private Angebote von Bäuerinnen und Winzern. Wählen Sie dafür Angebote mit dem Traktor-Button aus. Weitere Onlineplattformen dieser Art sind landvergnuegen.com (Deutschland), france-passion.com (Frankreich), greenstop24.it (Italien), espana-discovery.es (Spanien), swissterroir.ch (Schweiz), pintrip.eu (Dänemark) und britstops.com (GB und Irland).

Gegen Kost und Logis selbst auf dem Bauernhof mit anpacken können Sie über die Plattformen workaway.info und wwoof.net. Diese Angebote ermöglichen eine gute Gelegenheit, Einheimische kennenzulernen, die auch den einen oder an-

MEISTER-TIPP

Zum Tanken von Wasser müssen auch Freisteher gelegentlich Ver- und Entsorgestellen aufsuchen. Diese befinden sich häufig an Wohnmobilstellplätzen, sind aber oft auch ohne Nutzung des Stellplatzes zugänglich. Gegen kleines Geld erhalten Sie dort frisches Wasser und können Ihr Abwasser fachgerecht entsorgen.

deren Geheimtipp über die Region auf Lager haben.

Möchten Sie auf dem Städtetrip das bunte Treiben vom Wohnmobilstellplatz aus erkunden oder auf Bauernhofstellplätzen wahre Landluft schnuppern? In diesem Fall steht Ihnen meist eine gewisse Infrastruktur zur Verfügung. Landstromversorgung, Ver- und Entsorgungsstellen für Wasser und unter Umständen auch Sanitäranlagen finden sich auf vielen Wohnmobilstellplätzen. Die Bauernhöfe sind dagegen oft schlechter ausgestattet. Trotz der häufig vorhandenen Versorgungsmöglichkeiten ist bei dieser Art des Campings also eine gewisse Eigenständigkeit notwendig. Ein WC ist empfehlenswert, auch eine Dusche im Camper kann in solchen Fällen nicht schaden. Hierfür müssen Sie jedoch nicht gleich ein ganzes Badezimmer in Ihren Camper bauen. Auf Seite 144 zeigen wir Ihnen schlaue Optionen für platzsparende Heckduschen.

Ein Landstromanschluss ist auf dem Wohnmobilstellplatz unerlässlich, doch längst nicht überall findet sich eine Stromversorgung, weshalb auch der Batteriespeicher (siehe Seite 101) für einige Tage reichen sollte.

Freistehen

In den baltischen Staaten Estland, Lettland und Litauen sowie in Finnland, Norwegen und Schweden ist Wildcampen allgemein erlaubt. Das allseits bekannte Jedermannsrecht der skandinavischen Länder bezieht sich zwar offiziell aufs Zelten, wird aber sehr locker gehandhabt. Dort dürfen Sie, unter Berücksichtigung lokaler Vorgaben, auf Parkplätzen in der unberührten Natur Ihren Campingtisch auspacken. In den meisten anderen europäischen Ländern ist wildes Campen verboten. Aber auch in Deutschland können Sie mit Ihrem Camper freistehen. Denn hier dürfen Sie – sofern nicht explizit verboten – zur „Wiederherstellung der Fahrtüchtigkeit" quasi an jedem öffentlichen Ort eine Nacht verbringen. Solange Sie kein Campingverhalten zeigen, wird das Übernachten somit toleriert. Campingstühle aufstellen und die Markise ausfahren sind jedoch tabu. Ebenfalls geduldet wird dieses Verhalten in Österreich oder Belgien.

Möchten Sie größtenteils an abgelegenen Orten in der Wildnis nächtigen, sollte der Ausbau Ihres Vans etwas umfangreicher ausfallen. Die Möglichkeiten zu duschen (siehe Seite 142), auf die Toilette zu gehen (siehe Seite 148) und ausreichend mit Strom (siehe Seite 96) und Wasser (siehe Seite 128) versorgt zu sein, müssen Sie sich dann in Ihrem Camper selbst schaffen. Der hier investierte Mehraufwand lohnt sich aber, wenn Sie etwa in Norwegen nicht auf einen teuren Campingplatz fahren müssen, sondern rund um die Uhr kostenlos die unberührte Natur genießen können.

Ist Ihre Stromversorgung durch Solarpanel (siehe Seite 107) und eine großzügig ausgelegte Batterie (siehe Seite 101) hoch genug, können Sie auf den Einbau eines Landstromanschlusses verzichten. Freisteher laden verbrauchte Batteriespeicher für gewöhnlich während der Fahrt wieder auf.

Kurzurlaub oder Vanlife

Auch die Länge Ihrer geplanten Urlaube spielt eine Rolle, wenn es um die Entscheidung für das geeignete Basisfahrzeug geht. Planen Sie, hauptsächlich über die langen Wochenenden ans Meer zu fahren, kann ein Mini-Camper (siehe Seite 18) oder ein flacher Campingbus (siehe Seite 20) die perfekte Option für Sie darstellen. Sollen auch längere Sommerurlaube drin sein, bietet sich ein Campingbus mit Hubdach oder gleich mit Stehhöhe (siehe Seite 21) an. Möchten Sie bei jedem Wetter über mehrere Wochen oder sogar Monate reisen, kann je nach Platzbedürfnis ein Kastenwagen bis 3,5 Tonnen (siehe Seite 22) oder ein Expeditionsmobil über 3,5 Tonnen (siehe Seite 24) die für Sie beste Wahl abgeben.

Wie viele bin ich?

Die Anzahl der Reisenden spielt für den Wohnmobilausbau eine große Rolle. Wenn niemand im Zelt schlafen möchte, muss jedes Familienmitglied einen Schlafplatz im Van finden und der Camper braucht genügend Sitzplätze. Die Rechnung ist einfach: Je mehr Personen, desto größer sollte das Wohnmobil sein.

Die Platzfrage gilt jedoch nicht nur für Zweibeiner. Auch Ihre Haustiere wollen mitgedacht werden. Dabei müssen Hundebesitzer nicht gleich auf ein größeres Modell zurückgreifen. Bei der Entscheidung für das richtige Basisfahrzeug und die Planung des Ausbaus sollten Sie jedoch im Hinterkopf behalten, wie viel Platz Futter, Leine, Napf und Co einnehmen, damit Sie beim Start in Ihren ersten Urlaub kein Tetris spielen müssen. Da der Boden eines Campers schnell auskühlt, empfiehlt es sich zudem, Heizmatten unter den Fußboden zu legen, um dem Haustier auch in kälteren Nächten ein warmes Plätzchen bieten zu können. Wie das geht, erfahren Sie auf Seite 65.

MEISTER-TIPP

Gehen Sie hauptsächlich in Restaurants essen und kochen nur bei bestem Wetter? Dann reicht schon ein kleiner Campingkocher oder eine ausziehbare Außenküche. Soll auch bei Wind und Wetter gekocht werden, benötigt Ihr Wagen genug Platz und am besten sogar Stehhöhe im Küchenbereich (siehe Seite 152).

Komfort

In den vorangegangenen Abschnitten wurden die für die unterschiedlichen Begebenheiten absolut nötigen Merkmale beleuchtet. Wichtig ebenso: Sie sollen sich in Ihrem Van wohlfühlen, denn schließlich geht es hier um das Gefährt für Ihren Urlaub, das ideal auf Ihre Bedürfnisse zugeschnitten sein sollte. Um es mit Oscar Wilde zu halten: „Man umgebe mich mit Luxus, auf das Notwendige kann ich verzichten." Übersetzt in die Wohnmobilwelt: Auch wenn Sie allein und nur an den Wochenenden auf dem Campingplatz unterwegs sein möchten, mögen Sie vielleicht dennoch nicht auf den Luxus einer großzügigen Küche mit Stehhöhe verzichten. Am wichtigsten ist, dass Sie sich wohlfühlen. Wenn Sie sich bezüglich Ihrer Reisegewohnheiten noch unsicher sind, ist es empfehlenswert, lieber mehr Platz zu haben.

Die Jahreszeit

Wintercampingplätze ermöglichen es Ihnen, den Skiurlaub deutlich günstiger zu verbringen als im Hotel oder in der Ferienwohnung. Nach einem anstrengenden Skitag möchte man sich ungern wie eine Sardelle in seinen flachen Camper ohne Stehhöhe zwängen und der nassen Kleidung entledigen. Ein geräumiger Wagen bietet sich daher eher an als ein kleiner. Wenn es kalt wird, brauchen Sie im Van ebenso die entsprechende Ausrüstung. Eine Standheizung (Seite 62) ist dann unabdingbar. Je nach Einbausituation benötigen Sie zudem eine beheizte Batterie und isolierte Wassertanks. Auch über eine warme Dusche freut man sich nach einem ereignisreichen Skitag umso mehr. Wie Sie Warmwasser in Ihrem Wohnmobil installieren, zeigen wir Ihnen ab Seite 140.

Im Herbst erstrahlen die grünen Weiten Schottlands oder Irlands in satten Farben, aber man muss auch auf Regen gefasst sein und darauf, mehrere Tage drinnen verbringen zu müssen. Hier sollten Sie sich fragen, ob es Ihnen etwas ausmacht, den Regen im Dachzelt Ihres Mini-Campers (Seite 19) auszusitzen, oder ob Sie lieber einen Kakao auf der Couch Ihres Kastenwagens (Seite 23) schlürfen würden. Auch im Frühling kann es noch kalt sein, weshalb sich eine Heizung nahezu aufdrängt (Seite 62). Reine Sommerurlauber verbringen einen Großteil ihres Tages draußen und nutzen den Camper häufig nur, um nach einem aufregenden Tag müde ins Bett zu fallen. Hier gilt: Weniger ist mehr.

Zeitaufwand

Bauen Sie einen kleinen Wagen aus oder haben viel Zeit für das Projekt, kann Ihr Vorhaben in ein paar Wochen bis Monaten erledigt sein. Kompliziertere Ausbauprojekte können schon einmal bis zu einem Jahr in Anspruch nehmen, und manche Expeditionsmobil-Ausbauer tüfteln sogar mehrere Jahre am Fahrzeug herum – verständlich, wenn es für die lang geplante Weltreise herhalten oder den festen Wohnsitz sogar vollständig ersetzen soll.

Zugleich gilt: Ein Wohnmobilausbau ist niemals wirklich abgeschlossen. Ob eigenes Projekt, altes Wohnmobil oder moderner vorgefertigter Ausbau, es lässt sich alles Mögliche in Wohnmobile einbauen oder in aufwendigeren Bauten nachrüsten. Daher tauchen in diesem Buch immer wieder Abschnitte auf, die sich mit dem Umbau fertiger Wohnmobile beschäftigen, inklusive Anleitungen und Inspirationen. Denn auch wenn die Reisegefährte gründlich durchgeplant sind – eine bedarfsgerechte Anpassung ist immer möglich. Oder Sie haben vor längerer Zeit ausgebaut und Ihre Lebenssituation ist nicht mehr dieselbe, weshalb Sie Änderungen vornehmen möchten. Dann sind unsere Umbauseiten das Richtige für Sie. Die Seiten sind mit dem Stichwort „Umbau" markiert. Aber schenken Sie auch den restlichen Inhalten genug Aufmerksamkeit, denn dort lernen Sie, wie die unterschiedlichen Systeme funktionieren, deren Wechsel oder Nachrüstung Sie planen. Sie erfahren dort beispielsweise, welche Optionen es gibt, wenn Sie ein Fenster tauschen möchten (Seite 56). Oder falls Sie anstelle Ihrer Chemietoilette eine ökologischere Trockentrenntoilette einbauen wollen (siehe Seite 149), hilft Ihnen das Kapitel 5 dabei, die Grundlagen und Unterschiede der verschiedenen Systeme besser zu verstehen.

DER WAGEN

Im Grunde ist es möglich, jedes beliebige Fahrzeug zum Camper umzubauen. Aber natürlich eignen sich einige Typen besser als andere. Auf den folgenden Seiten geben wir Ihnen Tipps, worauf es bei der Auswahl ankommt, und stellen die beliebtesten Fahrzeugtypen vor.

Sie haben die Qual der Wahl: Ob Mini-Camper oder Expeditionsmobil, jedes Modell eignet sich für unterschiedliche Reisesituationen, doch es gibt ein paar allgemeingültige Regeln. So bieten sich beispielsweise wegen des geringeren Verbrauchs und des höheren Drehmoments für lange Strecken eher Dieselmotoren an. Auch gilt: Ein weißer Van heizt sich in der Sonne langsamer auf als ein dunkles Fahrzeug.

Transporter eignen sich besser als Fensterbusse

Besser als Personentransporter, die für gewöhnlich ringsherum mit Fenstern ausgestattet sind, eignen sich Wagen ohne oder mit nur wenigen werkseingebauten Fenstern für den Ausbau. Originalverbaute Fenster sind einwandig und halten Wärme schlechter als nachgerüstete Campingfenster, die aus zwei Schichten Kunststoff bestehen. Zudem müssen in solchen Fensterbussen je nach Grundriss bereits bestehende Fenster mit Verkleidung verbaut werden, was nicht nur unschön aussieht, sondern auch zu Feuchtigkeit in Hohlräumen führen kann. Eine Anleitung zum Fenstereinbau und weitere Informationen finden Sie ab Seite 56.

Das Höhen- und Längenalphabet

Vielleicht ist Ihnen beim bisherigen Stöbern schon aufgefallen, dass manchen Kaufanzeigen Bezeichnungen wie „L1H2“ oder „L2H2“ beigefügt sind. Dabei handelt es sich nicht um einen geheimen Händlercode, sondern um eine Längen- und Höhenbezeichnung der Modelle. Ein VW Crafter in L1H1 ist die niedrigste und kürzeste Version des Modells. Bei einem VW Crafter mit L1H2 ist die Länge quasi unverändert, aber der Wagen ist höher bemessen. Das Spiel können Sie so weiterspielen, teilweise gibt es sogar Modelle in L4H3, diese sind dann jedoch so groß, dass Sie bei einem fertigen Ausbau auf das zulässige Gesamtgewicht aufpassen müssen, ganz abgesehen davon, dass Rangieren auf dem Stellplatz dann keinen Spaß mehr macht.

Bei der Bezeichnung handelt es sich außerdem lediglich um eine Einordnung, die exakten Maße variieren je nach Hersteller und Baujahr. Ein VW Transporter in L2H2 ist beispielsweise deutlich kleiner als ein Mercedes Sprinter derselben Bezeichnung, da sie unterschiedlichen Fahrzeugklassen angehören. Und auch wenn innerhalb derselben Fahrzeugklasse viele Modellreihen baugleich sind, gibt es dort Unterschiede. So ist etwa ein L3H2 Mercedes Sprinter nicht exakt bemessen wie ein Renault Master in L3H2. Die Maße können um mehrere Zentimeter voneinander abweichen, und selbst das gleiche Modell kann in unterschiedlichen Baujahren länger oder kürzer ausfallen.

Niedrige Modelle sind praktisch

Camper ohne Stehhöhe bieten zwar weniger Komfort, dafür aber einige andere Vorteile. Die geringe Höhe bietet beim Fahren weniger Luftwiderstand, wodurch die Wagen verhältnismäßig sparsam fahren. Neben geringerem Verbrauch hört man außerdem weniger Fahrgeräusche.

Modelle, die niedriger als 2,10 Meter sind, bieten sich besonders für Frankreichurlauber an, da die meisten Strandzufahrten mit einer Durchfahrtshöhe begrenzt werden. Ein niedriges Fahrzeug erspart dann nerviges Suchen nach Parkplätzen. Auch in der Stadt sind niedrige Camper praktisch für Parkhäuser oder Garagen. Geeignete Fahrzeugklassen sind Mini-Camper (siehe Seite 18) sowie niedrige Campingbusse (siehe Seite 20). Wer die Vorteile eines niedrigen Campers genießen und dennoch nicht auf Stehhöhe verzichten möchte, kann sich für einen Campingbus mit

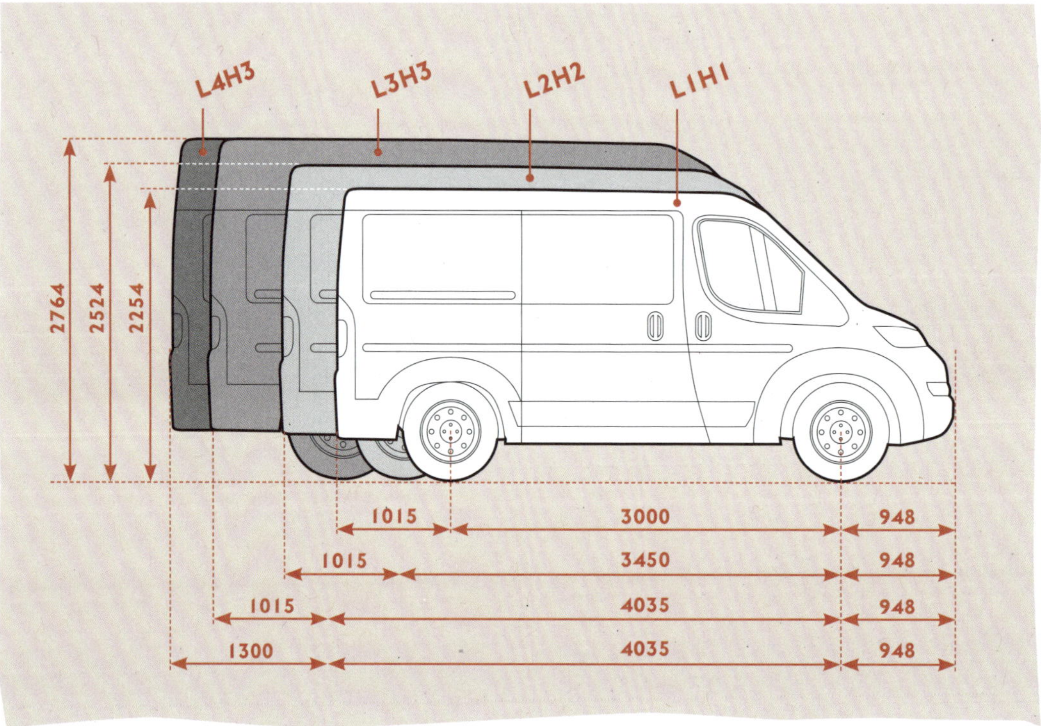

Außenmaße eines Peugeot Boxer, Baujahr 2015. Baugleich mit Fiat Ducato und Citroën Jumper

Aufstelldach entscheiden. Wie sich ein solches Aufstelldach in einem flachen Van nachrüsten lässt, lesen Sie ab Seite 77.

Camper mit Stehhöhe

Camper mit Stehhöhe bieten viel mehr Stauraum und sind daher besonders für längere Reisen und für Familien geeignet. Zudem ist es einfach viel komfortabler, im Wagen aufrecht stehen zu können, ohne vorher Umbauaufwand zu haben. Der Luxus eines hohen Campers oder Kastenwagens hat jedoch seinen Preis.

Hohe Camper bieten mehr Angriffsfläche für Wind und Wetter, was den Motor deutlich mehr Sprit schlucken lässt. Besonders inklusive Aufbauten kann der höhere Schwerpunkt bei plötzlichen Windböen (zum Beispiel auf Brücken) sogar gefährlich werden. Wer das Auto zwischen den Urlauben vor Witterung schützen möchte, braucht ein großes Carport oder muss einen teuren Hallenplatz mieten, denn ein so hohes Fahrzeug passt in keine Garage. Auch auf Fähren zahlen Sie drauf.

Heck- oder Frontantrieb

Ob Ihr Fahrzeug einen Front- und Heckantrieb hat, ist in den meisten Situationen nicht spürbar, doch es gibt Unterschiede. Wagen mit Frontantrieb haben aus baulichen Gründen zwar einen größeren Wendekreis, dafür aber häufig eine niedrigere Ladekante. Dieser tiefe Einstieg ist beim Campen praktisch. Sie sind außerdem baulich leichter, weshalb beim Ausbau mit mehr Zuladung gerechnet werden kann.

Mit einem Heckantrieb haben Sie besseren Halt, weil ausgebaute Camper hinten tendenziell schwerer sind. Das kann sich auf der nassen Wiese und sandigem oder aufgeweichtem Untergrund bemerkbar machen. Hinzu kommt, dass Wagen mit Heckantrieb einen kleineren Wendekreis haben und auch ein besseres Kurvenverhalten an den Tag legen, weil die Achslastverteilung ausgeglichener ist.

MEISTER-TIPP

Falls Sie einen Camper mit Heckantrieb besitzen und seine Geländegängigkeit verbessern möchten, ist es möglich, ihn zum Allradfahrzeug umzurüsten. Bei Wagen mit Frontantrieb ist dies wegen fehlenden Platzes für eine Kardanwelle schwer möglich. Den Umbau sollte eine spezialisierte Firma durchführen.

Abenteuer Allrad

Sind Sie abenteuerlustig und möchten über Gebirgsstraßen in der Schweiz zu abgelegenen Seen fahren oder in Marokko durch die Sahara düsen? Dann könnte ein Allradcamper für Sie sinnvoll sein. Besonders gut eignen sich dafür Geländewagen (siehe Seite 18) oder Expeditionsmobile (siehe Seite 24) als Basisfahrzeug.

Bei 4x4-Campingbussen (siehe Seite 20) oder -Kastenwagen (siehe Seite 25) gilt es zu beachten, dass die niedrigere Bodenfreiheit vor allem bei einem langen Überstand am Heck des Fahrzeugs einen deutlich kleineren Böschungswinkel ermöglicht. Bei wenig Bodenfreiheit in Kombination mit großem Radstand besteht außerdem die Gefahr, an steilen Kuppen aufzusetzen. Dennoch lassen sich viele Wege abseits der Straßen bei bedachter Fahrt und der nötigen Übung auch mit geländegängigen Kastenwagen oder Campingbussen gut meistern.

STECKBRIEF

Mini-Camper

Im Internet kursieren diverse Videos motivierter Bastlerinnen und Bastler, die sogar aus Twingos winzige Camper zaubern. Die Ergebnisse stellen jedoch eher kreative Experimente als ernsthafte Urlaubsgefährte dar.

Aber mal ehrlich, Mini-Camper sind die Tiny-Häuser unter den Wohnmobilen. Dazu zählen Hochdachkombis (zulässige Gesamtmasse bis 2,5 Tonnen) wie der VW Caddy, Renault Kangoo, Citroen Berlingo und der Fiat Doblo. Für die etwas waghalsigeren Reisenden eignen sich auch verschiedene Geländewagen (zulässige Gesamtmasse bis 3,5 Tonnen) wie der Land Rover Defender, Suzuki Jimny, Toyota Land Cruiser oder Nissan Patrol. Auch wenn Geländewagen groß und hoch wirken, zählen wir sie noch zu den Mini-Campern, da sie trotz ihrer Größe verhältnismäßig wenig Platz für einen Innenausbau bieten.

Das Richtige für Frischluftfanatiker

Mini-Camper sind extrem wendig und Sie kommen damit quasi überall hin. Kostentechnisch können Sie schon ab 4000 Euro dabei sein. In der Länge liegen die meisten Mini-Camper bei fünf Metern und sind für maximal zwei Personen geeignet. Dennoch ist diese Fahrzeugklasse eher etwas für Alleinreisende oder frischluftliebende Minimalisten.

Der Großteil des Urlaubs findet im Freien statt, aber auch in einen Hochdachkombi lassen sich ein kleiner Arbeitsplatz, ein zum

Sofa faltbares Bett und ein Waschbecken unterbringen (siehe Seite 32f.). Gekocht wird entweder draußen am Heck oder mit einem separaten Campingkocher.

Viele Mini-Camper sind so gebaut, dass Sie die einzelnen Ausbau-Module herausnehmen und den Wagen auch als Alltagsauto nutzen können. Für den Campingurlaub werden dann entweder die hinteren Sitze ausgebaut, oder der Ausbau ist so konzipiert, dass die Sitze umgeklappt werden und mit einer Holzkonstruktion überdeckt als Liegefläche dienen. Wie Sie sehen, bieten Mini-Camper keinen besonders großen Wohnkomfort, sondern sind meist eher Mittel zum Zweck. Auch der begrenzte Stauraum kann den einen oder anderen vor eine große Herausforderung stellen.

Auch wenn sie sich in Innenraumgröße und Ausbaugrundriss nur wenig unterscheiden, eignen sich Hochdachkombis und Geländewagen für sehr verschiedene Campingkonzepte. Während Geländewagen oft für längere Reisen etwa zur Erkundung der marokkanischen Wüste oder für eine Fahrt auf dem Landweg nach Südafrika genutzt werden, sind Caddy und Co. eher etwas für Kurz- oder Sommerurlauber, die etwa vom Zelt aufs Auto umsteigen wollen.

Da es sich bei den Hochdachkombis um „normale" Autos handelt, sind auch höhere Reisegeschwindigkeiten kein Problem für sie. Außerdem fallen die kleinen Wagen nicht besonders auf und sind nicht sofort als Camper zu identifizieren.

Hochdachkombis sind im Vergleich zu anderen Camper-Basisfahrzeugen außerdem sehr günstig erhältlich und auch im Unterhalt nicht teuer. Für einen Geländewagen hingegen müssen Sie häufig nicht nur beim Kauf tiefer in die Tasche greifen, denn die Fahrzeuge sind schwer und haben meist große Motoren. Gepaart mit einem aktivierten Allradmodus erhöht sich der Kraftstoffverbrauch deutlich. Wegen der schweren Motoren zahlen Sie außerdem mehr Steuern.

Dachzelte sind bei Mini-Campern beliebt

Auch wenn sie nicht so viel Komfort bieten wie die Übernachtung innerhalb eines Autos, sind Dachzelte bei Mini-Campern sehr beliebt. Denn Sie bieten einen enormen Platzgewinn und ermöglichen eine geräumigere Grundrissplanung. Verschiedene Grundrisse für Wagen dieser Klasse finden Sie ab Seite 33.

Geländewagen gibt es nur selten ohne Fenster zu kaufen, was schlechte Voraussetzungen für eine optimale Isolierung bietet. Mit einem Dachzelt zu reisen, bietet sich hier daher doppelt an. So wird Feuchtigkeit, die während der Nacht entsteht, nach außen abgegeben und sammelt sich nicht im Innenraum des Wagens. Um Kondensbildung vorzubeugen, sollten Sie Ihre Fenster mit Isoliermatten (siehe Seite 193) bestücken. Neben Dachzelten werden teilweise auch Aufstelldächer verbaut, was jedoch mit einem deutlich größeren Aufwand verbunden ist, da dafür das Dach des Wagens entfernt werden muss. Mehr Infos dazu ab Seite 76.

MEISTER-TIPP

Auf Campingplätzen gehen Mini-Camper für gewöhnlich als normale Autos durch. Daher zahlen Sie dort meist deutlich weniger für Ihren Aufenthalt, als wenn Sie mit einem Gefährt unterwegs sind, das dort als Wohnmobil gilt.

STECKBRIEF

Campingbus

Campingbusse gehören zu den populärsten Wohnmobiltypen in der Ausbauszene. VW-Bullis als Campingmobile mit Kultstatus gibt es mittlerweile in der siebten Generation, wobei von schraubfreudigen Liebhabern auch die älteren Modelle noch immer gern zu Campern umgebaut werden. Weitere Wagen, die sich für den Umbau zum Campingbus eignen sind der Renault Trafic, Mercedes Vito, Ford Transit Custom oder Opel Vivaro. Für gewöhnlich haben die etwa 5 Meter langen Busse eine zulässige Gesamtmasse von 3,2 Tonnen. Preislich bekommen Sie gute Gebrauchte ab 6000 Euro. Ab Seite 27 haben wir zusammengefasst, was Sie beim Gebrauchtkauf beachten sollten.

Der Großteil dieser Modelle läuft flach vom Band. Viele Van-Ausbauer lassen sich jedoch ein Aufstelldach oder sogar ein festes Hochdach aus GFK (Glasfaserverstärkter Kunststoff) einbauen, um im Innenraum stehen zu können. Mehr Infos dazu finden Sie auf Seite 76. Möglicherweise finden Sie aber auch einen ehemaligen Krankenwagen mit bereits integriertem Hochdach in den Maßen H2 oder H3, den Sie ausbauen können. So verfügen Sie trotz kompakten Fahrzeugs über dauerhafte Stehhöhe. In einem Campingbus mit Aufstelldach erreichen Sie an der höchsten Stelle eine Stehhöhe von über zwei Metern. Normalerweise sind Campingbusse für die Reise mit zwei Personen gut geeignet. Aufstelldächer bieten neben der Möglichkeit zur Stehhöhe aber außerdem die Option auf zwei zusätzliche Schlafplätze. So können Sie in einem kompakten Campingbus theoretisch sogar zu viert in den Urlaub fahren. Der Nachteil des Aufstelldachs ist jedoch, dass das Schlafgefühl dem in einem Zelt ähnelt.

Wer einen flachen Campervan zum Camping nutzen möchte, braucht entweder eine klappbare Bettoption oder baut sich ein festes Bett ein. Das Campingerlebnis mit dem festen Bett ähnelt dann dem eines Mini-Campers, da der Urlaub tagsüber quasi vollständig nach draußen verlegt wird. Mit der Option eines modularen Bettes (siehe Seite 176), das sich zu einer Sitzgelegenheit inklusive Tisch umbauen lässt, haben Sie auch an regnerischen oder stürmischen Urlaubstagen einen gemütlichen Rückzugsort zum Beisammensein. Beispiele für Campervan-Grundrisse sehen Sie auf Seite 34.

Gute Alltagstauglichkeit

Sollten Sie sich für ein flaches oder ein Modell mit Aufstelldach entscheiden, bietet es Ihnen eine recht gute Alltagstauglichkeit. Sie sind zwar nicht mehr ganz so handlich wie viele Mini-Camper, passen jedoch noch immer in jede Tiefgarage und in der Stadt auch in die meisten Parklücken. Zusätzlich haben Sie mit einem niedrigen Fahrzeug an Strandparkplätzen keine nervigen Scherereien mit Höhenbegrenzungen.

Die Modelle sind außerdem noch verhältnismäßig leicht und teilweise hoch motorisiert. Wenn es einmal schnellgehen soll, können Sie so auch noch mit höheren Geschwindigkeiten angenehm über die Autobahn rauschen. Das Fahrgefühl ähnelt dabei immer noch eher dem eines großen Pkw. Sobald Sie auf größere Modelle wie Kastenwagen setzen, verhält sich das anders. Dafür ist aber auch beim Campingbus der verfügbare Stauraum immer noch ziemlich begrenzt.

MEISTER-TIPP

Nutzen Sie das Aufstelldach als einzigen Schlafplatz im Van, ist Ihr Camper zwar nur auf zwei Personen ausgelegt, ermöglicht es Ihnen aber, den restlichen Stauraum im Auto optimal zu nutzen, da keine zusätzliche Liegefläche eingeplant werden muss. Der erste Grundriss der Campingbusse auf Seite 34 eignet sich in diesem Fall optimal.

Große Auswahl an Zubehör

Obwohl sie nicht die größten oder geräumigsten sind, erfreuen sich die Campingbusse höchster Beliebtheit in der Camper-Community. Und das ist mitunter ihrem Kultstatus zuzuschreiben. Da sie so viel als Camper genutzt werden, gibt es besonders für die Modelle dieser Klasse schier unzählige maßgeschneiderte Campingaufbauten, wie beispielsweise multifunktionale Dachrinnen mit integrierter Kederschiene für Markisen oder eine Wäscheleine. Für die VW-Transporter sind sogar Drehkonsolen für Doppelsitzbänke erhältlich. Da es oft bereits spezifisch auf die Fahrzeuge angepasste Lösungen dieser Art zu kaufen gibt, bietet dies die Möglichkeit, den geringen Platz in den Campern besonders effizient zu nutzen. Viele entscheiden sich also mitunter für die Klasse der Campingbusse, da es ihnen durch diverse Angebote leicht gemacht wird, passende Ausbauteile zu finden.

STECKBRIEF

Kastenwagen

Kastenwagen sind für den Ausbau ebenfalls sehr beliebt in der Camper-Gemeinde, da sie einen angenehmen Wohnkomfort und viel Platz für ausreichend Stauraum bieten. In den langen Versionen (bis zu 6,50 Meter) lässt sich mit schlauer Planung sogar ein festes Bad inklusive Duschkabine unterbringen. Denn sie sind nicht nur länger und höher als Campingbusse, sondern gehen auch mehr in die Breite. Passende Beispiele für Grundrisse sehen Sie im zweiten Kapitel auf Seite 37. Zu den Kastenwagen gehören unter anderem der Fiat Ducato, VW Crafter, Mercedes Sprinter, Opel Movano, Renault Master, Peugeot Boxer und der Citroen Jumper. Gebraucht starten die Wagen mit meist zulässiger Gesamtmasse von 3,5 Tonnen ab etwa 8000 Euro. Sie eignen sich als Wohnmobil gut für bis zu vier Personen und sind daher perfekt für Familien mit Kindern geeignet.

Teilweise werden auch Pritschenwagen wie ehemalige Rettungswagen zum Wohnmobil umgebaut. Diese tragen dann einen exakt rechteckigen Kastenaufsatz, was den Ausbau zur Wohnkabine um einiges erleichtert. Ein Nachteil: Es gibt keinen direkten Durchgang zur Fahrerkabine, weshalb Grundrissentwürfe mit Drehsitzen somit nicht infrage kommen. Außerdem können in den ehemaligen Pritschenwagen meist maximal drei Personen mitfahren.

Die richtige Höhe finden

Neben den flachen Modellen (H1), die seltener zu Campern umgebaut werden, laufen Kastenwagen in H2 und H3 vom Band. Wer sich beim Campen mit einem Fahrzeug durchgängiger Stehhöhe beglücken will, braucht hier also keine nachträglichen Umbauten durchzuführen, sondern kann sich an dem bedienen, was der Markt bereits hergibt.

Ein H2-Kastenwagen misst innen ungefähr 1,85 Meter, H3-Modelle etwa 2 Meter. Jedoch ist ein H2-Renault Master nicht unbedingt genauso hoch wie ein H2 Fiat Ducato. Bei der Bezeichnung handelt es sich lediglich um eine Einordnung, und die kann von Hersteller zu Hersteller variieren. Die finale Höhe im Innenraum hängt außerdem von der Antriebsform ab. Heckantriebe brauchen für gewöhnlich mehr Platz am Unterboden, der dann im Innenraum abgezogen wird.

Hinzu kommen während des Ausbaus Isolierung, Bodenplatte und Deckenverkleidung, die Ihnen Platz im Wohnraum des Campers stehlen. Für die Dämmung (siehe ab Seite 79) können sie oben und unten jeweils zwei Zentimeter rechnen. Abhängig vom Modell landen Sie mit einem Fahrzeug der Höhe H2 letztendlich ungefähr bei einer Höhe von circa 1,80 Metern und in der H3-Version bei etwa 1,95 Metern.

Etwas Übung ist gefragt

Kastenwagen sind besonders bei reisenden Pärchen oder Familien beliebt, da Sie mit ihrem umfangreichen Platzangebot allerhand Zubehör unterbringen können. Dennoch sollten Sie beachten, dass Sie damit nicht mehr so wendig unterwegs sind und der Weg über den überfüllten Supermarktparkplatz schnell zur Tortur werden kann. Auch das Fahrgefühl eines Kastenwagens ist nicht mehr mit dem eines Pkw vergleichbar. Die Sitzposition liegt etwa einen Meter höher als bei einem Mittelklassewagen. Kastenwagen sind außerdem circa 20 Zentimeter breiter, und der deutlich längere Radstand verändert den Wendekreis. Sehr lange Modelle mit großem Radüberstand am Heck können in Kurven zudem ausscheren. Alles in allem geht eine Umgewöhnung jedoch schnell vonstatten, und auch rückwärts einparken ist mit ein wenig Übung leicht möglich. Um das Geschehen besser überblicken zu können, besitzen Kastenwagen normalerweise zusätzliche Panoramaspiegel unter den Außenspiegeln – für eine bessere Einsicht in den toten Winkel. Auch Rückfahrkameras sind in modernen Modellen keine Seltenheit.

MEISTER-TIPP

Durch den größeren Wendekreis der Kastenwagen müssen Sie vor einer Kurve weit ausholen. So verhindern Sie, dass der innere Hinterreifen den Bordstein mitnimmt, und riskieren keinen vermeidbaren Schaden. Das ist am Anfang zwar etwas gewöhnungsbedürftig, geht Ihnen aber sicher schnell in Fleisch und Blut über. Beim Einparken und Rückwärtssetzen ist eine Rückfahrkamera Gold wert, da besonders ehemalige Nutzfahrzeuge oft keine Heckfenster besitzen und daher der Rückspiegel nutzlos oder gar nicht erst vorhanden ist – Letzteres gilt nicht nur für Kastenwagen.

STECKBRIEF

Expeditionsmobil

Diese großen Allradwagen eigenen sich für extreme Umweltbedingungen und werden meist für Fernreisen genutzt. Sie eignen sich wegen ihrer Pritschenform meist für etwa zwei bis drei Personen, zeichnen sich durch einen besonders hohen Grad an Geländegängigkeit und Autarkie aus und können wochenlang ohne externe Versorgung bewohnt werden. Sie können damit Trips in die Wüste oder ins unwegsame Gebirge machen, und die Wagen sind auf Reisen bis in die entlegensten Winkel der Welt ausgelegt.

Um den notwendigen Platz zu haben und gleichzeitig den Zuladungsanforderungen an das Auto zu entsprechen, werden hierfür meist leichte Lkw ab 6,50 Metern Länge mit aufgesetzter Wohnkabine genutzt, die eine hohe Bodenfreiheit besitzen und besonders widerstandsfähig sind. Zu Expeditionsmobilen umgebaut werden robuste Arbeitstiere wie der ursprünglich für den Ackerbau entwickelte Mercedes Unimog oder andere ehemalige Militärfahrzeuge wie beispielsweise der Steyr 12M18. Wegen ihrer Größe können die Grundrisse für Expeditionsmobile (siehe Seite 38) geräumig und komfortabel ausfallen, und auch der mögliche Stauraum scheint schier unbegrenzt. Allein wegen diverser Geschwindigkeitsbeschränkungen für Fahrzeuge dieser Gewichtsklasse, fällt die Reisegeschwindigkeit mit großen Expeditionsmobilen eher langsam aus, was bei langen Fernreisen nur wenig ins Gewicht fällt.

Aber auch Allrad-Kastenwagen taugen als Expeditionsmobile, die auf über 3,5 Tonnen aufgelastet werden, damit neben all dem Zubehör auch das zusätzliche Gewicht von Allradantrieb, zweitem Kraftstofftank, ausreichend Wasser und diverser Bergungstechnik mühelos bewältigt werden kann.

> **MEISTER-TIPP**
>
> **Neue Wohnmobile über 3,5 Tonnen müssen bereits nach zwei Jahren zur ersten Hauptuntersuchung. Bei Wagen, die älter als sechs Jahre sind, verkürzt sich diese Zeit sogar auf zwölf Monate.**

Unabhängigkeit ist teuer

Wenn Sie sich ein Expeditionsmobil zulegen möchten, liegt nicht nur ein enormer Umbauaufwand vor Ihnen, es wird Sie auch einiges kosten. Die Wagen gehören wegen Ihrer Größe, Robustheit und Geländegängigkeit zu den besonders teuren Basisfahrzeugen für Wohnmobile und starten ab etwa 20 000 Euro. Neben den Ausgaben für das Basisfahrzeug muss teilweise noch eine zusätzliche Wohnkabine für den Ausbau erworben werden. Auch der Unterhalt ist nicht auf die leichte Schulter zu nehmen. Die leichten Unimog und Co können bei sparsamer Fahrt auf etwa 20 Liter pro 100 Kilometer gebracht werden. Im Gelände kann dieser bereits hohe Verbrauch dann noch um ein Vielfaches steigen. Neben deutlich erhöhten Kosten entspricht dies auch einer deutlich stärkeren Umweltbelastung. Zudem erwarten Sie neben hohen Steuern unter Umständen auch höhere Mautgebühren.

Hinzu kommt, dass Sie für einige der Fahrzeuge im Besitz eines Führerscheins der Klasse C1 oder höher sein müssen. Durch die geplante Führerscheinreform der EU soll die aktuelle Führerscheinklasse B künftig zwar das Führen von Fahrzeugen bis 4,25 Tonnen erlauben. Durch diese Änderung würden sich viele aufgelastete Wohnmobile auf Basis von Allradkastenwagen dennoch mit dem Führerschein der Klasse B führen lassen. Eine finale Einigung auf den Gesetzesentwurf besteht zwischen EU-Parlament, Kommission und dem Ministerrat allerdings noch nicht. Mit einer Wiederaufnahme des Themas wird frühestens im Herbst 2024 errechnet. Und anschließend muss das Ganze noch in Deutschland umgesetzt werden. Der neue Führerschein für Wohnmobile lässt also weiter auf sich warten.

Eine wohlüberlegte Entscheidung

Keine Frage, die großen Expeditionsmobile sind sehr geräumig und bieten, vielleicht abgesehen von einem Swimmingpool, Platz für jeden Komfort, den Sie sich leisten möchten. Aber besonders Unimog und Co sind nicht städtetauglich. Auch wenn Sie lange reisen möchten und sich in unwegsamem Gelände aufhalten werden, lohnt sich eine längere Bedenkzeit, ob nicht womöglich auch ein kleineres 4x4-Modell ausreicht, das günstiger ist und mit dem Sie unterwegs einfacher zum Einkaufen kommen. Um das Problem mit der geringen Mobilität zu umgehen, führen manche Reisende mitunter Gefährte wie einen Roller oder ein kleines Motorrad mit sich. Diese werden dann entweder sicher in einer Heckgarage verstaut oder fahren auf einem zusätzlichen Gepäckträger oder sogar einem elektrischen Hecklift mit.

Fahrzeugtypen im Vergleich

		Steckbrief	Vorteile	Nachteile
Mini-Camper	Bspw. Citroën Berlingo, Ford Tourneo/Transit Connect, Renault Kangoo, Volkswagen Caddy	► Preis: ab 4000 € ► Gewicht: Hochdachkombis bis 2,5 t, Geländewagen bis 3,5 t ► Länge: ca. 5 m ► Stehhöhe: nein ► Gut geeignet für: 1 bis 2 Personen	► Niedrige Durchfahrtshöhe ► Sehr wendig ► Höhere Fahrtgeschwindigkeit möglich ► Sehr unauffällig ► Je nach Modell sehr gute Geländegängigkeit	► Sehr begrenzter (Stau-)Raum ► Eher unkomfortabel
Campingbus	Bspw. Ford Tourneo/ Transit Custom, Mercedes-Benz Viano, Opel Vivaro, Renault Trafic, Volkswagen Transporter	► Preis: ab 6000 € ► Gewicht: bis 3,2 t ► Länge: ca. 5 m ► Stehhöhe: ja, wenn Aufstelldach oder Hochdach nachgerüstet werden ► Gut geeignet für: 2 Personen (+ 2 Schlafplätze bei Aufstell- oder manchen Hochdächern)	► Unter Umständen niedrige Durchfahrtshöhe ► Kompakt und wendig ► Höhere Fahrtgeschwindigkeit möglich	► Begrenzter (Stau-)Raum
Kastenwagen	Bspw. Citroën Jumper, Fiat Ducato, Ford Transit, Iveco Daily, Mercedes-Benz Sprinter, Renault Master, Volkswagen Crafter	► Preis: ab 8000 € ► Gewicht: bis 3,5 t ► Länge: bis 6,50 m ► Stehhöhe: ja ► Gut geeignet für: 2 bis 4 Personen	► Angenehmer Wohnkomfort ► Durchgängige Stehhöhe ► Gut für Familien geeignet	► Weniger städtetauglich als kleinere Modelle ► u. U. etwas langsamere Reisegeschwindigkeit
Expeditionsmobil	Bspw. Mercedes-Benz Unimog, Mitsubishi Fuso Canter, Bremach T-Rex, Mercedes-Benz Zetros, Iveco Eurocargo 4x4, MAN TGL 4x4	► Preis: ab 20 000 € ► Gewicht: ab 3,5 t ► Länge: ab 6,50 m ► Stehhöhe: ja ► Gut geeignet für: 2 bis 3 Personen	► Hohe Geländegängigkeit ► Sehr robust ► Viel Platz	► Teuer ► Sehr unflexibel ► Langsame Reisegeschwindigkeit

KAUFBERATUNG

Haben Sie sich für einen Fahrzeugtyp entschieden und vielleicht schon ein bestimmtes Modell im Blick? Wir zeigen Ihnen, was Sie vor dem Kauf prüfen und worauf Sie achten sollten.

Klar ist: Wer ein Wohnmobil ausbaut, braucht ein zuverlässiges Basisfahrzeug. Eine erste Orientierung, um ein solches zu finden, bietet die ADAC-Pannenstatistik, die Sie online einsehen können (adac.de, Stichwort: „Pannenstatistik").

Die aktuelle Statistik (Stand Juni 2024) zeigt die Daten für Fahrzeuge der Baujahre 2014 bis 2021. Es werden nur Pannen der Modelle aufgeführt, von denen in zwei der betrachteten Jahre mindestens 7000 zugelassen wurden. Wie einzelne Modelle in den Hauptuntersuchungen abschneiden, können Sie detailliert im Nutzfahrzeuge- oder Pkw-Report des TÜV nachlesen.

Die Pannenstatik ist ein wichtiger Indikator, Sie sollten sie aber auch nicht überbewerten. Es kann Faktoren geben, die die Daten verzerren, etwa da Hersteller wie zum Beispiel Mercedes auch eigene Pannenservices anbieten. Sobald sie ein bestimmtes Modell im Blick haben, sollten Sie sich immer über dessen konkrete Schwachstellen informieren. Etwa in Umfragen zur Kundenzufriedenheit, in einschlägigen Foren oder im Austausch mit Personen, die sich mit der Materie gut auskennen. Dann wissen Sie bei möglichen Besichtigungen, worauf es zu achten gilt und können gezielte Fragen stellen.

Neuwagen

Beim Neuwagenkauf können Sie wenig falsch machen, müssen jedoch tief in die Tasche greifen. Möchten Sie etwas Geld sparen, halten Sie nach einem Leasingrückläufer Ausschau. Diese sind meist gut gewartet und günstiger als Neuwagen. Es gibt auch Händler, die sich auf Fahrzeuggruppen wie Transporter spezialisiert haben, oder Sie suchen über Onlineportale wie kleinanzeigen.de oder mobile.de.

Gebraucht kaufen

Der Gebrauchtwagenmarkt schwankt stark. In der Tabelle links sehen Sie die Preisschwellen für verschiedene Modelle. Luft nach oben ist aber immer, das allerneueste Modell werden Sie nicht am untersten Preisniveau erhalten. Unterschiede entstehen etwa dadurch, dass häufig nachgefragte Modelle den Preis nach oben treiben. Ausschlaggebend sind meist jedoch Zustand und Laufleistung. Um ein Gefühl für den Markt zu bekommen, schlagen Sie nicht gleich beim erstbesten Angebot zu, sondern schauen sich verschiedene Autos an. Informieren Sie sich auch über die Vorbesitzer. Ging das Auto durch viele Hände,

MEISTER-TIPP

Da unterschiedliche Fahrzeugmodelle immer verschiedene Macken haben, ist es außerdem wichtig, sich vor dem Kauf des von Ihnen ins Auge gefassten Modelles detailliert über das Modell des spezifischen Baujahrs und die gleiche Motorisierung zu erkundigen.

ist vielleicht etwas faul. Wurde der Wagen gewerblich genutzt, hat man in einem mittelständigen Unternehmen womöglich besser darauf geachtet als in einem großen Kurierdienst. Kurzstreckenfahrzeuge sind ohnehin oft anfälliger für Probleme.

Vertrauen Sie auf Ihr Bauchgefühl. Haben Sie den Eindruck, dass die Person Ihren Fragen ausweicht oder ablenkt? Gehen Sie mit einem mulmigen Gefühl aus dem Gespräch, sollten Sie sich die Kaufentscheidung gut überlegen. Und selbst mit einem guten Gefühl: Schlagen Sie nicht beim ersten Besuch zu, sondern schlafen lieber eine Nacht über die Entscheidung.

Die Größe kann täuschen

Lassen Sie sich nicht von der Geräumigkeit eines leeren Wagens täuschen. Stellen oder setzen Sie sich in den Wagen und versuchen Sie sich vorzustellen, wie es dort drinnen mit Möbeln aussehen würde. Zum Fahrkomfort lässt sich sagen, dass Mini-Camper und Campervans meist besser ausgestattet sind. Kastenwagen und größere Lkw sind für den gewerblichen Betrieb entwickelt und fahren sich weniger luxuriös. Je moderner das Fahrzeug, desto mehr gleicht sich dies aber an.

Check durch einen Profi

Beim Gebrauchtkauf sollten Sie bereit sein, sich intensiver mit der Materie auseinanderzusetzen. Haben Sie sich bisher weniger mit Autos beschäftigt, fragen Sie eine Bekannte, die sich auskennt, ob sie Sie zur Besichtigung begleitet. Wenn Sie auf der ganz sicheren Seite sein wollen, legen Sie während Ihrer Probefahrt einen Zwischenstopp beim TÜV ein und lassen eine Hauptuntersuchung inklusive Abgasuntersuchung durchführen. Je nach Bundesland zahlen Sie dafür zwischen 130 und 145 Euro. Diese Investition kann Ihnen später viel Ärger ersparen, und Sie haben gleich ein Gefährt mit neuem TÜV. Ein Verkäufer, der nichts zu verbergen hat, wird Ihrem Vorhaben zustimmen. Teilen Sie den TÜV-Prüferinnen und -Prüfern Ihre Situation mit. Wenn Sie Glück haben, fühlen diese dem Wagen dann besonders gründlich auf den Zahn. Bedenken Sie jedoch, dass dafür oft vorab die Vereinbarung eines Termin notwendig ist. Die Besichtigung des Wagens muss also mit etwas Vorlauf geplant sein.

Für Wagen bis 3,5 Tonnen zulässiges Gesamtgewicht können Sie stattdessen ein DEKRA-Siegel für Gebrauchtfahrzeuge beantragen, wenn dies nicht bereits vom Verkäufer gemacht wurde. Das Siegel ist mit 179 Euro etwas teurer, die Prüfer testen den Wagen jedoch auf Herz und Nieren.

Erst einmal mieten

Wer sich noch unsicher ist, welches Modell das Beste für die eigenen Bedürfnisse ist, kann sich zunächst auch einen Selbstausbau mieten. Auf Portalen wie Yescapa oder PaulCamper vermieten Privatpersonen ihre Vans je nach Größe und Saison für circa 70 bis 150 Euro die Nacht. Schwanken Sie noch zwischen verschiedenen Größen, kann es sich lohnen, für den nächsten Wochenendtrip ein entsprechendes Modell auszuprobieren. Die Stiftung Warentest hat unter test.de/wohnmobil-buchungsportale verschiedene Testportale untersucht. Versuchen Sie, schon vorab einen Blick auf das Fahrzeug zu werfen, um sich zu versichern, dass es TÜV hat. Gleiches gilt für die Fälligkeit empfohlener Inspektionen.

Checkliste Gebrauchtkauf

Diese Checkliste soll Sie beim Kauf Ihres künftigen Campers unterstützen. Doch nicht jeder Mangel macht einen Wagen gleich zum Tabu. Spröde Reifen, alte Bremsflüssigkeit oder defekte Lampen lassen sich einfach auswechseln. Haben Sie sich für einen Wagen entschieden, listen Sie die gefundenen Mängel auf. Sie sind wichtig für die Preisverhandlung.

- **Probefahrt machen:** Eine Probefahrt ist unerlässlich. Dabei merken Sie sofort, ob Ihnen das Fahrgefühl gefällt, und nebenbei überprüfen Sie, ob sich Kupplung, Bremse, Getriebe und die elektrischen Einrichtungen ohne Probleme bedienen lassen. Prüfen Sie auch, ob Hupe und Licht funktionieren.

- **Bordtechnik prüfen:** Wann steht der nächste TÜV an? Erfragen Sie, ob Öl- und Bremsflüssigkeit sowie Verschleißteile wie Bremsbeläge und Luftfilter pünktlich ausgetauscht wurden oder es einen Wartungsstau gibt. Wartungsintervalle können anhand von Stempeln im Checkheft oder Aufklebern im Motorraum nachverfolgt werden.

- **Nach Roststellen suchen:** Mit Rostlochern bekommt der Wagen keinen TÜV mehr. Prüfen Sie besonders Unterboden, Rahmen, Radkästen, Motorinnenraum, Türinnenseiten und Heckklappe. Schauen Sie auch unter Plastikabdeckungen von zum Beispiel Trittstufen und an Fensterkanten nach.

- **Bisheriger Umgang:** Wie viele Vorbesitzer gab es und war es ein Kurzstreckenfahrzeug? Wie viele Kilometer ist das Fahrzeug gelaufen und ist der Kilometerstand plausibel? Falls der Innenraum um die Pedalen total durchgetreten ist, passen 20 000 Kilometer Laufleistung vielleicht nicht. Gab es einen Unfall? Bei Privatverkauf: Fragen Sie, warum der Wagen verkauft wird, das gibt ein Gefühl für mögliche Probleme.

- **Vollständigkeit der Fahrzeugpapiere:** Fragen Sie nach den Bescheinigungen der letzten Hauptuntersuchungen. Dort sehen Sie, ob es bereits Mängel gab. Sind die richtigen Reifen, Felgen und die Anhängerkupplung eingetragen?

- **Umweltplakette:** Welche Abgasnorm hat das Fahrzeug? Ohne Grüne Plakette kommen Sie in fast keine deutsche Umweltzone. Auch im Ausland gelten Beschränkungen und Fahrverbote.

- **Reifenzustand:** Der Gummi darf keine feinen Risse aufweisen und die Profiltiefe sollte nicht geringer als drei Millimeter sein. Dies lässt sich mit einem 2-Euro-Stück prüfen, das Sie in die großen Profilrinnen halten. Ist der silberne Rand der Münze nur gerade so nicht mehr zu sehen, müssen die Reifen gewechselt werden. Prüfen Sie auch das Alter der Reifen. Sie finden es auf der DOT-Nummer an der Reifenflanke. Die letzten vier Ziffern stehen für Kalenderwoche und Produktionsjahr. Die Reifen sollten maximal sechs Jahre alt sein.

KAPITEL 2

VOR-BEREITUNG

GRUNDRISS-PLANUNG

Sie sind nun im Besitz Ihres Basisfahrzeugs. Jetzt kann es endlich losgehen! Sie sind voller Tatendrang und wollen mit Ihrem neuen Projekt beginnen. Doch gerade an dieser Stelle heißt es: nichts überstürzen. Der Grundriss ist das Herzstück Ihres Ausbaus und will wohlüberlegt geplant sein. Ein gut durchdachter Grundriss zeichnet sich nicht einfach an einem Nachmittag. Aber die Mühe lohnt sich.

Unendliche Möglichkeiten

„Ist doch klar: ein Bett, eine Küche und ein Bad, mehr brauche ich nicht" – ganz so leicht ist es leider nicht. Was Sie nicht vergessen dürfen, haben wir auf Seite 36 und 39 zusammengefasst. Es gibt unendlich viele Varianten, einen Camper zu gestalten. Kombinieren Sie doch die Optionen, die wir zeigen, oder denken Sie sich, inspiriert durch die Beispiele, einen eigenen Grundriss aus. Dabei gilt die Grundregel: Bleiben Sie innerhalb Ihrer Wohnmobilklasse.

Einen der kleineren Grundrisse auf einen größeren Wagen hochzuskalieren, geht immer, ist aber oft nicht sinnvoll. Ein Kastenwagen, der innen nur aus einem Bett besteht, ist sicher nicht praktikabel. Wenn Sie einen kleineren Grundriss hochskalieren, achten Sie also darauf, dass Ihnen kein wertvoller Stauraum oder Wohnkomfort verloren geht. Andersherum ist die Sache mehr oder minder unmöglich: Wir haben es jedenfalls nicht geschafft, den Grundriss für einen Kastenwagen auf das Format eines Mini-Campers zu quetschen.

Die Grundrisse richtig lesen

Auf den folgenden Seiten finden Sie je drei Grundrisse pro Camperklasse, wobei teilweise unterschiedliche Modelle gezeigt werden. So ist etwa der Grundriss der Mini-Camper links unten ein Entwurf für einen normalen Fünftürer, wodurch der Stauraum von beiden Seiten zugänglich ist (siehe rote Pfeile). Theoretisch könnten in diesem Entwurf sogar die Rücksitze erhalten bleiben und umgeklappt werden, was jedoch den Stauraum deutlich mindert. Die beiden übrigen Grundrisse sind für Wagen mit Schiebetür entworfen. Der Mini-Camper-Grundriss rechts unten bietet sich gut in Kombination mit einem Dachzelt an, ansonsten eignet er sich wegen des schmalen Bettes nur für eine Person. Im Grund-

GRUNDRISSE

Mini-Camper

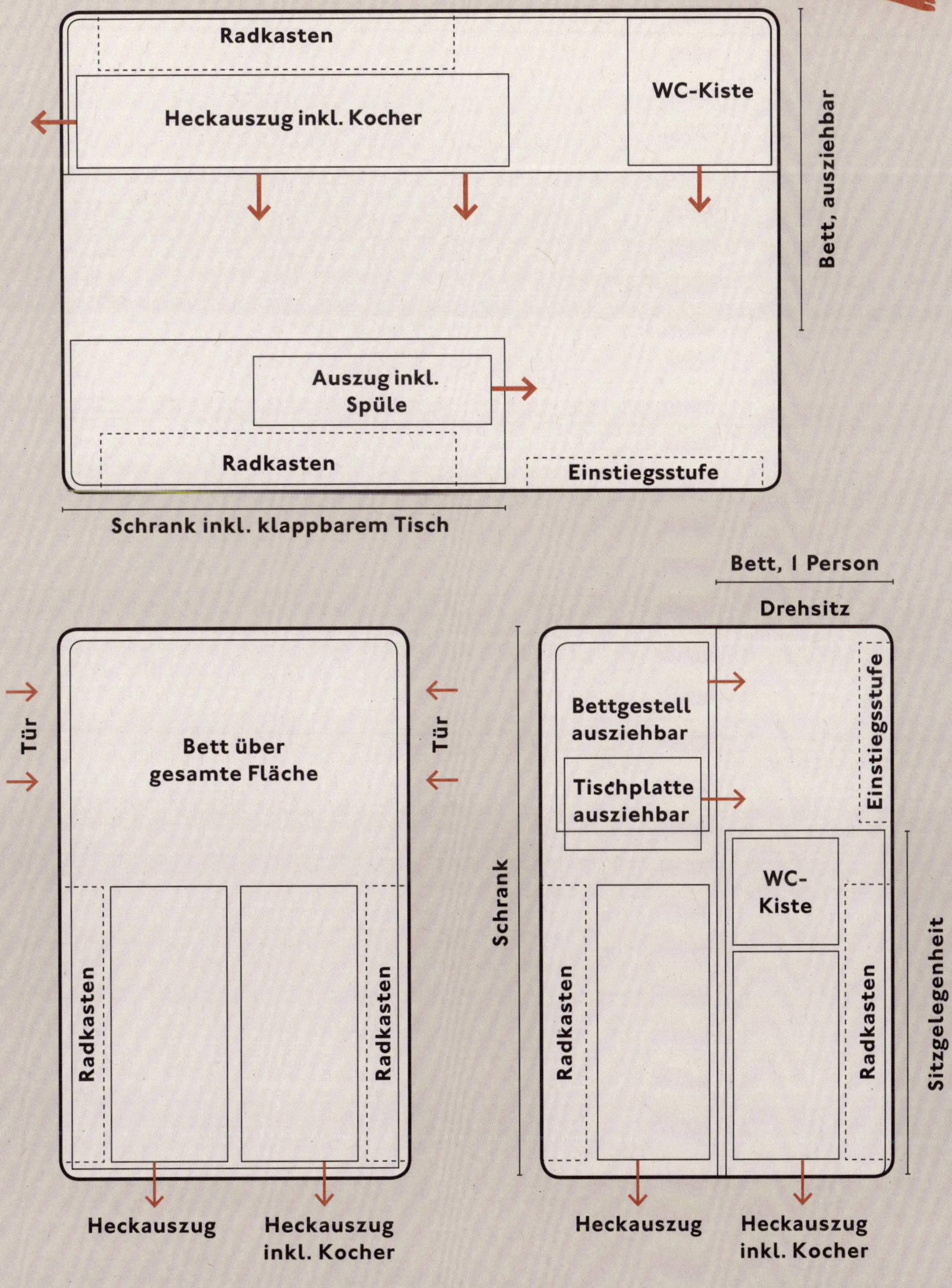

GRUNDRISSE

Campingbus

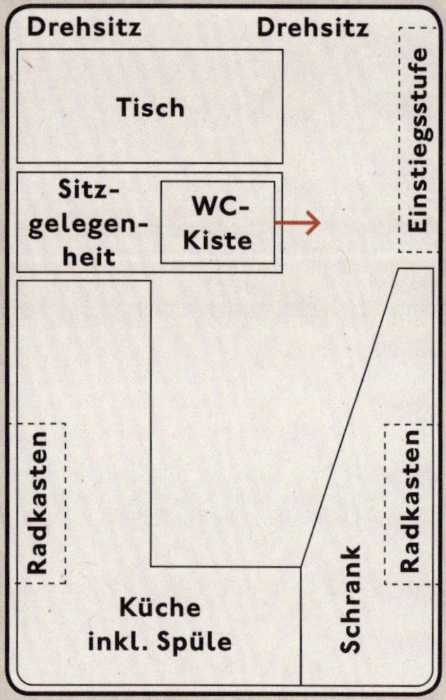

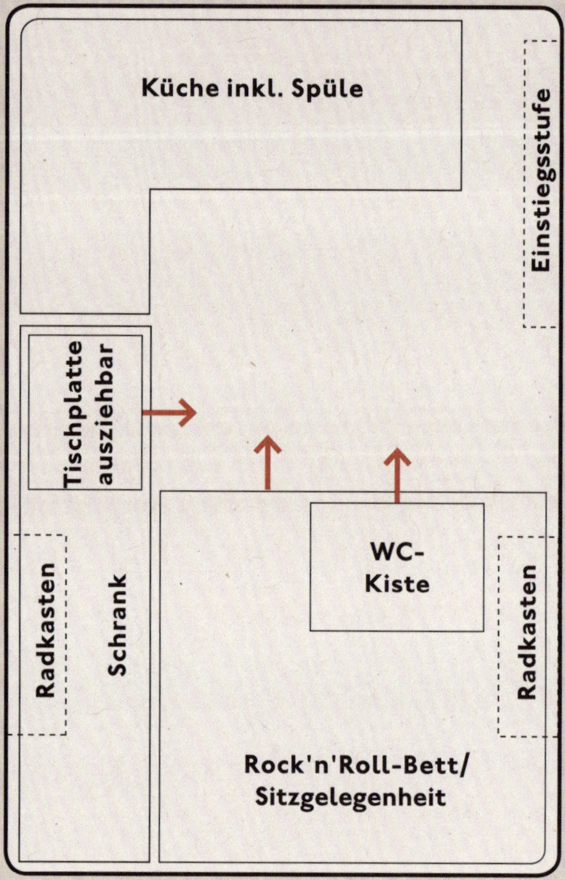

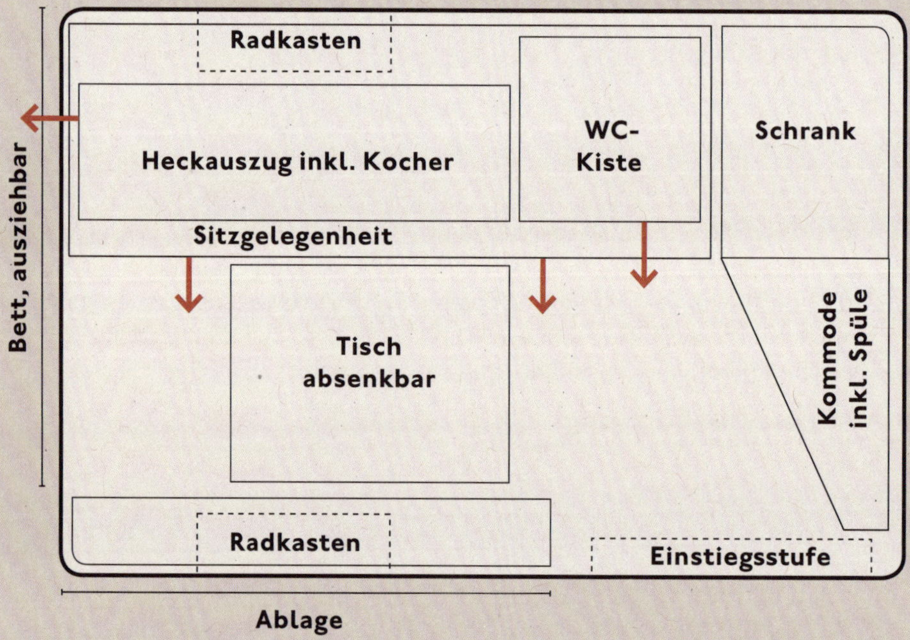

riss für Campingbusse links oben ist kein Bett eingeplant, weil das Basisfahrzeug ein Aufstelldach hat oder er in Kombination mit einem Dachzelt genutzt werden kann.

Wird der Grundriss für Campingbusse rechts oben mit einem Aufstelldach kombiniert und besteht das Rock-'n'-Roll-Bett aus einer für die Fahrt zugelassenen Sitzgelegenheit (siehe Seite 177), können bis zu vier Personen schlafen und mitfahren.

Ähnliches gilt für den Grundriss für Kastenwagen (siehe Seite 37) links unten. Mit dem Hochbett bietet er drei Schlafgelegenheiten, wobei dieses auch größer gestaltet werden kann, sodass vier Personen Platz finden. Alternativ kann aus absenkbarem Tisch, Drehsitz und Doppelsitzbank ein weiteres Bett gestaltet werden. Ein Manko dieses Grundrisses besteht darin, dass durch die ausladende Küchenzeile der Einstieg über die Schiebetür schmal ausfällt.

Von den geräumigen Grundrissen der Expeditionsmobile (siehe Seite 38) eignet sich nur der oben rechts für mehr als zwei Personen, wobei die anderen mit Stockbettlösungen modifiziert werden können.

Richtig Maß nehmen

Innerhalb der Fahrzeugklassen bestehen Unterschiede in Form und Länge des Basisfahrzeugs, weshalb die Verhältnisse unserer Grundrissvorlagen wahrscheinlich nicht mit Ihrem Grundriss übereinstimmen. Sie müssen sich die genauen Maße für Ihren Grundriss besorgen. Messen Sie die Bodenplatte Ihres Wagens exakt aus. Dabei wird Ihnen auffallen, dass Sie – außer bei einer Wohnkabine – nicht mit einem rechteckigen Grundriss arbeiten und die Radkästen in den Raum hineinragen. Wenn Sie planen, Schwerlastauszüge einzubauen (siehe Seite 195), beachten Sie, dass diese entweder nur bis zu den Radkästen reichen oder innen an ihnen vorbeiführen. Da sich die meisten Modelle nach oben hin verjüngen, werden Ihre Möbel oben nicht dieselben Maße haben wie unten. Zeichnen Sie auch die Position von Schiebe- oder Seitentüren ein. In unseren Grundrissen beginnt die Schiebetür unmittelbar hinter der Fahrerkabine, das ist aber nicht immer so. Bedenken Sie auch, dass Dämmung und Verkleidung einige Zentimeter einnehmen.

Viele ehemalige Nutzfahrzeuge verfügen über drei Sitze in der Fahrerkabine. Reisen Sie mit mehr Personen, müssen Sie – neben zusätzlichen Schlafplätzen – die hinteren Sitze einplanen. Bestimmte eingetragene Doppelsitzbänke können zum Bett ausgefahren werden und tagsüber als Sitzbank mit Tisch dienen (siehe Seite 182). Bei der Ummeldung zum Wohnmobil achtet der TÜV auf gleichmäßige Gewichtsverteilung. Wenn Wassertank, Küche und Schränke alle auf derselben Seite liegen, kann die einseitige Belastung das Fahrverhalten beeinflussen. Besonders verheerend ist dies für Fahrzeuge mit automatischen Assistenzsystemen (ABS, ESP), da diese von einer gleichmäßigen Gewichtsverteilung ausgehen (zur Ummeldung siehe ab Seite 42).

Bevor Sie loslegen

Kleben Sie zunächst die Umrisse der geplanten Möbel mit Kreppband in Ihrem zukünftigen Camper an Boden und Wände. So erhalten Sie ein Gefühl dafür, wie Ihr Raumkonzept wirkt und ob Sie möglicherweise etwas übersehen haben. Alternativ können Sie die Flächen auch aus Pappkarton ausschneiden; oder wer es genau wissen will, fertigt Kästen in den entsprechenden Größen an, wobei der Aufwand dafür schon etwas umfangreicher ausfällt.

Nutzen Sie auch digitale 3D-Planungstools: Die Programme auf plan-your-van.com und vanspace3d.com sind dabei speziell für den Wohnmobilausbau designt.

Ich möchte ein/e ...

Haben Sie bei der Planung alles, was Sie brauchen oder wollen, berücksichtigt? Prüfen Sie anhand dieser Checkliste.

- **Gasanlage?** Für die Gasanlage wird aus Sicherheitsgründen ein Loch im Unterboden oder am unteren Rand der Karosse benötigt. Die vorgeschriebenen Maße variieren je nach Dimension der Gasflasche und liegen bei mindestens 100 Quadratzentimetern. Zudem nimmt der Gaskasten für die Flasche viel Platz ein. Alle Informationen zu Gas finden Sie ab Seite 120.

- **Heizung?** Je nach Heizungsart muss entweder ein Kaminloch oder ein Loch in den Unterboden gemacht werden. Abhängig vom Modell nehmen die Heizungen unterschiedlich viel Platz weg. Welches System infrage kommt, lesen Sie ab Seite 62.

- **Fenster?** Seiten- und Dachfenster gibt es in den unterschiedlichsten Größen. In der Grundrissplanung sollten Sie beachten, welche Fenster Sie wo einbauen möchten (Infos zu Fenstern ab Seite 56).

- **Klimaanlage?** Eine Dachklimaanlage braucht ein Loch in der Decke von meist 40 x 40 (Angaben in Zentimetern). Staukastenklimaanlagen werden unter der Sitzbank oder dem Bett verstaut. Im Boden benötigen Sie Löcher verschiedener Größen verteilt auf eine Fläche von 40 x 60. Alle Infos zu Klimaanlagen ab Seite 67.

- **Landstromversorgung?** Um Ihr Wohnmobil von außen an den Landstrom anschließen zu können, müssen Sie an der Karosse eine Außensteckdose verbauen. Quadratische Modelle haben einen Einbaudurchmesser von etwa 9 bis 10 Zentimetern. Für Rechteckige Modelle müssen Sie in etwa mit 13 x 7 rechnen. Mehr zu Landstrom ab Seite 115.

- **Solarmodule?** Solarmodule brauchen eine Dachdurchführung für die Kabel. Diese hat circa 2 Zentimeter Durchmesser. Die Module werden verklebt, verschraubt oder auf einem Dachträger angebracht. Alles zu Solarpanels ab Seite 107.

- **Fernseher/Bildschirm?** Satellitenantennen für den Fernsehempfang werden auf dem Dach verklebt, weshalb nur ein Loch für eine Dachdurchführung von circa 4 Zentimetern benötigt wird. Wenn Sie Ihren Bildschirm nur zum Arbeiten oder Serien-Streaming über das Internet nutzen möchten, müssen Sie dies natürlich nicht beachten. Dennoch braucht der Bildschirm dann einen Platz an der Wand oder in einem eigenen Schrank. Der benötigte Platz für den Bildschirm variiert je nach bevorzugter Größe. Mehr Infos ab Seite 188.

- **Aufstelldach?** Ein Aufstelldach nachzurüsten ist ein großer Eingriff in Ihr Gefährt, da dafür die gesamte Dachfläche abgenommen werden muss. Dieser sollte zu Beginn des Ausbaus geschehen und von erfahrener Hand durchgeführt werden. Wer sich dabei unsicher fühlt, kann sein Aufstelldach von einer Fachfirma einbauen lassen. Mehr dazu ab Seite 76.

- **Dachgepäckträger?** Verfügt Ihr Fahrzeug bereits über eine Dachreling oder Regenrinne, können Sie dort jederzeit einen Dachgepäckträger montieren. Andernfalls ist der Träger fest in der Dachfläche zu verankern. Dafür muss dieser aufgebaut werden, bevor Verkleidung und Isolation an die Decke kommen. Die Montagepunkte sind häufig schon vorhanden. Mehr über Dachträger ab Seite 73.

GRUNDRISSE

Kastenwagen

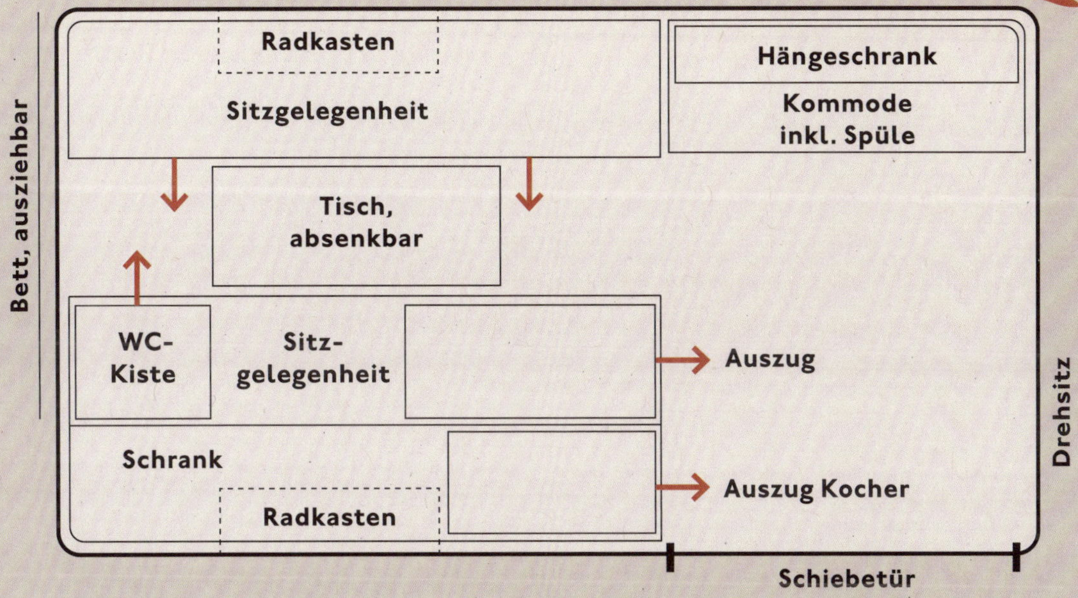

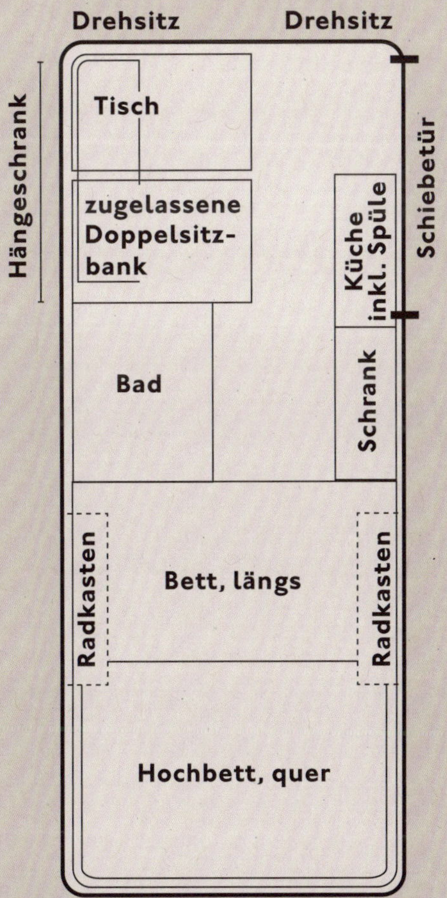

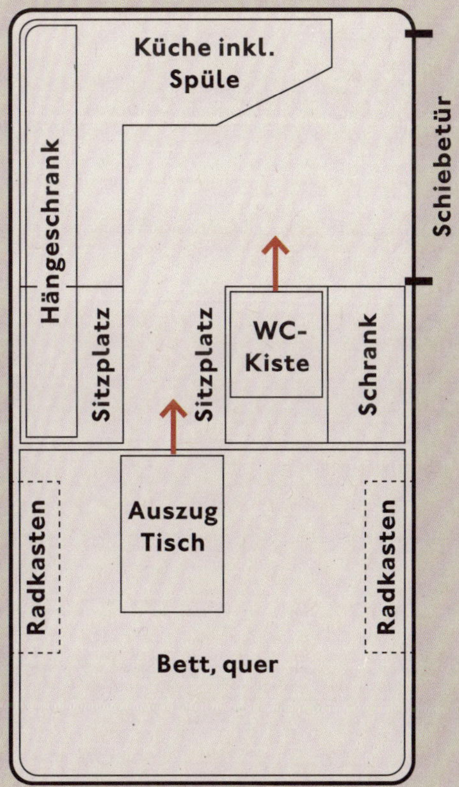

GRUNDRISSE

Expeditionsmobil

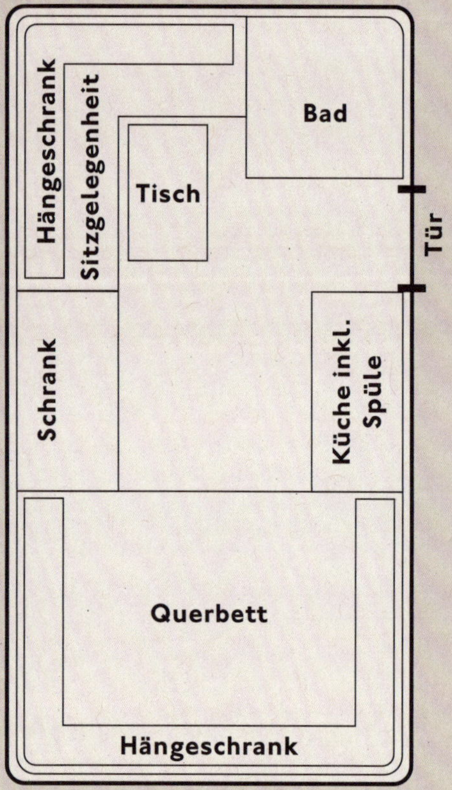

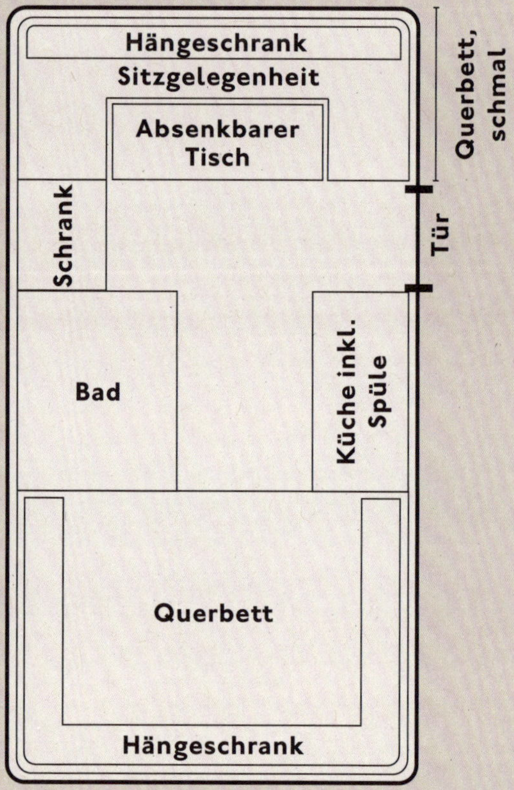

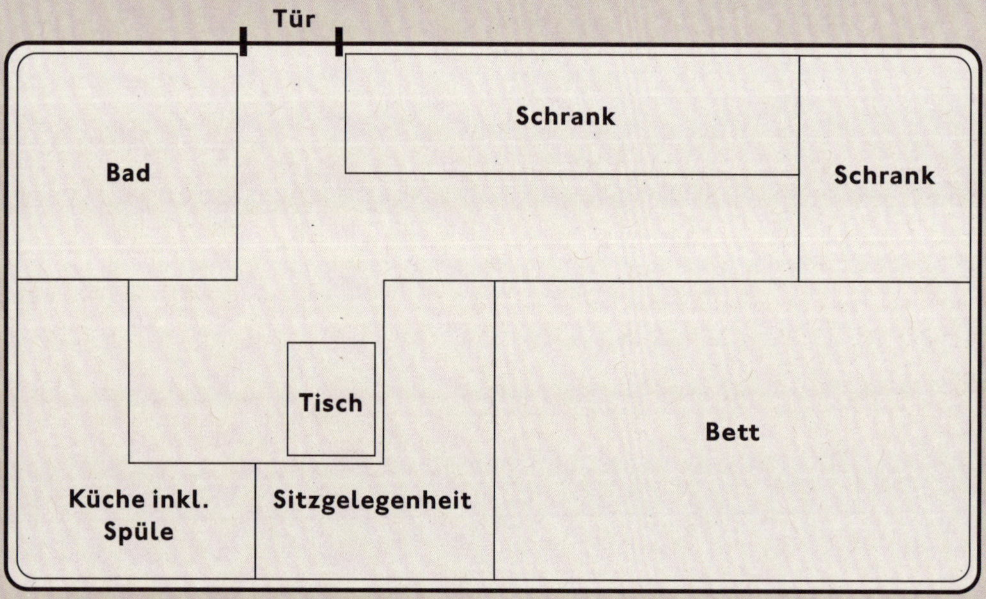

- **Surfbretthalter?** Sollen Surfbretter an der Seite mitfahren, müssen Sie die Halterungen verschrauben und von der Innenseite kontern. Somit sollte dies ebenfalls eingebaut werden, bevor mit dem Innenausbau begonnen wird. Mehr hierzu ab Seite 204.

- **Markise?** Gängige Markisenmodelle können an Regenrinne oder vorhandenen Montagepunkten für Dachträger angebracht werden. Wir zeigen Ihnen auch eine günstige DIY-Lösung, die lediglich verklebt wird. Mehr zum Thema ab Seite 200.

- **Wassertank (von außen befüllbar)?** Den Wassertank von außen befüllen zu können, ist angenehm, benötigt jedoch ein Loch in der Außenwand für den Wassereinfüllstutzen. Dieser sollte sich oberhalb des Wassertanks befinden. Die Einbaumaße variieren je nach Modell und lassen sich zwischen etwa 15x7 und 9x9 (Angaben in Zentimetern) verorten. Wer seinen Tank am Unterboden verbauen möchte, spart Platz im Wohnraum, braucht aber eine Bodendurchführung für die Wasserschläuche von circa 4 Zentimetern Durchmesser. Mehr zu Wasser ab Seite 128.

- **Abwassertank am Unterboden?** Wenn Sie Ihren Abwassertank am Unterboden befestigen möchten, müssen Sie ein maximal 4 Zentimeter großes Loch im Durchmesser für den Abfluss einrechnen. Wenn sich der Abwassertank im Innenraum befinden soll, müssen Sie den entsprechenden Platz dafür frei halten. Je nachdem wie häufig Sie bereit sind, diesen zu leeren, können Sie hier Platz sparen. Ein kleiner 10-Liter-Kanister in den Maßen 23x20x31 hält maximal ein paar Tage. Wenn Sie mehr Platz haben, ist die Größe nach oben hin offen. Weitere Infos zu Abwasser erfahren Sie ab Seite 129.

- **Safe?** Für optimale Diebstahlsicherung sollte ein Safe fest in der Bodenplatte verschraubt sein, so kann er nicht einfach herausgerissen werden. Infos zur Sicherheit im Van ab Seite 211.

- **Kühlschrank?** Kühlschränke und -boxen sind wahre Platzfresser, jedoch besonders in warmen Gefilden essenziell. Überlegen Sie sich vor der Planung Ihres Grundrisses, wie groß Ihr Kühlschrank ausfallen soll. Mehr zu Kühlschränken ab Seite 156.

- **WC-Kiste?** Eine ausziehbare WC-Kiste mit Trenntoilette oder portabler Chemietoilette bietet sich an, wenn Sie keinen Platz für ein abgeschlossenes Badezimmer haben. Eine WC-Kiste kann unter jeder Sitzgelegenheit eingebaut werden und kommt je nach Modell in verschiedenen Größen wie etwa 47x42x47 oder 50x30x40. Für eine WC-Kiste eignen sich beispielsweise Trockentrenntoiletten (siehe Seite 149).

- **Feste Kochplatte und Spüle?** Kochplatte und Spüle müssen auf den Arbeitsflächen Platz finden. Auch hier gibt es Optionen in den verschiedensten Größen. Infos zur Küche lesen Sie ab Seite 152.

- **Bordbatterie und Stromversorgung?** Die Unterbringung einer Bordbatterie ist unter den Vordersitzen oder manchmal auch im Motorraum möglich. Wenn Sie autark sein möchten, kann die Batterie dafür mitunter zu groß sein und muss anderweitig Platz finden. Auch Solarregler, Ladebooster und Co wollen untergebracht werden. Die Versorgung kann zum Beispiel hinter dem Fahrersitz oder unter den Sitzen verortet werden. Achten Sie außerdem darauf, ausreichend Steckdosen einzuplanen. Mehr Infos zu diesem Thema finden Sie ab Seite 96.

KALKULATIONEN

Mini-Camper

Elektrik inklusive faltbarer Solarzelle und LiFePo4-Batterie (100 Ah)	1230 €
Kochen und Kühlschrank	550 €
Stoffe und Matratze	348 €
Zwei Schwerlastauszüge (72 cm)	286 €
Dämmung	270 €
Holz für Möbel	200 €
Wassersystem	130 €
Verbrauchsmaterialien wie Farbe, Leim und Schrauben	100 €
Chemietoilette	90 €
Material Boden	60 €
Summe	**3264 €**

Campervan

Elektrik inklusive Solar und AGM-Batterie (200 Ah)	2508 €
Wassersystem inklusive Warmwasserboiler	215 €
Holz für Möbel und Verkleidung	670 €
Drei Fenster inklusive Dachluke	585 €
Drehkonsole Doppelsitzbank	569 €
Verbrauchsmaterialien wie Farbe, Leim und Schrauben	546 €
Kochen und Kühlschrank	531 €
Sackmarkise	469 €
Heizung (Dieselstandheizung)	757 €
Material Decke und Bodenplatte	356 €
Dämmung	325 €
Trenntoilette	159 €
Stoffe und Matratze	400 €
Summe	**8090 €**

Die Werte unserer beispielhaften Kalkulationen setzten sich aus Ausbauten verschiedener Privatpersonen zusammen, stehen jedoch nicht repräsentativ für die jeweilige Fahrzeugklasse. Sie geben lediglich eine Annäherung, was ein Ausbau im angegebenen Umfang kosten kann.

Kastenwagen

Elektrik inklusive Solar und LiFePO4-Batterie (200 Ah)	3442 €
Dachträger und Heckleiter	989 €
Holz für Möbel und Verkleidung	836 €
Wassersystem	808 €
Kassettenmarkise	779 €
Heizung (Dieselstandheizung)	757 €
Verbrauchsmaterialien wie Farbe, Leim und Schrauben	657 €
Material für Nasszelle inkl. Armaturen und Trenntoilette	624 €
Drei Fenster inkl. Dachluke	585 €
Kochen und Kühlschrank	576 €
Stoffe und Matratze	480 €
Dämmung	395 €
Drehkonsole	259 €
Zwei Schwerlastauszüge (92 cm)	330 €
Material für Decke und Bodenbelag	197 €
Summe	**11714 €**

Expeditionsmobil

Wohnkabine (leer) inkl. Dämmung mit Sandwichplatten	16000 €
Elektrik inklusive Solar und 2x LiFePO4-Batterie (300 Ah)	9066 €
Heckträger und Leiter	949 €
Holz für Möbel und Verkleidung	2858 €
Badezimmer und Wassersystem inkl. Boiler	4706 €
Heizung (Gas)	3389 €
Verbrauchsmaterialien wie Farbe, Leim und Schrauben	4255 €
Sechs Fenster inkl. zwei Dachluken	2624 €
Kochen und Kühlschrank	1104 €
Material Decke und Boden	557 €
Klimaanlage	2000 €
Stoffe und Matratze	1740 €
Summe	**49248 €**

UMMELDUNG ZUM WOHNMOBIL

Nach dem Ausbau kommt die Anmeldung als Wohnmobil, denn es bringt meist steuerliche und Versicherungsvorteile. Welche Voraussetzungen Sie für eine Ummeldung erfüllen müssen, lesen Sie hier. Achtung: Bei bestimmten Ausbauschritten kann unter Umständen die Betriebserlaubnis erlöschen.

Was brauche ich?

Für die Ummeldung braucht Ihr Wohnmobil mindestens …

- einen Tisch und Sitzgelegenheiten
- ein Bett, das unter Umständen zu Sitzgelegenheiten umgebaut werden kann. Achtung: Dachzelte gelten nicht als Bett;
- eine Kochmöglichkeit, wobei auch Auszüge für draußen akzeptiert werden;
- Schränke für Gepäck und lose Gegenstände;
- zwei voneinander unabhängige Fluchtwege, wobei auch Fenster oder Luken ab einer bestimmten Größe zählen.

Allerdings gibt es weitere Anforderungen, wie beispielsweise eine Zwangslüftung oder bestimmte Sicherheitskennzeichnungen. In den folgenden „Zulassungscheck"-Kästen versorgen wir Sie mit Informationen aus dem offiziellen Merkblatt MB FZMO 0740 des TÜV-Verbands, das die Bedingungen für eine Ummeldung zum Wohnmobil zusammenfasst und zuletzt im Mai 2024 aktualisiert wurde. Wenn es zu den entsprechenden Ausbauoptionen keine Erwähnung im Merkblatt gab, haben wir für Sie beim TÜV nachgefragt, wie die geltenden Empfehlungen lauten, oder sie mit unseren Rechercheergebnissen ergänzt.

So gelingt die Ummeldung

Nehmen Sie die Ummeldung nicht auf die leichte Schulter, prüfen Sie alle Vorgaben genau. Zugleich sollten Sie auch wissen, dass die Sachverständigen einen Ermessensspielraum haben. Es zählt also auch der Gesamteindruck: Wirkt der Ausbau wohnlich und gut verarbeitet, könnte die Prüfung deutlich weniger streng ausfallen, als wenn der Prüfer oder die Prüferin das Gefühl haben, dass Sie sich bei Ihrer Ausstattung keine Mühe gegeben haben. „Informieren Sie Ihren TÜV- oder DEKRA-Sachverständigen, bereits bevor Sie mit dem Ausbau beginnen. Gehen Sie alle relevanten Punkte durch und besprechen Ihren Grundrissentwurf. Zu diesem Zeitpunkt können Sie etwaige Einwände leicht berücksichtigen", empfiehlt Frank Schneider, Mobilitätsexperte beim TÜV-Verband. Zuständig für die Ummeldung sind TÜV (alte Bundesländer) und DEKRA (neue Bundesländer).

Betriebserlaubnis in Gefahr?

Unter bestimmten Umständen kann während des Ausbaus Ihre Betriebserlaubnis erlöschen. Das ist aber gar nicht so schlimm wie es klingt, denn meist benötigen Sie lediglich eine Zwischenabnahme, um die jeweiligen Teile eintragen zu lassen (die Fahrt zur Prüfstelle ist erlaubt). Möchten Sie mit Ihrem Wohnmobil erst nach dem Ausbau herumfahren und steht es durchgehend auf Privatgelände, können Sie die Abnahmen gleichzeitig mit der Wohnmobilanmeldung durchführen lassen.

Während des Umbaus könnten Sie unter Umständen die Betriebserlaubnis verlieren, wenn ...

- Sie eine Drehkonsole einbauen (siehe Seite 185);
- Sie einen festen Heckträger einbauen, eine Reserveradhalterung an der Front installieren oder die Länge des Fahrzeugs anderweitig verändern;
- Elektroinstallationen ins Bordnetz eingreifen;
- die Anzahl der Sitzplätze verändert wird;
- ein Aufstell- oder Hochdach eingebaut wird (siehe Seite 76).

Das sind aber längst nicht die einzigen Punkte. War Ihr Fahrzeug beispielsweise zuvor als Lkw angemeldet, kann die Betriebserlaubnis erlöschen, wenn Trennwände entfernt werden oder die Ladefläche inklusive Möbel nach dem Ausbau zu klein ausfällt. Denn dann ist der Gütertransport, für den ein Lkw bestimmt ist, nicht mehr möglich. Dadurch ändert sich die Fahrzeugart, die Betriebserlaubnis erlischt. Wenn Sie Ihren Ausbauplan ohnehin zu Beginn mit Ihrem Sachverständigen besprechen, kann dieser Ihnen auch sagen, ob und zu welchem Zeitpunkt des Umbaus Sie die Betriebserlaubnis verlieren könnten.

Übrigens: Solange sich ein Ausbau ohne Werkzeug entfernen lässt, fällt das Auto unter eine sogenannte Wechselnutzung. Dies ist meist für Ausbauende von Mini-Campern relevant, da die Wagen häufig als Alltagsfahrzeug genutzt werden. Dann entfällt die Wohnmobil-Anmeldung.

Fahrzeugspezifische Produkte

Arbeiten Sie mit Produkten, die für den Fahrzeugbereich entwickelt wurden. Diese erfüllen gewöhnlich die Richtlinien für eine Ummeldung zum Wohnmobil. So müssen etwa alle aktiven elektrischen Geräte eine elektromagnetische Verträglichkeit gemäß EU-Kraftfahrzeugrichtlinie 72/245 besitzen. Sie können sich also nicht einfach ein Solarpanel für ein Haus oder einen beliebigen Kühlschrank einbauen.

Aber keine Sorge: Der Markt ist voller Produkte für den Campingbereich. Meist finden Sie in der Produktbeschreibung eine Auflistung, für welche Fahrzeuge der Artikel nutzbar ist. Wenn Sie sich nicht sicher sind, werfen Sie einen Blick ins Prüfzertifikat. Falls das Produkt nur für andere Fahrzeuge zugelassen ist und trotzdem passt, können Sie unter Umständen eine separate TÜV-Abnahme durchführen lassen.

Nach der erfolgreichen Ummeldung zum Wohnmobil brauchen Sie eine entsprechende Versicherung. Unter test.de (Stichworte: „Versicherungen, Wohnmobile") können Sie für kleines Geld Tarife von 2022 vergleichen. Die größte Preisdifferenz in unserer Prüfung lag bei 2787 Euro im Jahr.

WERKZEUG UND MATERIAL

Für den Ausbau eines Vans brauchen Sie weder besondere handwerkliche Fähigkeiten noch eine ganze Werkstatt. Dennoch können ein paar Tipps am Anfang wertvoll sein. Wir zeigen, welche Materialien sich anbieten, und geben Ihnen mit unseren Tests einen Leitfaden für die Wahl des richtigen Werkzeugs.

Der beste Akkubohrschrauber

Ihr bester Freund beim Wohnmobilausbau ist ein Akkuschrauber. Leistungsfähig, aber nicht zu schwer sollte er sein. Wir haben 18-Volt-Akkuschlagbohrschrauber getestet. Der Dewalt DCD795D2 für 200 Euro schnitt am besten ab. Wer auf ein Gerät mit gutem Systemakku setzen möchte, ist mit dem Einhell Expert Plus TE-CD 18/50 Li-i BL für 140 Euro gut bedient. Die getesteten Geräte der Hornbach-Marke und von Black + Decker schnitten mangelhaft ab. In der Dauerprüfung schwächelten die Schlagwerke, letztendlich versagten ihre Motoren. Für den Wohnmobilausbau reicht ein Akkuschrauber ohne Schlag. Wichtiges Zubehör sind ein Bit-Satz, Metall- und Holzbohrer. Lochsägen sind sinnvoll.

Die richtige Stichsäge

Die Stichsäge ist nicht nur für den Möbelbau unabdingbar. Sie werden damit beispielsweise auch Löcher für Fenster in Ihre Karosse sägen. Der letzte Stichsägentest

MEISTER-TIPP

Möchten Sie sich für das Projekt mehrere Akkugeräte anschaffen, setzen Sie am besten auf eine Marke. Denn Bosch, Metabo oder Worx etwa entwickeln ihren gesamten Gerätekosmos um die Akkus herum. Wer sich also Geräte derselben Firma anschafft, kann gutes Geld sparen. Die Aufladung klappt meist innerhalb einer Stunde. Zur kontinuierlichen Arbeitsfähigkeit empfehlen wir die Anschaffung von zwei Akkus. In unserem Werkzeugakku-Test schnitt der 18-Volt-Akku von Einhell (18 V 2,0 Ah Power XX-Charge) am besten ab. Auch Metabo (625596000) und Lidl Parkside (PAP 20 A1) glänzten.

der Stiftung Warentest ist schon etwas her, wir können Ihnen jedoch mit allgemeinen Testerkenntnissen beim Kauf helfen: Mit eingeschaltetem Pendelhub sägen die Modelle teilweise doppelt so schnell. Wenn der Schnitt besonders schön werden soll, empfiehlt es sich jedoch, die Funktion vorübergehend abzustellen. Unsere Testergebnisse zeigen, dass die den Produkten mitgelieferten Sägeblätter oft schlechter sind als hochwertige Blätter aus dem Baumarkt. Legen Sie sich Holz- und Metallsägeblätter zu, darunter auch Kurvensägeblätter. Da Sie Ihre Stichsäge viel und lange benutzen werden, empfehlen wir Produkte mit Kabel. Akkumodelle bieten jedoch den entscheidenden Pluspunkt, dass sie auch fernab der Steckdose funktionieren, was beim Wohnmobilausbau hilfreich sein kann. Außerdem können Sie dann nicht versehentlich ein Kabel durchtrennen. Wer mag, kann sich eine Akkustichsäge als Zweitgerät zulegen. Günstiger für diesen Zweck ist eine Handsäge mit feiner Zahnung (nur für Holz geeignet).

Schwingschleifer erleichtern die Arbeit

Schwingschleifer eignen sich für den Feinschliff von Holz und Metall. Sie werden sie hauptsächlich für die Holzbearbeitung nutzen. Kleinere Modelle sind handlich und erreichen auch schwer zugängliche Stellen gut. In unserem Test konnten Billigprodukte unter 40 Euro nicht überzeugen. Je länger das Kabel, desto besser der Aktionsradius. Achten Sie darauf, dass das Gerät über eine Staubabsaugung verfügt.

Benötigtes Zubehör sind Schleifscheiben. Theoretisch können Sie zwar auch per Hand mit Schleifpapier arbeiten. Das dauert jedoch mehr als doppelt so lange. Ein Schleifgerät wird Ihnen den Ausbau sehr erleichtern.

MEISTER-TIPP

Wer viel mit der Stichsäge arbeitet, weiß: Das Schnittbild sieht auf der Unterseite häufig besser aus. Das liegt daran, dass die Sägezähne das Material nach oben hin abheben und Späne eher in der Aufwärtsbewegung aufreißen. Sie erhalten ein schöneres Ergebnis, wenn Sie die später sichtbare Oberseite beim Sägen nach unten drehen.

Kleben und dichten

Im Lauf des Buches kommen Montagekleber und Dichtmassen zur Sprache. Mit Ersterem sind elastische, teilweise UV-beständige Kleber gemeint, die im Wohnmobilbau genutzt werden. Dichtmasse wird etwa zum Einsetzten von Fenstern benötigt. Die Stiftung Warentest hat diese Produktklassen leider noch nicht getestet, weshalb keine Aussagen über die Qualität gemacht werden können. Bei Selbstausbauern beliebt sind die Marken Sika, Dekalin und Würth, anhand derer wir erläutern, welche Produkte man aus dem unübersichtlichen Sortiment benötigt - eine Empfehlung für genau diese Marken ist damit nicht verbunden: Bei Sika wären es beispielsweise „Sikaflex 554" als Kleber, „Sikaflex 522" als Dichtmasse. „Würth Klebt + Dichtet" oder „Dekalin Dekaseal 8936" taugen als Dichtmasse und „Würth SMP High Tack" als Kleber. Achtung: Nicht jedes Produkt ist für jede Anwendung geeignet. Informieren Sie sich vorher über die Materialeigenschaften. Ebenfalls unentbehrlich ist Silikonentferner, um Klebeflächen so zu entfetten, dass Kleber und Dichtmasse gut halten.

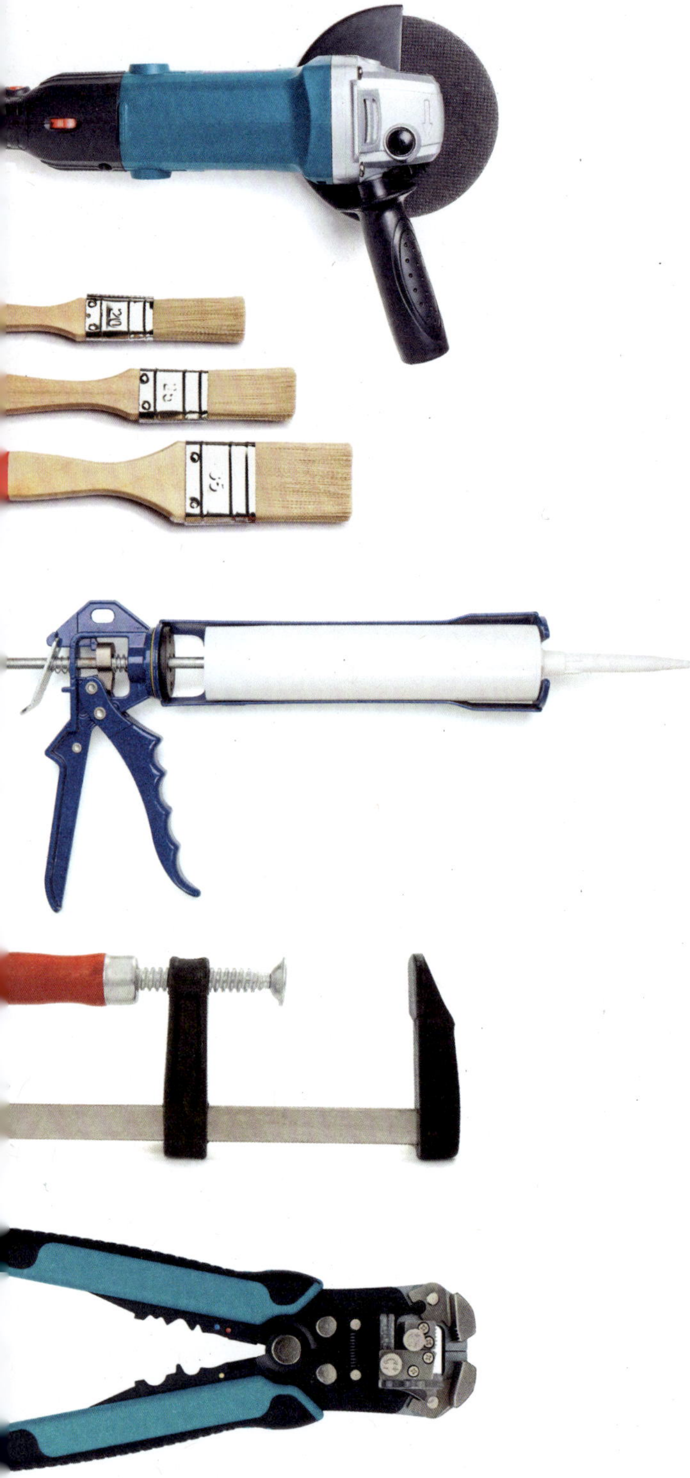

Diese Werkzeuge dürfen nicht fehlen

Winkelschleifer: Mit dem Winkelschleifer lässt sich Metall schneiden und schleifen. Wenn Ihr Wagen vor dem Ausbau eine Rostbehandlung benötigt (siehe Seite 54), brauchen Sie einen Winkelschleifer. Da hiermit hauptsächlich im Auto gearbeitet wird, bieten sich Akkumodelle an. Geräte mit elektronischem Sanftanlauf sind sicherer. Zum sanften Abtragen von Lack eignen sich Grobreinigungsscheiben aus Nylongewebe.

Kartuschenpresse: Kaufen Sie kein Billigprodukt aus Plastik, diese gehen schon nach wenigen Benutzungen zu Bruch. Setzen Sie lieber auf eine Kartuschenpresse aus Metall. Sie werden viel Kleber und Dichtmasse verpressen. Das kann auf Dauer anstrengend werden, weshalb es sich lohnt, den Erwerb einer elektrischen Kartuschenpresse in Erwägung zu ziehen.

Schraubzwinge: Nicht nur für den Fenstereinbau nötig, sondern auch beim Sägen sehr hilfreich, um Bretter und Latten zu fixieren.

Pinsel: Je nach Einsatzgebiet werden unterschiedliche Pinsel benötigt. Wer beizen möchte, braucht einen Beizpinsel ohne Metall. Lackpinsel haben dichtere Borsten als Lasurpinsel.

Schleifpapier: Für Orte, die Sie mit dem Schleifgerät nicht erreichen können.

Crimpzange und Abisolierzange: Damit können Sie Kabel schneiden, abisolieren und Steckverbindungen crimpen (Zusammenfügen mittels plastischer Verformung). Wer es sich einfach machen möchte, setzt auf eine hydraulische Crimpzange.

Digitalmultimeter: Misst Kabelwiderstände oder den Batterieladezustand.

Außerdem benötigt: Bleistift, Messer, Schere, Zollstock, Metallfeile

Diese Werkzeuge sind optional

Handkreissäge: Für den perfekt geraden Schnitt.

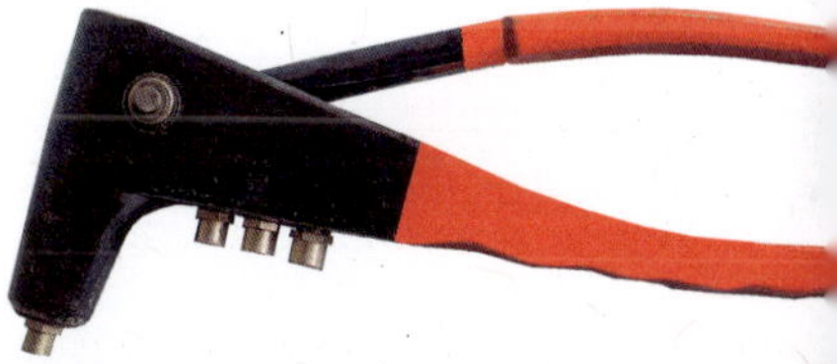

Nietmutternzange: Ein Werkzeug, mit dem man Gewinde in Unterboden oder Holmen des Fahrzeugs einsetzen kann. Dies ist etwa hilfreich, um Unterflurtanks anzubringen oder Möbel fest zu verankern.

Messer mit Hakenklinge und Keramikmesser: Wenn Sie mit Kfz-Filz arbeiten, lohnt sich die Anschaffung von Hakenklingen (mit und ohne Akku) für Ihr Cutter-Messer, da sie für saubere Schnittkanten sorgen. Die akkulosen Produkte sind günstiger und eignen sich für den Anwendungsbereich gleichermaßen. Mehr zu Filz ab Seite 91. Keramikmesser eignen sich gut, um selbstklebende Dämmmatten zu schneiden (siehe Seiten 79 und 84).

Beitel: Zum Stemmen von Holz. Mit einem Beitel lassen sich beispielsweise Latten leicht ausklinken.

Fräse: Damit können Sie Werkstücke mit Nut und Feder herstellen.

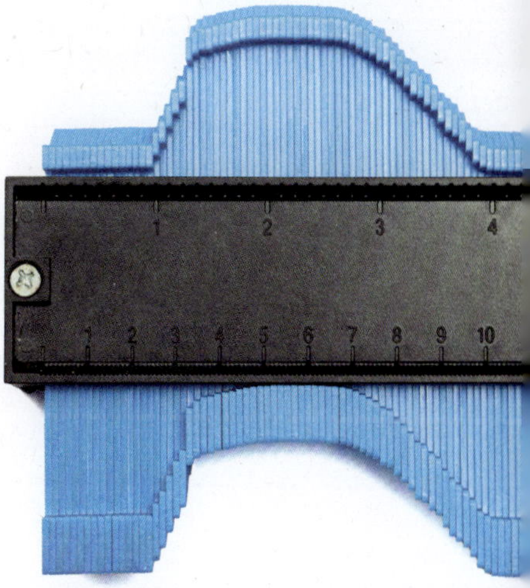

Konturlehre: Eine Konturlehre erleichtert das Messen an verwinkelten Stellen, indem sie sich an die Kontur der Oberfläche anschmiegt. Wegen der vielen Verwinklungen im Fahrzeug, drängt sie sich als gutes Hilfsmittel für den Möbelbau auf.

Leichte Materialien

Das zulässige Gesamtgewicht einzuhalten ist beim Wohnmobilausbau essenziell. Besitzer von Campingbussen mit langem Radstand und Hochdach kommen mit den zulässigen 2,8 Tonnen nur knapp aus. Genauso wie Ausbauer von Kastenwagen, die häufig ein zulässiges Gesamtgewicht von 3,5 Tonnen (teilweise nur 3,3 Tonnen) haben. Ab einem L3H2-Modell sollten Sie auch hier besonders achtgeben. Dies bedeutet nicht, dass Sie bei anderen Fahrzeugtypen gar nicht aufpassen müssen. Neben Wassertanks, Kühlschrank, Gepäck, Passagieren sollten Sie auch das Gewicht Ihrer Möbel beachten. Mithilfe Ihres Grundrisses können Sie berechnen, wie viele Quadratmeter an Material Sie für Bodenplatte, Möbel und Verkleidung brauchen. Wir haben das Gewicht pro Quadratmeter für die im Wohnmobilausbau gängigen Stärken der Materialien für Sie recherchiert (siehe Seite 50f.). Beachten Sie jedoch, dass das Gewicht je nach Hersteller und Holzart variieren kann.

Bei der Ummeldung zum Wohnmobil wird ein neues Leergewicht bestimmt. So wird dabei gerechnet: Gewicht des Wagens +75 kg je zugelassenem Sitzplatz + Mindestnutzlast von Heckträgern wie etwa Fahrradträgern. Bei der Abnahme sind Tank und zusätzliche Kraftstoffkanister zu mindestens 90 Prozent zu befüllen. Der Frischwassertank muss voll sein, der Abwassertank darf leer bleiben.

Holzbehandlung

Wenn Sie schon zu Beginn wissen, mit welchen Farben Sie arbeiten möchten, kann es sich lohnen, bereits beschichtetes Holz zu kaufen. Hierbei sind Sie zwar auf die verfügbaren Farben und Produkte beschränkt, es spart Ihnen jedoch einiges an Arbeit, und preislich zeigt sich kaum ein Unterschied. Manche Produkte wie Profilholz gibt es im Baumarkt nur unbehandelt. Wenn Sie mit solchem Holz arbeiten, müssen Sie es vor Witterungseinflüssen schützen. Einwandfreie Ergebnisse erzielen Sie, wenn Sie das Holz vorher in verschiedenen Körnungsstufen abschleifen. Behandeln Sie zunächst immer ein Probestück. So erkennen Sie, ob Ihnen das Ergebnis gefällt.

Ölen

Einfach und natürlich ist das Ölen mit zum Beispiel Leinölfirnis oder Hartwachsöl. Geöltes Holz behält seine natürliche Eigenschaft der Feuchteregulierung, was für ein gutes Raumklima sorgt. Es erscheint dunkler als unbehandeltes Holz, das Öl lässt sich jedoch auch mit Farbpigmenten anmischen oder vorgefärbt im Baumarkt kaufen. Es wird mit einem fusselfreien Tuch aufgetragen und nach geraumer Zeit wieder abgezogen. Für intensivere Färbung und besseren Schutz sollten Sie den Vorgang wiederholen. Achtung: Benutzte Lappen müssen gründlich ausgewaschen werden, da sie zur Selbstentzündung neigen.

Lackieren

Lacke bilden eine Schutzschicht, ohne einzuziehen und verschließen so die Holzporen. Klarlack lässt die Holzmaserung durchscheinen, Buntlack deckt und verleiht dem Holz einen modernen Look. Lackieren ist etwas aufwendiger als ölen. Um Fleckenbildung entgegenzuwirken, tragen Sie zunächst eine Grundierung auf und lassen diese trocknen. Darüber wird mit einem Naturborstenpinsel oder einer Lackierrolle der Lack gestrichen. Da er nicht einzieht, kann Lack abblättern. Um dem vorzubeugen, sollten Sie einen stoßfesten Decklack als finale Schicht auftragen. Wenn Ihnen das Ergebnis auf Ihrem Probestück zu sehr glänzt, können Sie sich an Produkten mit dem Zusatz „seidenmatt" oder „matt" versuchen. Achtung: Lackieren Sie nie bewegte Teile. Lack auf Lack quietscht.

Lasieren

Lasuren ziehen in das Holz ein und sind offenporig, lassen es also atmen. Die Maserung bleibt sichtbar. Lasur wird ebenfalls mit einer Grundierung und nachträglich in mehreren Schichten aufgetragen. Je mehr Schichten, desto dunkler die Farbgebung.

Beizen

Mit Beize können Sie den Farbton des Holzes dutzrrch einen chemischen Prozess deutlich verändern, während die Maserung erhalten bleibt. Beize wird mit einem kunststoffgefassten Beizpinsel auf das Holz aufgetragen, da Metallkontakt zu einer Farbtonveränderung führen kann. Nach einiger Zeit wird die überschüssige Chemikalie wieder abgezogen. Achtung: Da Beize dem Holz keinen groben Schutz bietet, muss nach dem Trocknen noch ein passender Klarlack oder Öl aufgetragen werden.

Temperaturen beachten

Einige Kleber- und Dichtmassen, Lacke und Öle haben Mindesttemperaturen, unter denen sie sich nicht verarbeiten lassen oder zu langsam trocknen. Häufig liegen diese ab 10 Grad Celsius. Dies ist besonders relevant, wenn Sie Ihren Camper in einer unbeheizten Halle über den Winter ausbauen wollen. Die Maximaltemperaturen werden in Deutschland nur selten erreicht. Die genauen Werte entnehmen Sie der Anwendungsbeschreibung der Produkte.

Nach der Behandlung mit gefärbtem Öl bleibt die Holzmaserung sichtbar.

Schutzausrüstung

Die meisten Unfälle beim Heimwerken passieren mit Bohrmaschinen und Kreissägen. Viele Bastler fallen auch über Werkzeuge und herumliegende Kabel. Tragen Sie eng anliegende Kleidung und nehmen Sie Schmuckstücke ab. Lange Haare sollten Sie zusammenbinden. Für Elektrowerkzeug sind Schutzbrille und Handschuhe obligatorisch, wenn diese in den Warnhinweisen der Bedienungsanleitung erwähnt werden. Ein Gehörschutz ist wichtig, sobald Sie mit Elektrosäge, Schwingschleifer oder Bohrmaschine arbeiten. Beim Umgang mit Lösemitteln, wie Silikonentferner, sollten Sie spezielle Chemikalienhandschuhe und eine entsprechende Maske tragen. Für Schleifarbeiten wird eine Staubmaske (etwa FFP2) empfohlen. Gegen Lacke reichen als Schutz auf der Haut Einweghandschuhe.

Werkstoffe und ihre Eigenschaften

	Vorteil	Nachteil	Verwendung	Gewicht (ca.)
Sperrholz Besteht aus dünnen Holzschichten, die unter Druck und Hitze verleimt werden. Meist aus Pappel- oder Kiefernholz, wobei Pappel leichter ist	► Gute Flexibilität und Formbarkeit ► Günstig in der Anschaffung	► Nicht wasserfest, erfordert eine Versiegelung ► Anfällig für Macken	► Eignet sich für gut für Verkleidungen, beispielsweise der Decke	► 4 mm: 1,7 kg/m² ► 6 mm: 2,4 kg/m² ► 9 mm: 3,2 kg/m² ► 12 mm: 5,2 kg/m² ► 15 mm: 6,8 kg/m²
Leichtbauplatten Bestehen aus einer leichten Hartschaumkernschicht, die im Sandwichprinzip von Außenlagen aus Sperrholz oder anderen festen Materialien umgeben sind	► Niedriges Gewicht, daher ideal für den Wohnmobilausbau ► Hohe Stabilität	► Sehr teuer	► Geeignet für den Möbelbau	► 12 mm: 3,6 kg/m² ► 18 mm: 4,0 kg/m²
Multiplex Besteht aus mindestens fünf Lagen Furnier derselben Dicke, die miteinander verleimt werden. Meist aus Birke und Buche oder etwas günstiger aus Kiefer	► Hohe Belastbarkeit ► Widerstandsfähig und geringer Verzug	► Erfordert eine Versiegelung durch Öl oder Lack	► Geeignet für den stabilen Möbelbau, auch Tischplatten und Arbeitsflächen	► 9 mm: 6,1 kg/m² ► 12 mm: 8,1 kg/m² ► 15 mm: 10,2 kg/m²
Siebdruckplatten Multiplexplatte mit wasserfester Phenolharz-Beschichtung, meist in braunroter Farbe	► Sehr robust ► Wasserfest	► Teuer	► Geeignet als Bodenplatte im Wohnmobil	► 12 mm: 8,2 kg/m²
OSB-Platten (Grobspanplatten) Besteht aus verleimten Holzspänen, die unter Druck gepresst werden	► Einfach zu verlegen ► Günstig	► Neigt dazu, bei Kontakt mit Wasser aufzuquellen ► Schrauben können ausreißen	► Neben Siebdruckplatten werden auch OSB-Platten als Bodenplatten verlegt.	► 12 mm: 7,0 kg/m²

	Vorteil	Nachteil	Verwendung	Gewicht (ca.)
Leimholzplatte (aus Hartholz) Besteht aus verleimtem Vollholz	► Langlebig und robust	► Schweres Material ► Kann sich verziehen	► Gut geeignet für robuste Arbeitsflächen im Wohnmobil sind insbesondere Harthölzer wie Eichen- oder Bambusplatte.	► 19 mm: 14,2 kg/m² (Eiche) ► 18 mm: 12,2 kg/m² (Bambus)
Profilholz Zeichnet sich durch Nut- und Federkonstruktion aus. Meist aus Kiefer oder Fichte	► Leicht zu verarbeiten dank Nut und Feder ► Passt sich gut an die Rundungen des Fahrzeugs an	► Versiegelung benötigt	► Geeignet für die Verkleidung von Wänden und Decken im Wohnmobil	► 12,5 mm: 6 kg/m²
Dachlatten Latte aus Fichten- oder Tannenholz. Teilweise werden im Baumarkt auch leicht gebogene Latten angeboten, achten Sie darauf, dass sie möglichst gerade sind.	► Günstig ► Nicht immer leicht, gerade Latten zu finden (um dem zu entgehen, können Sie auch selbst Latten bspw. aus Multiplex schneiden)		► Werden für die Unterkonstruktion von Verkleidung und Möbeln verwendet	► 3-Meter-Dachlatte 50 x 30 mm wiegt etwa 2 kg.
Kompaktplatte Spezielle Verbundplatte mit hoher Wasserbeständigkeit	► Wasserfest ► Robust	► Teuer	► Geeignet für Badezimmer beziehungsweise eine Nasszelle im Wohnmobil	► 8 mm: 9,6 kg/m² ► 10 mm: 12,0 kg/m² ► 12 mm: 14,4 kg/m²
MDF-Platte (mitteldichte Faserplatte) Besteht aus feinen Holzfasern, die mit einem Bindemittel verpresst werden	► Leicht ► Preiswert	► Nicht wasserfest, erfordert Lackierung oder Beschichtung ► Sehr geringe Belastbarkeit	► Geeignet als Schrankrückwand oder für andere leichte Anwendungen	► 6 mm: 4,3 kg/m²

KAPITEL 3

ROHBAU

ROST

Haben Sie beim Kauf doch noch ein paar Roststellen übersehen? Dann heißt es, bevor Sie mit dem eigentlichen Ausbau starten: Ran an den Lack! Denn wegen der Verkleidung und der Möbel im Camper ist es nach dem Umbau so gut wie unmöglich, Rostbehandlungen durchzuführen, ohne Teile des Ausbaus wieder herausnehmen zu müssen.

Den Schaden einschätzen

Rost zeigt sich in Lackbläschen oder rauen braunen Stellen. Er bildet sich oft an Stellen mit Lackplatzern, wenn das offene Metall mit der Luft in Kontakt tritt. Kommt dann noch anhaltende Feuchtigkeit hinzu, kann es zu Durchrostungen kommen. Sobald eine Durchrostung, also ein Loch zum Innenraum oder an tragenden Karosserieteilen, besteht, wird es kritisch. Selbst wenn die Roststelle noch nicht nach einem Loch aussieht, der Sachverständige in der Hauptuntersuchung prüft gern auch einmal durch einen kräftigen Schlag mit dem Schraubenzieher. Wenn die Karosse dann nicht standhält, gibt es fürs Erste keinen TÜV mehr.

Um alle Metallteile zu kontrollieren, müssen Sie auch unter die Bodenplatte Ihres Wagens schauen und den Innenraum gründlich absuchen. Prüfen Sie außerdem den gesamten Außenbereich, alle Türen und Einstiege. Falls nötig, entfernen Sie Kunststoffverkleidungen wie die Einstiege, um einen freien Blick zu bekommen.

Entdecken Sie bei Ihrer Suche eine Durchrostung, sollten Sie sich professionelle Hilfe holen, denn die entsprechenden Stellen müssen geschweißt werden. Leichte Roststellen können Sie dagegen selbst bearbeiten. Wie das geht, erfahren Sie in unserer Schritt-für-Schritt Anleitung (siehe rechts). Von einer schnellen Behandlung mit Spachtelmasse oder Rost-Stopp ist abzuraten. Sichtbarer Rost muss vor der Umwandlung zunächst immer abgetragen werden, damit die Stelle nicht gleich wieder aufblüht.

Rost vorbeugen

Owatrol-Öl eignet sich nicht nur gut zur Rostkonservierung an sich berührenden Metallstellen wie beispielsweise Falzen, sondern auch zur Rostvorbeugung. Sollten Sie während des Ausbaus in die Karosse bohren oder schrauben, empfiehlt es sich daher, Nieten und Schrauben vor der Verarbeitung mit dem Korrosionsschutz zu bestreichen.

ANLEITUNG

Rost entfernen

WAS BRAUCHE ICH?

- Winkelschleifer oder Akkuschrauber
- CSD-Reinigungsscheibe
- Silikonentferner
- Fusselfreien Lappen
- Rostschutzfarbe
- Pinsel
- Ggf. Rostumwandler
- **Persönliche Schutzausrüstung (Seite 49)**

40 €	20 min (Ohne Trocknungszeiten)	★★ Schwierigkeit: 2

1 Den Lack vorsichtig mit einer CSD-Scheibe auf Ihrem Winkelschleifer oder als Aufsatz für den Akkuschrauber anschleifen, bis kein Rost mehr zu sehen ist. Schleifen Sie auf langsamer Stufe, denn bei zu großer Hitzeentwicklung kann sich der Rost im Metall einbrennen. Aber Vorsicht: Arbeiten Sie nicht mit einem Drahtbürstenaufsatz, dieser ist zu aggressiv.

2 Um das blanke Metall für die Lackierung vorzubereiten, entfetten Sie es nun mit Silikonentferner aus dem Baumarkt. Da Lösemittel auch die Haut angreifen, sollten Sie chemikalienfeste Arbeitshandschuhe tragen. Schützen Sie sich außerdem mit einer Maske vor den Dämpfen. Für einen zusätzlichen Rostschutz können Sie anschließend Rostumwandler nach Anwendungsempfehlung auftragen. Einwirkzeiten beachten.

3 Tragen Sie nun gute Rostschutzfarbe auf, bei sichtbaren Stellen besorgen Sie sich zusätzlich den Lack im Farbton Ihres Wagens inklusive Klarlack. Beachten Sie die Trocknungszeiten der Lacke, diese können mitunter mehrere Tage betragen.

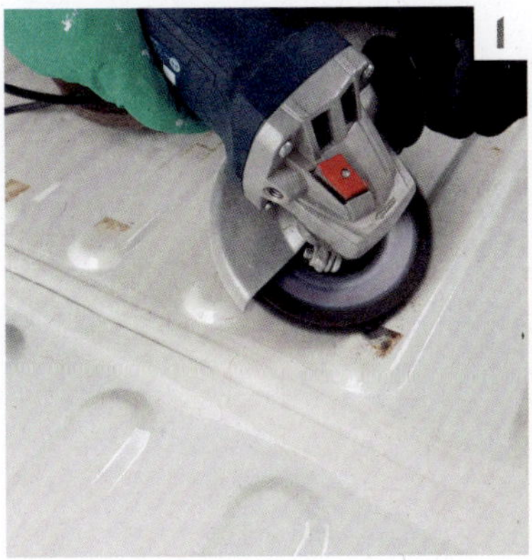
1

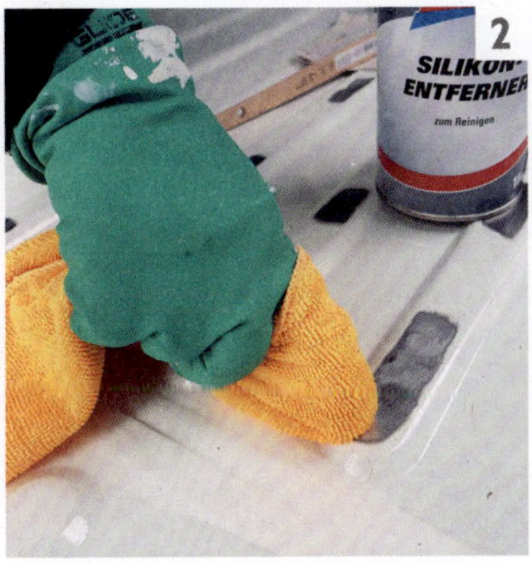

2

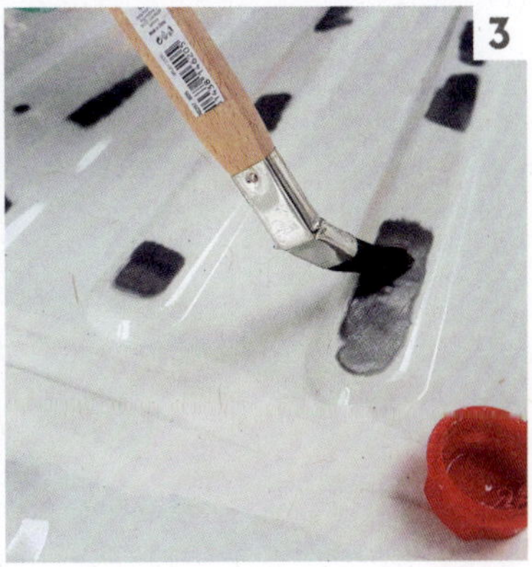
3

FENSTER

Ein Raum, den das Tageslicht durchströmt, wirkt einladend, und es ist schöner, aus seinem Camper auf die umliegende Landschaft zu blicken als gegen die nackte Wand. Wer nicht bereits Werksfenster in seinem zukünftigen Wohnmobil verbaut hat, möchte daher meist mit Camperfenstern für noch mehr Licht im mobilen Zuhause sorgen.

Sich Durchblick verschaffen

Die Fensterfrage spaltet die Ausbau-Community. Viele Freisteher setzen auf Stealth-Camper, die auch als Lieferwagen durchgehen könnten und somit wenig auffallen. Sie bauen sich, wenn überhaupt, nur Dachfenster ein und verzichten auf den Ausblick. Für alle anderen sorgen Seitenfenster durch mehr Licht für ein wohnlicheres Raumgefühl und ermöglichen eine bessere Sicht beim Fahren.

Wie beim Grundriss des Wohnmobils will die Verteilung einzelner Dachaufbauten gut durchdacht sein. Ob Solarpanel, Dachfenster oder Klimaanlage, alles braucht seinen Platz. Mehr dazu ab Seite 67.

Wohnmobilfenster gibt es in den unterschiedlichsten Ausführungen: als Ausstellfenster, Schiebefenster, Bullaugen und Dachluken mit oder ohne integriertes Plissee zur Verdunklung und mit Insektenschutz. Je nach Form Ihres Wagens bieten sich gerade oder leicht gewölbte Fenster an. Für den Einbau empfehlen sich doppelt verglaste Fenster, da sie besonders gut isolieren. Rahmenfenster, die im Van eingelassen werden, haben einen besseren Diebstahlschutz als vorgehängte Fenster, die nur an der Außenhaut aufliegen und verhältnismäßig leicht aufgestemmt werden können. Bekannte Hersteller für Wohnmobilfenster sind etwa Carbest und Dometic.

Das ist beim Einbau zu beachten

Sie dürfen Camperfenster nur an der dafür vorgesehenen Position einbauen. Ein Seitenfenster darf nicht als Dachluke eingesetzt werden. Neben der Position ist auch die Einbaurichtung wichtig. Schiebefenster etwa werden mit der zu öffnenden Seite in Fahrtrichtung, Dachluken gegen die Fahrtrichtung eingebaut. Die richtige Ausrichtung wird von den Herstellern angegeben. Ein Lichteinfall aus mindestens zwei Richtungen wird vom TÜV empfohlen, wobei die Frontscheibe da natürlich mitzählt. Jeder separate Wohnraum im Bus braucht eine Fluchtmöglichkeit. Fenster über 0,25 Quadratmeter zählen als Notausstieg, wenn die Seitenlängen nicht unter 45 Zentimeter betragen.

Sicherheitslüftung

Lüftungsöffnungen sind laut TÜV-Merkblatt Vorschrift, da der Luftaustausch in einem so kleinen Raum gewährleistet sein muss. Seit 2022 sind für Wohnmobile zwei solcher Zwangslüftungen vorgeschrieben. Eine davon muss sich im unteren Bereich des Wagens, maximal 10 Zentimeter über dem Boden, befinden, die andere muss meist im Dach positioniert sein. Hier kommen die Fenster ins Spiel. Verzichtbar ist eine eigene Zwangslüftung oben, wenn Sie eine Dachluke mit ausreichender Belüftungseinrichtung einbauen. Die im TÜV-Merkblatt vorgeschriebene Größe der Sicherheitslüftung hängt von der Grundfläche Ihres Fahrzeugs ab und davon, ob Sie abzugslose Verbrennungsgeräte wie einen Gaskocher haben.

Ein integriertes Plissee sorgt neben der Verdunklung für zusätzliche Isolation.

Schutz vor Abgasen

Wenn Sie eine Standheizung nutzen, achten Sie darauf, die Fenster nicht über der Abgasentsorgung anzubringen. Andernfalls können Sie sie nicht öffnen, während die Heizung läuft, ohne die Geruchs- und Schadstoffbelastung im Camper zu haben. Es gibt auch automatische an die Fensteröffnung gekoppelte Abschaltsysteme.

Auch an den Komfort denken

Wer auch bei Nieselregen sein Fenster öffnen möchte, sollte auf ein Ausstellfenster setzen, da es in Schiebefenster hineinregnen kann. Vorgehängte Fenster bieten durch ihren Überstand zusätzlichen Regenschutz. Wenn Sie Windabweiser an Fahrer- und Seitentür nachrüsten, können Sie bei Regen auch diese Fenster einen Spalt geöffnet lassen. Ist bei Ihnen bereits ein Schiebefenster verbaut? Auch dann gibt es Abhilfe (siehe Seite 61). Und noch ein Tipp: Nutzen Sie die höchstmögliche Einbauposition. Ansonsten betrachten Sie – besonders bei Wagen mit Stehhöhe – von drinnen nur den Boden. Fahren Sie ein Fahrzeug mit Wohnkabine, haben Sie einen deutlich größeren Spielraum und können die Fenster so positionieren, dass Sie auch im Stehen einen angenehmen Blick haben.

ANLEITUNG

Rahmenfenster einbauen

WAS BRAUCHE ICH?

- → Campingfenster
- → Dachlatte
- → Holzschrauben
- → Pappkarton
- → Akkuschrauber
- → Stichsäge
- → Malerkrepp
- → Große Plastiktüten
- → Metallfeile
- → 6 Schraubzwingen
- → Montagekleber bspw. Sikaflex-554
- → Abtupfbare Dichtmasse bspw. Sikaflex-522 oder DEKAseal 8936
- → Kartuschenpresse
- → Silikonentferner
- → Rostschutzlack
- → Pinsel
- → **Persönliche Schutzausrüstung (Seite 49)**

400 bis 600 €

4 Stunden (Ohne Trocknungszeiten)

★★★ Schwierigkeit: 3

1 Campingfenster sind für dicke Wohnmobilwände aus Sandwichplatten entwickelt. Wenn Sie sie in ein Fahrzeug mit normaler Karosserie einsetzen wollen, müssen Sie daher einen Holzrahmen aus Dachlatten bauen, der diese Tiefe imitiert. Zudem brauchen Sie eine Pappschablone, die den genauen Maßen des Innenausschnitts entspricht. Liegen Flatterholme auf der Innenseite der Karosse, müssen diese zunächst entfernt werden.

2 Das Malerkrepp großzügig auf die Fensterposition kleben und zusätzlich den Innenraum mit Plastiktüten abkleben, um Metallspäne aufzufangen. Zeichnen Sie mithilfe der Pappschablone den Ausschnitt auf das Malerkrepp. Achten Sie auf eine gerade Ausrichtung. Um gut mit der Stichsäge ansetzen zu können, ein Loch an die innere Schnittkante bohren. Mit kleinem Bohrer beginnen, dann größer werden.

3 Sägen Sie nun den Ausschnitt aus und nutzen Sie in den Winkeln ein Kurvensägeblatt. Achtung: Ein Winkelschleifer ist eher unpräzise, weshalb die Stichsäge mit Metallsägeblatt vorzuziehen ist. Achten Sie unbedingt darauf, dass der Ausschnitt nicht zu klein gerät. Andernfalls steht Ihnen schweißtreibende Arbeit mit der Metallfeile bevor. Um ein Flattern des Ausschnitts zu vermeiden, können Sie ihn ebenfalls mit Klebeband befestigen. Entfernen Sie das Malerkrepp nach dem Sägen. Wenn es sehr lange anhaftet, wird es schwieriger zu lösen. Nun die Schnittkante mit einer Metallfeile entgraten und prüfen, ob das Fenster in den Ausschnitt passt.

4 Schnittkante und Auflagefläche des Holzrahmens an der Karosse mit Silikonentferner entfetten. Das blanke Metall mit Rostschutzfarbe lackieren, den Holzrahmen mit Montagekleber auf der Innenseite verkleben und mit etwa sechs Schraubzwingen fixieren. Trocknungszeiten beachten! Wenn Sie den Wagen sicher abstellen können, empfiehlt es sich, Lack und Kleber über Nacht trocknen zu lassen. Gegebenenfalls von außen mit stabiler Folie abkle-

ben, um den Innenraum vor der Witterung zu schützen.

5 Die Dichtmasse großzügig auf die dafür vorgesehene Stelle des Campingfensters auftragen und die Auflagefläche des Fensters an der Karosse mit Silikonentferner entfetten.

6 Nun können Sie das Fenster nach Einbauanleitung einsetzen. Einige werden durch die Karosse hindurch in den Holzrahmen verschraubt, andere mit einem Gegenstück auf der Innenseite verankert. Der Vorteil dabei ist, dass keine zusätzlichen Schrauben in die Karosse gebohrt werden müssen. Die Dichtmasse über Nacht trocknen lassen, überschüssiges Material am nächsten Morgen abziehen.

7 Fertig. Das Fenster ist dicht, sicher und lässt sich von innen leicht öffnen und schließen. Genießen Sie den ungehinderten Ausblick!

5

6

7

Lüftungsgitter für sicheres Lüften

Wer nach einem schönen Strandtag zum Wohnmobil zurückkehrt, dem kann eine Hitzewand entgegenschlagen. Das ist nicht nur unangenehm, sondern kann elektrischen Geräten, wie beispielsweise dem Kühlschrank, die Arbeit erheblich erschweren. Und auch über Nacht ist es so manchem Urlauber ohne Klimaanlage zu warm im geschlossenen Camper. Die naheliegende Lösung: Man lässt ein Fenster oder eine Tür geöffnet stehen. Auf dem Campingplatz mögen sich einige damit sicher fühlen, sobald man das Fahrzeug verlässt, möchte man es jedoch schon abschließen. An dieser Stelle können Lüftungsgitter für Fahrzeuge Abhilfe schaffen. Die Gitter aus beschichtetem Aluminium werden einfach zwischen leicht geöffnetem Fenster und Rahmen der Fahrer- oder anderer Seitentüren eingespannt. Sie sind für viele verschiedene Fahrzeugtypen erhältlich, ermöglichen einen Luftaustausch im Fahrzeug und sind dabei deutlich sicherer als ein geöffnetes Fenster. Ein Paar der Gitter kostet etwa 60 Euro. Für manche Modelle gibt es die Gitter auch für seitliche Schiebefenster, diese sind jedoch etwa doppelt so teuer.

Mehr Licht

Haben Sie zu wenig Licht in Ihrem Wohnmobil? Dann haben Sie die Möglichkeit, ein bestehendes Fenster zu vergrößern oder an einer freien Wand ein Fenster nachzurüsten. Um die Karosse freizulegen, entfernen Sie zunächst einen Teil der Verkleidung und Isolation. Heck oder Schiebetüren eignen sich gut zum Nachrüsten, da die Verkleidung dort leichter zu entfernen ist. Besitzen Sie ein Wohnmobil mit Sandwichwand, könnte es sein, dass Sie keinerlei Verkleidung entfernen brauchen und Ihren Ausschnitt einfach an die passende Stelle setzen können. Wenn die entsprechende Stelle freigelegt ist, setzen Sie Ihr Fenster nach unserer Einbauanleitung auf den Seiten 59 bis 60 ein. Achten Sie darauf, vorher etwaige Kleberückstände der Dämmung gründlich zu entfernen. Für Wohnmobile mit Sandwichbauweise entfallen einige Einbauschritte. Wegen der bereits gegebenen Wandstärke ist der Bau eines Rahmens und das Auftragen von Rostschutzfarbe unnötig, da die Wände aus Kunststoff und Aluminium bestehen.

In den Teleskoparmen kann sich Dreck sammeln. Wenn es einmal klemmt, versuchen Sie, diese zu säubern. Hilft das nicht, bieten manche Hersteller auch Ersatzstangen.

Schiebefenster regenfest machen

Haben Sie ein Schiebefenster, das Sie bei schlechtem Wetter nicht öffnen können, weil es hineinregnet? Wenn Sie eine Kederleiste verbaut haben, lässt sich aus einer Plexiglasscheibe, etwas Seil und Saugnäpfen ein Regenschutz bauen.

Die Saugnäpfe werden mit Seilen an den äußeren Ecken der Plexiglasscheibe befestigt. Die Scheibe wird in den Keder gesteckt und mit den Saugnäpfen rechts und links vom Schiebefenster auf Spannung gebracht. Für besseren Halt können Sie am oberen Ende der Plexiglasscheibe mit dünnen Holzspießen und Panzertape einen provisorischen Keder anbringen. Die Konstruktion funktioniert am besten, wenn Kederschiene und Fenster nah aneinander positioniert sind, wie etwa bei flachen Campingbussen. Falls Ihr Wagen keine Kederleiste besitzt, müssen Sie diese zunächst nachrüsten. Mehr Infos dazu ab Seite 201. Beachten Sie, dass es sich um eine flexible Lösung handelt. Bevor Sie weiterfahren, müssen Sie den Regenschutz wieder abbauen und im Fahrzeug verstauen. Wer die Konstruktion nicht selbst basteln möchte, kann den Regenschutz fürs Seitenfenster auch für circa 40 Euro im Internet bestellen.

MEISTER-TIPP

Alte Kunststoffverkleidungen lassen sich auch mit einem Filz- oder anderem Stoffbezug schön aufwerten. Der Vorteil: Es geht schnell, ist unkompliziert und sieht hochwertig aus. Möglicherweise benötigen Sie wegen der zusätzlichen Stoffschicht längere Kfz-Spreiznieten.

STANDHEIZUNG

Campingsaison ist das gesamte Jahr. Im Frühling, Herbst oder Winter kann es trotz Dämmung schnell kühl werden. Damit Sie es trotzdem gemütlich warm haben, gibt es verschiedene Heizungslösungen. Ob Strom, Gas oder Kraftstoff, jede Version hat ihre Vor- und Nachteile.

Luftheizungen sind in Wohnmobilen üblich

Die Heizungstypen unterscheiden sich stark durch das Medium der Wärmeübertragung. Es gibt beispielsweise Luft- und Warmwasserheizungen. Bei Ersterer wird die Luft direkt erhitzt und über ein Gebläse in den Innenraum gepustet. Wasserheizungen hingegen verteilen die Wärme über einen Wasserkreislauf und geben diese über Heizkörper an die Luft ab. Also so, wie bei den meisten Menschen zu Hause auch. Das System der Luftheizung ist im Selbstausbau jedoch deutlich weiter verbreitet. Im Folgenden stellen wir Ihnen daher ausschließlich Luftheizungen mit verschiedenen Antrieben vor. Da die Modelle eine Stromversorgung benötigen, wird hier bereits vereinzelt auf den Verbrauch eingegangen. Ausführliche Infos zur Camperelektrik finden Sie im nächsten Kapitel ab Seite 96.

Kraftstoffheizung

Kraftstoffheizungen sind die gängigsten im DIY-Bereich. Der Heizungsantrieb speist sich dabei aus dem Kraftstofftank, zusätzlich werden über 12 Volt ein Gebläse und ein Glühstift versorgt. Für den Einbau der Heizung muss der Fahrzeugtank ausgebaut werden, um einen Tankentnehmer einzusetzen; und in den meisten Fällen wird ein Loch im Fahrzeugboden benötigt.

Achtung: Leider kann die Leitung für die Heizung nicht einfach vom Kraftstoffschlauch des Fahrzeugmotors abgezwackt werden. Eine separate Tankentnahme ist notwendig, da der Querschnitt der Kraftstoffleitung ist zu gering ist, um die Versorgung für beide Antriebe zu ermöglichen.

Bei Selbstausbauern eine der beliebtesten Dieselstandheizungen ist die Autoterm Air 2D, da sie mit allen Einbauteilen für circa 700 Euro deutlich günstiger daherkommt als Modelle namhafter Hersteller wie Truma, Webasto und Eberspächer. Es gibt Kombimodelle, die gleichzeitig Warmwasser aufbereiten können. Der Kraftstoffverbrauch einer 2-kW-Anlage liegt bei 0,1 bis 0,4 Litern pro Stunde. Sie müssen sich übrigens keine Sorgen machen, dass die Heizung Ihren Tank leerzieht. Der Tankentnehmer wird so verbaut, dass das nicht möglich ist. Wenn die Heizung den gesamten Tag durchläuft, liegt der durchschnittliche Stromverbrauch für Lüfter und Pumpe etwa bei 36 Ah pro Tag.

Neben dem relativ hohen Stromverbrauch gibt es einen weiteren Nachteil dieser Heizungsart. Sie ist zwar unter dem Auto verbaut, dennoch klackt die Kraftstoffpumpe in regelmäßigen Abständen hörbar. Und auch das Gebläse im Innenraum hat eine Geräuschentwicklung, die nicht zu unterschätzen ist. Hier kann jedoch mit Schalldämpfern und extra leisen Pumpen deutlich reduziert werden.

Blick auf eine Dieselstandheizung

Ein weiterer Vorteil neben der ständigen Verfügbarkeit von Diesel: Unter Umständen können die Heizungen am Unterboden verbaut werden, was beim Ausbau wertvollen Platz im Innenraum spart. Bei manchen Fahrzeugmodellen, wie den Transportern von Volkswagen, sind Leitungen und Unterfluraufhängung sogar bereits werkseitig verbaut. Dann muss nur noch eine Tankentnahme gemacht und die Heizung angeschlossen werden.

Einzuplanender Platz

Für die Heizung ist Platz einzuplanen, wobei die Maße der Heizungen variieren. Die Autoterm Air 2D misst etwa 31 x 21 x 19 (Angabe in Zentimetern), wobei zusätzlich jeweils 5 Zentimeter für die Schlauchanschlüsse an der längeren Seite und 6 Zentimeter Luft nach oben berücksichtigt werden müssen. Erleichtert wird der Einbau im Innenraum durch ein Metallteil, das man mit dem Suchbegriff „Einbauflansch für Luftheizungen" findet, etwa von der Firma Tigerexped wie auf dem Bild oben. Das für

ZULASSUNGS-CHECK

TÜV-Mobilitätsexperte Frank Schneider rät vom Selbsteinbau einer Standheizung ab, da dafür in Kraftstoff- oder Kühlwasserkreislauf eingegriffen wird oder der präzise Einbau des Kamins gewährleistet sein muss. Der Einbau sollte durch Fachpersonal erfolgen. Mit bauartspezifischer Zulassung (etwa E-Nummer) darf die Heizung allerdings ohne Abnahme eingebaut werden und muss nicht in den Papieren eingetragen sein. Der fachgerechte Einbau wird aber laut Merkblatt vom Sachverständigen überprüft. Bei Gasheizungen wird eine Prüfbescheinigung verlangt. Die Heizung soll über eine Wartungsklappe zugänglich sein.

Zuluft und Abgase benötigte Loch im Fahrzeugbodenboden misst 9 mal 13 Zentimeter. Der Flansch passt laut Hersteller nicht nur für Autoterm, sondern auch für Eberspächer und womöglich auch Webasto-Modelle.

Wie groß soll sie sein?

Ein 2-kW-Modell reicht für die meisten Fahrzeuge aus. Größere Kraftstoffheizungen laufen ansonsten meist auf niedrigster Stufe, was auf Dauer zu Rußablagerungen und erhöhter Geruchsbelastung führt. Ausbauer, die auch einmal länger zum Wintercamping fahren, setzen sich teilweise zwei der kleineren Modelle ein und schalten die zweite nur dann dazu, wenn sie auch wirklich gebraucht wird. Sind Sie häufig in kalten Regionen unterwegs oder fahren ein Wohnmobil mit über 16 Quadratmetern, bieten sich auch größere Modelle an.

MEISTER-TIPP

Sorgt Ihre schon etwas ältere Kraftstoffheizung für eine starke Geruchsbelastung, pustet dunklen Rauch aus dem Auspuff oder es kommt sogar zu einer Fehlermeldung? Trotz gewissenhafter Nutzung könnte die Heizung verrußt sein. Bevor Sie in die Werkstatt fahren, versuchen Sie zunächst, das Gerät freizubrennen. Lassen Sie die Heizung dafür mindestens eine Stunde unter Volllast laufen. Bei Modellen mit integrierter Warmwasseraufbereitung (bspw. Truma Combi D) können Sie das Freibrennen auch darüber laufen lassen. Viele Hersteller empfehlen regelmäßiges Freibrennen zur Vorbeugung.

Gasheizung

Wer ohnehin eine Gasversorgung verbauen möchte (siehe Seite 120), kann auch damit heizen. Gas-Gebläseheizungen werden vom Marktführer Truma hauptsächlich als Kombiversion mit Warmwassererhitzung angeboten, können jedoch mit leerem Wasserbehälter betrieben werden. Auch in großen Kastenwagen reicht die Truma Combi 4 mit bis zu 4 kW Heizleistung absolut aus. Sie verbraucht zwischen 160 bis 320 Gramm Gas pro Stunde, aber dafür nur durchschnittlich 29 Ah/Tag. Inklusive aller Einbauteile zahlen Sie jedoch über 2000 Euro. Expeditionsmobilisten greifen auch zu Modellen mit 6 kW oder größer. Eine etwas kompaktere und günstigere Variante ohne Warmwasseraufbereitung bildet die Varioheat-Reihe von Truma. Wer einen Landstromanschluss (siehe Seite 115) verbauen lässt, kann sich auch nach Kombimodellen für Strom und Gas mit integrierten Heizstäben umschauen (etwa Truma Combi-E-Reihe).

Einzuplanender Platz

Auch wenn wegen der Warmwasserfunktion auf einen zusätzlichen Boiler verzichtet werden kann: Der Platzbedarf der viel verbauten Truma Combi 4 ist enorm – und das nicht nur wegen Ihrer Abmessungen von 51 x 45 x 30. Für den Kamineffekt muss der Abgasschlauch mindestens 60 Zentimeter lang sein. Gegen die Intuition ist es auch möglich, den Kamin je nach Gegebenheit mit einem gewissen Gefälle nach unten anzubringen. Ist der Abgasschlauch jedoch länger als ein Meter, darf es kein Gefälle geben. Für den Einbau muss daher entweder viel Raum nach oben frei gehalten werden, oder der Abstand der Heizung zur Außenwand wird relativ groß. Dies sollte jedoch vermieden werden, um nicht unnötigen Leerraum zu schaffen. Das Loch für den Wandkamin benötigte einen Durchmesser von 8,3 Zentimetern. Zum Platzverbrauch der Heizung kommt noch der Raum für einen Gaskasten (siehe Seite 120). Wer ansonsten kein Gas beispielsweise zum Kochen nutzt, für den lohnt sich eine Gasheizung daher umso weniger.

Warum so groß?

Da der Energieträger Gas nahezu vollständig verbrannt wird, sind Ablagerungen eher unüblich. Im Vergleich zur Kraftstoffheizung ist es für eine Gasheizung also kein Problem, dauerhaft auf Minimal- oder Teillast zu laufen und die Temperatur hochzufahren, wenn es wirklich kalt wird. Eine 4-kW-Gasheizung bildet daher eine gängige Größe für Wohnmobile.

Bedienteil (oben) und Kamin (unten)

Heizteppich

Die warme Luft der Gebläseheizungen steigt nach oben und der Fahrzeugboden kühlt durch seine Unterlüftung recht schnell aus. Daher eignen sich Heizteppiche als effektives Helferlein gegen kalte Füße, und auch Haustierbesitzer schätzen sie sehr. Die Teppiche sind jedoch nichts, um ein Wohnmobil vollständig zu beheizen, sondern dienen lediglich als zusätzliche Wärmequelle.

Heizteppiche sind simpel in der Installation und nehmen quasi keinen Platz ein. Mit einem Verbrauch von bis zu 160 Watt pro Quadratmeter eignen sie sich jedoch eher für den Aufenthalt auf dem Camping- oder Wohnmobilstellplatz mit Landstromanschluss. Wen das Heizen mit Strom dennoch nicht loslässt, sollte auch den Abschnitt zu den Klimaanlagen ab Seite 67 lesen. Diese beinhalten nämlich häufig eine Heizfunktion.

Holzöfen sind gefährlich

In den letzten Jahren hat sich ein Trend in Richtung Heizen mit Holzofen in Wohnmo-

Einladend, aber nichts für Wohnmobile: Die Brandgefahr im Camper ist zu hoch.

bilen entwickelt. Zum Traum vom gemütlichen Kaminfeuer im Van hat der TÜV-Sachverständige Jörg Wehrfritz eine klare Aussage: Wer sich einen Mini-Holzofen einbaut, bekommt in Deutschland keine Wohnmobilzulassung. Laut Wehrfritz sei die Brandgefahr im Fahrzeug zu hoch. Auch ein Ofen mit mobilem Kaminrohr sei gefährlich, denn Rohre, die immer wieder bewegt werden, können sich zusetzen. „Ein Ofen im Fahrzeug ist keine Ladung. Einmal verbaut, gilt er als Heizung, die eine Bauartgenehmigung braucht", so Wehrfritz.

UMBAU

Heizung nachrüsten

Frösteln Sie regelmäßig beim Camping oder planen einen Urlaub in eine entlegene Bergregion? Dann können Sie auch im bereits ausgebauten Wohnmobil eine Heizung nachrüsten. Da viele Wohnmobile so konzipiert sind, dass jeder Quadratzentimeter schon besetzt ist, besteht Ihre Herausforderung darin, den richtigen Platz für die Heizung zu finden. Haben Sie einen Wasserboiler oder eine Therme, die möglicherweise einer Heizung mit Warmwasseraufbereitung weichen könnte? Auf welchen Stauraum können Sie verzichten, vielleicht auf den unter Ihrem Bett? Da sie meist weniger Platz verbrauchen als Gasheizungen, empfehlen wir zum Nachrüsten eher eine Kraftstoffheizung. Modelle, die mit dem separat erhältlichen Einbauflansch (siehe Seite 64) kompatibel sind, können installiert werden, ohne dass Isolation und Bodenplatte entfernt werden müssen. Falls Sie im Innenraum genug Platz schaffen können, aber etwa wegen des Unterflurwassertanks keinen Raum für die Bodendurchführung einer Kraftstoffheizung haben, kann sich auch eine Gasheizung anbieten.

Heizung tauschen

Wird es trotz Standheizung nicht warm genug in Ihrem Camper? Dann können Sie auf ein größeres Modell wechseln. Dabei besteht der Vorteil, dass – egal ob Gas- oder Kraftstoffheizung – bereits vorhandene Boden- oder Wandausschnitte oft weiterhin genutzt werden können. Teilweise muss jedoch etwas mehr Platz für das Gerät selbst geschaffen werden. Bedenken Sie jedoch: Kraftstoffheizungen, die viel auf niedriger Stufe laufen, können verrußen. Möglicherweise bietet sich daher eher die Variante der Zusatzheizung an.

Also eine zweite Kraftstoffheizung, die bei Bedarf zugeschaltet werden kann, oder reichen vielleicht doch sogar schon Heizteppiche? Beschäftigen Sie sich zusätzlich mit der Dämmung Ihrer Fenster, möglicherweise lässt sich auch hier noch etwas herausholen.

KLIMAANLAGE

Hier lesen Sie, inwiefern sich Dach- und Staukastenklimaanlagen unterscheiden und ob es sich lohnt, auf eine 12-Volt-Klimaanlage zu setzen. Außerdem zeigen wir Ihnen eine gute Alternative zur Klimaanlage.

Cool bleiben

Wer möchte nicht einmal auf einer längeren Reise die unberührte Landschaft und die märchenhaften Buchten des Peloponnes in Griechenland erkunden oder in Kalabrien, der italienische Stiefelspitze, die berühmte Jasminküste abfahren? In den europäischen Mittelmeerregionen herrschen jedoch selbst im Frühjahr und Herbst hohe Temperaturen.

Wenn auf dem Campingplatz dann auch noch die Luft steht, helfen auch keine geöffneten Fenster mehr. Mit einer guten Klimaanlage hält Sie nichts davon ab, Ihren Urlaub in vollen Zügen zu genießen. Wir empfehlen Dach- oder Staukastenklimaanlagen. Sie saugen warme Luft aus dem Innenraum an. Über ein Kältemittel wird die Wärme nach außen transportiert und die kühle Luft in den Innenraum zurückgeleitet. Wenn Sie umblättern, erhalten Sie eine Gegenüberstellung der beiden Produktgruppen. Ein großes Manko von Campingklimaanlagen: Die Geräte sind teuer und ihr Stromverbrauch ist enorm hoch. Da sie über Strom versorgt werden, gehen wir auch hier wieder vereinzelt auf den Verbrauch und ein. Erklärungen zur Elektrik lesen Sie im nächsten Kapitel ab Seite 96.

Klimaanlage nur mit Landstrom

Lange Zeit waren Klimaanlagen für Wohnmobile ausschließlich im 230-Volt-Betrieb erhältlich, seit einiger Zeit kommen erste Geräte mit 12 Volt auf den Markt. Doch sie eignen sich nur bedingt. Als Beispiel nehmen wir hier die „Plein-Aircon 12V"-Dachklimaanlage mit 1200 Watt Kühlleistung des Herstellers Indel B. Sie verbraucht laut Hersteller bei 32 Grad Außentemperatur im Automatikbetrieb 384 Ah pro Tag. Eine große LiFePo4-Batterie mit 200 Ah wäre somit nach knapp über zwölf Stunden tiefenentleert, wobei keine Solareinspeisung berücksichtigt wird. Im Maximalbetrieb liegt der Verbrauch jedoch um ein Vielfaches höher und Sie möchten ja auch einmal das Licht einschalten. Der Betrieb einer Klimaanlage ohne Landstrom ist somit zwar technisch möglich, wird Ihnen aber

ZULASSUNGS-CHECK

Auch der Einbau einer Klimaanlage muss fachgerecht erfolgen. Da die Geräte klimaschädliche Kältemittel enthalten, darf der Einbau im Haus zum Beispiel nur von Kälteklimafachbetrieben durchgeführt werden. Die Vorschriften für Campinggeräte sind zwar nicht ganz so streng, Sie sollten die teilweise komplizierte Montage allerdings nicht unterschätzen. Es dürfen nur Anlagen verbaut werden, die eine elektromagnetische Verträglichkeit gemäß EU-Kraftfahrzeugrichtlinie 72/245 besitzen. Die für den Campinggebrauch erhältlichen Modelle entsprechen dieser Bedingung für gewöhnlich.

selten mehr als ein paar Stunden zur Verfügung stehen. Zwar können Sie die 12-Volt-Modelle auch während der Fahrt ohne Wechselrichter betreiben, da die Batterieeinspeisung aber durch den Ladebooster begrenzt ist und auch andere Geräte wie der Kühlschrank während der Fahrt über 12 Volt laufen, könnte die Klimaanlage die Batterien allerdings sogar während der Fahrt leerziehen. Weil die 12-Volt-Anlagen somit ohnehin fast ausschließlich mit Landstromanschluss genutzt werden, bieten sich eher 230-Volt-Geräte an. Ihre Kühlleistung ist mit teilweise über 2000 Watt viel höher und es werden deutlich dünnere Kabeldurchmesser für die Anschlüsse benötigt. Wie Sie Kabeldurchmesser berechnen, lesen Sie ab Seite 98.

Kühlleistung versus Verbrauch

An der Kühlleistung lässt sich erkennen, für welche Campergröße sich die Klimaanlage eignet. Die benötigte Kühlleistung lässt sich in einer Faustformel berechnen, indem man die Grundfläche des Campers mit 100 multipliziert und pro Person, die sich im Raum befinden soll, 200 Watt addiert. Aber auch die Anzahl elektrischer Geräte, die Sonneneinstrahlung und die Fensterfläche beeinflussen die benötigte Kühlleistung, weshalb Sie großzügig noch ein paar Hundert Watt hinzurechnen sollten.

Benötigte Kühlleistung in Watt:

Quadratmeter x 100

Pro Person im Raum: + 200 Watt

Weitere Faktoren: bspw. + 400 Watt

Bei einem Camper mit einer Grundfläche von circa 8 Quadratmetern und zwei Reisenden gilt dann etwa Folgendes:

$$(8 \times 100) + (2 \times 200) + 400 = 1600 \text{ Watt}$$

Die Kühlleistung, an der man sich in diesem Fall orientieren sollte, liegt also bei etwa 1600 Watt.
Achtung: Die angegebene Kühlleistung in Watt entspricht allerdings nicht dem Verbrauch der Klimaanlage. Dieser wird oft als Nennleistung in Ampere angegeben. Hier gilt diese Formel:

Watt = Volt x Ampere

Eine Anlage mit 2400 Watt Kühlleistung und 4,2 Ampere Nennleistung verbraucht damit auf höchster Stufe 966 Watt pro Stunde ($4{,}2 \times 230 = 966$), was immer noch enorm viel fürs Camping ist.

Dachklimaanlage

Wie ihr Name schon sagt, werden Dachklimaanlagen auf dem Dach montiert, wodurch kaum Platz im Innenraum verloren geht. Da die Stelle dann belegt ist, bedeutet das jedoch weniger Licht, weil Sie nur eine oder keine Dachluke mehr einsetzen können. Der Hersteller Dometic wirkt diesem Problem mit einer Kombilösung entgegen. Die Dachklimaanlage FreshLight 2200 besitzt ein kleines integriertes Dachfenster. Diese Spielerei lässt sich der Hersteller aber auch bezahlen. Mit etwa 2500 Euro liegt das Gerät in der oberen Preisklasse. Leistungseffiziente Dachklimaanlagen gibt es schon ab 1300 Euro.

Der Einbau funktioniert sehr ähnlich wie der eines Fensters. Der Dachausschnitt beträgt meist 40 x 40 (Angaben in Zentimetern). Es gibt auch Modelle mit einem Ausschnitt von 40 x 70. Im Gegensatz zu einem Fenster, das von außen lediglich eingedichtet ist, werden Klimaanlagen häufig von oben verklebt. Dies ist möglich, da das eigentliche Gerät deutlich größer ist als der Ausschnitt. Auf dem Dach sind die Geräte nämlich ganz schöne Brummer. Die Maße der Mestic RTA-2600 in Zentimeter lauten außen 108 x 72 x 28, die der Dometic Freshlight 76 x 21 x 111. Somit haben die Geräte im Gegensatz zu einem Fenster eine sehr große Auflagefläche auf dem Dach, die sich gut verkleben lässt. Dadurch sind sie aber deutlich schwieriger wieder zu entfernen. Weil nur eine Grundplatte verklebt wird, auf der die eigentliche Klimaanlage aufsitzt, kann sie bei Defekt gut gewechselt werden. Nach der Installation muss die Anlage noch an den Strom angeschlossen werden. Dachklimaanlagen verbrauchen zum Kühlen zwischen 600 und 1400 Watt im Maximalbetrieb. Der Verbrauch ist allerdings nicht zu verwechseln mit der Kühlleistung – siehe die Formeln auf Seite 68.

Untenansicht einer Dachklimaanlage

Mit einer fertig eingebauten Dachklimaanlage ist Ihr Fahrzeug etwa 10 bis 30 Zentimeter höher. Bekannte Hersteller für Dachklimaanlagen sind Dometic, Mestic und Webasto.

Staukastenklimaanlage

Der Einbau einer Staukastenanlage funktioniert ähnlich wie der einer Kraftstoffstandheizung. Der Kasten (Maße zum Beispiel 30 x 60 x 40, Angaben in Zentimetern) wird unter dem Bett oder einer Sitzgelegenheit eingebaut und die entzogene Wärme durch einen Bodenausschnitt nach außen geleitet. Durch mehrere Luftschläuche wird die kühle Luft im Innenraum verteilt.

Im Gegensatz zur Heizung wird jedoch empfohlen, die Luftauslässe weit oben anzubringen, da kalte Luft absinkt und sich so am schnellsten im Raum verteilt. Beim Ausbau Ihres Wohnmobils müssen Sie dafür entweder direkt nach dem Einbau einen entsprechenden Schrank hochziehen oder die Schläuche erst nachträglich verlegen.

MEISTER-TIPP

Ihre Stromquelle sollte für die Abnahme von mindestens sechs Ampere abgesichert sein. Früher war es Standard, mittlerweile wird es zwar immer seltener, aber manche Stell- oder Campingplätze bieten noch immer unbegrenzte Stromtarife an. Durch den hohen Stromverbrauch der Klimaanlagen können Sie ansonsten bei der Abreise noch einmal ordentlich draufzahlen.

Hinzu kommen der Stromanschluss und die Installation eines Bedienteils.

Wegen ihrer Größe empfehlen sich Staukastenklimaanlagen nur, wenn wirklich viel Platz im Wohnmobil zur Verfügung steht. Denn ansonsten geht wertvoller Stauraum verloren. Und nicht nur das. Wegen diverser Bodenausschnitte in verschiedenen Größen muss auch genug Platz unter dem Fahrzeug vorhanden sein.

Staukastenanlagen bekommen Sie für zwischen 1500 bis 2000 Euro, Kaltluftschläuche und Auslässe sind dabei zusätzlich zu erwerben. Drei Meter Schlauch erhalten Sie für rund 60 Euro, Schlauchschellen und Auslässe für jeweils circa fünf Euro. Bekannte Anbieter sind Truma und Dometic. Der Verbrauch ist vergleichbar mit dem von Dachanlagen.

Um den Klimaanlagen ihre Arbeit zu erleichtern, parken Sie Ihr Fahrzeug stets im Schatten, verdunkeln die Fenster und halten alle Türen und Fenster geschlossen.

Mobile Klimaanlagen

Neben fest verbauten Geräten bieten einige Hersteller auch mobile Klimaanlagen in verschiedenen Ausführungen an. Es gibt Splitgeräte mit einem mobilen Innen- und Außenteil und Monoblöcke, die Sie im Wohnmobil aufstellen. Von beiden ist für den Gebrauch im Wohnmobil jedoch abzuraten. Monoblöcke pusten die Wärme durch einen Abluftschlauch aus dem Fenster. Weil dadurch ein Unterdruck entstehen kann, strömt permanent warme Luft von draußen nach und mindert den Kühleffekt. Um diesen Luftstrom zu reduzieren, müssten Sie die Fenster abdichten. Doch selbst dann würde die Luft einen anderen Weg finden, um den Unterdruck auszugleichen. Die Splitgeräte kühlen zwar effektiver, verbrauchen aber viel Platz. Das Außengerät wird dabei außen am Aufstellfenster aufgehängt und das Innengerät entweder im Raum aufgestellt oder mit einer Halterung vor dem Fenster positioniert.

Neben dem enormen Platzverbrauch der Splitgeräte (zwei große Kästen von circa 30 x 45 x 20, Angabe in Zentimetern) während des Betriebs kommt als weiterer Nachteil hinzu, dass sie für die Fahrt wieder abgebaut und verstaut werden müssen. Aus Platzgründen eignen sie sich daher eher für Wohnwagen mit Saisonstellplatz als für Wohnmobilisten. Ihr einziger Vorteil: Mit um die 600 Euro sind sie deutlich günstiger als fest verbaute Geräte, die gern mehr als das Dreifache kosten.

UMBAU

Dachklimaanlage nachrüsten

Um eine Dachklimaanlage nachzurüsten, müssen Sie eines Ihrer Dachfenster opfern. Da sie nur eingedichtet und nicht verklebt sein sollten (siehe Seite 58), lassen sich Fenster relativ leicht entfernen. Für eine einfache Installation muss der Ausschnitt für das Fenster genau dem der Klimaanlage entsprechen. Der benötigte Dachausschnitt beträgt meist 40 x 40 (Angaben in Zentimetern). Dachfenster mit einem solchen Ausschnitt sind zum Beispiel: Dometic Mini Heki, Dometic Mini Heki S, Carbest Dachhaube 40 x 40, Fiamma Vent 40 Dachluke, Obelink Panorama 40 x 40 Dachluke. Wenn Sie nicht wissen, welches Fenster bei Ihnen verbaut ist, messen Sie am inneren Rand und rechnen anschließend circa 2 Zentimeter pro Seite hinzu. Damit bei der Installation niemand die Verkleidung im Wohnmobil abreißen muss, wird für den Stromanschluss ein Kabelkanal auf dem Dach verlegt. So kann die Dachdurchführung für die Kabel unsichtbar zum Beispiel in einen Schrank gelegt werden. Wie Sie den richtigen Kabelquerschnitt errechnen, lesen Sie im nächsten Kapitel auf Seite 98. Nach erfolgreicher Installation lassen Sie beim TÜV oder der DEKRA die neue Höhe Ihres Wohnmobils eintragen. Achtung: Nicht jedes Wohnmobil hat die entsprechende Dachlast für die teilweise fast 40 Kilogramm schweren Geräte. Vor allem Besitzer von teil- und vollintegrierten Wohnmobilen können Probleme bekommen. In diesem Fall bietet es sich an, eine Staukastenanlage nachzurüsten.

Staukastenanlage nachrüsten

Beim Nachrüsten einer Staukastenanlage bestehen ähnliche Herausforderungen wie bei einer Heizung: Sie müssen einen Ort finden, der für das große Gerät passt. Ähnlich wie bei einer Kraftstoffheizung darf unter dem Gerät am Fahrzeugboden zudem kein Tank oder Ähnliches im Weg sein. Allerdings ist die Herausforderung noch größer, da die Staukastenanlagen an mehreren Stellen auf ihrer gesamten Bodenfläche mehrere Durchführungen benötigen. Sie müssen somit eine freie Fläche am Unterboden von etwa 40 x 60 finden, die sich im Innenraum noch dazu unter einem Bett oder Sitz befindet.

Nachdem die Verankerung des Fensters gelöst ist, lässt es sich einfach abziehen. Die alte Dichtmasse zieht dabei Fäden.

Ventilator-Dachluke nachrüsten

Unter Umständen können Sie ihr Dachfenster in eine Ventilator-Dachluke umwandeln. Denn für manche Modelle gibt es Nachrüstoptionen, wie das Fiamma Turbo-Kit für circa 115 Euro.

Kühlung durch Ventilator

Wie Sie bereits erfahren haben, eignen sich Klimaanlagen im Camper nur für ganz bestimmte Anwendungsbereiche. Aus diesem Grund werden sie von Selbstausbauern tatsächlich nur eher selten verbaut. Aber was tun, wenn eine Klimaanlage nicht infrage kommt? In diesem Fall können Sie aufatmen, denn es gibt eine gute Alternative. Besonders bei Campern ohne Landstromanschluss (siehe Seite 67) sind als Ersatz für Klimaanlagen Ventilator-Dachluken (etwa 350 Euro) sehr beliebt. Diese sind deutlich günstiger als ihre teuren Kollegen, haben einen im Vergleich verschwindend geringen Verbrauch und lassen sich leicht selbst einbauen. Natürlich kann ein Ventilator nicht mit einer Klimaanlage mithalten, die Luftzirkulation sorgt bei heißem Wetter allerdings für ein deutlich angenehmeres Klima im Camper.

Die Modelle werden eingesetzt wie eine Dachluke und brauchen zusätzlich eine 12-Volt-Stromversorgung. Einige Modelle lassen sich sogar so programmieren, dass sie ab einer bestimmten Temperatur automatisch anspringen.

Da er sowohl Luft ansaugen als auch hinausblasen kann, lässt sich ein Dachventilator gut im Bad (siehe Seite 142) verbauen. So kann man die feuchte Luft nach dem Duschen schnell loswerden, und auch unangenehme Gerüche verbreiten sich nicht im Camper.

Der Ventilator sieht einer herkömmlichen Dachluke ganz ähnlich.

Im aufgestellten Zustand lässt sich der Unterschied jedoch klar erkennen.

Heizen mit Klimaanlage?

Kehrt man den Betrieb der Klimaanlage um, kann sie auch heizen – wie eine Wärmepumpe. Da sowohl Heizung als auch Klimaanlage zu den teuersten Einbauteilen gehören, erfreut es die Brieftasche, auf eines davon verzichten zu können. Bei günstigeren Modellen fehlt die Funktion häufig. Ob die Klimaanlage auch heizen kann, erkennen Sie daran, dass der Hersteller die Heizleistung mit angibt. Wenn diese zu der Größe Ihres Wohnmobils passt, könnten Sie auch ohne separate Heizung auskommen. Beachten Sie, dass Sie nur dann heizen können, wenn Sie am Landstrom angeschlossen sind. Außerdem passen die Geräte eher für Übergangszeiten als für Minusgrade: Je kälter es wird, desto ineffizienter heizen Klimaanlagen – das zeigt unser aktueller Klimaanlagen-Test auf test.de (Juni 2024).

AUSSENAUFBAU

Ob Dachträger, Aufstelldach oder Dachzelt – ein Van-Ausbau findet nicht nur innerhalb, sondern auch außen am Auto statt. Wir beantworten, was es bei einer Dachterrasse zu beachten gibt und wie Sie den passenden Dachträger dafür finden.

Dachterrasse

Eine Dachterrasse ist der Traum vieler Camper. Wieso auch nicht den übrigen Platz auf dem Dach nutzen und einen Rundumblick über die Landschaft genießen? In der Umsetzung ist das aber gar nicht so einfach. Sie dürfen sich nicht einfach eine feste Terrasse aufs Dach zimmern, denn die würde den geforderten Ansprüchen an eine Dachladung nicht entsprechen.

Auf dem Dach beförderte Dinge gelten als Ladung, wenn sie sicher befestigt, aber auch wieder abnehmbar sind. Das bedeutet, dass sie während der Fahrt „selbst bei Vollbremsung oder plötzlicher Ausweichbewegung nicht verrutschen" (STVO §22), aber auch nicht fest mit dem Fahrzeug verbunden sein dürfen. Viele Ausbauer nutzen daher Flügelmuttern oder Airlineschienen.

Neben dem Platzgewinn für weitere Transportmöglichkeiten auf einem beplankten Dachträger hilft der zusätzliche Schatten, das Fahrzeug im Sommer kühl zu halten. Was – besonders ohne Klimaanlage – einen nicht zu unterschätzenden Vorteil darstellt.

ZULASSUNGS CHECK

Achten Sie auf die Dachlast Ihres Fahrzeugs und berechnen Personen mit ein. Die Dachlast finden Sie in der Bedienungsanleitung oder im Handbuch. Auf Seite 74 zeigen wir den Unterschied von dynamischer und statischer Last. Ihr Aufbau sollte nicht stark über die Grundfläche des Campers hinausragen. Maximal erlaubt: seitlich 40 Zentimeter Überstand über die Leuchten, bei unter 2,55 Metern Fahrzeugbreite. Vorne: 50 Zentimeter, hinten: 1,5 Meter. Wir empfehlen aber, innerhalb der Grundfläche zu bleiben, weil in einigen Ländern andere Regeln gelten und Kennzeichnungspflicht bei Überstand bestehen kann. Bei einem Unfall darf keine zusätzliche Gefahr durch die Ladung bestehen.

Dachträger

Bevor Sie über eine Terrasse auf Ihrem Fahrzeug nachdenken können, brauchen Sie zunächst einen Dachträger. Diese gibt es in den unterschiedlichsten Arten: Universalträger für Dachreling (bei älteren Modellen Regenrinne) sowie fahrzeugspezifische Dachträger, die an Fixpunkten mit der Karosse verschraubt werden.

Universaldachgepäckträger gibt es von vielen Herstellern. Ein Paar kostet zwischen 100 bis 400 Euro. Je nach Größe des Fahrzeugs benötigen Sie mehr als zwei Träger. Wenn Ihr Camper eine Reling oder Regenrinne besitzt, können Sie jederzeit aufgesetzte Dachträger nachrüsten.

Auf dem Dach stört kein anderer Camper den Meerblick.

Bei Nutzfahrzeugen und somit einem Großteil der Campervans und Kastenwagen setzen die Hersteller jedoch meist auf feste Dachträger. Da sie an Fixpunkten im Dach verankert und aus dem Wageninneren gekontert werden, müssen Sie Ihren Dachträger – oder zumindest dessen Grundkonstruktion – anbringen, bevor Sie isolieren und verkleiden. Ob Ihr Fahrzeug die Fixpunkte besitzt, können Sie ganz einfach prüfen. Es sind Bohrungen am linken und rechten Rand Ihres Fahrzeughimmels, die meist von Gumminoppen verdeckt sind. Manchmal finden Sie an den entsprechenden Stellen nur Aussparungen. Dann müssen Sie die Löcher noch selbst bohren. Achtung: Ist der Dachträger fest mit dem Camper verbunden und nicht mit einfachen Mitteln demontierbar, muss er in den Fahrzeugpapieren eingetragen werden.

Feste Dachträger sind auch als Querträger erhältlich. Dann unterscheiden sie sich optisch und preislich wenig von den aufgesetzten Modellen. Es gibt jedoch auch größere Produkte, die gleich die gesamte Dachfläche als Plattform abdecken. Diese Dachkörbe können schnell bis zu 2000 Euro kosten, da sie aus Aluminium gefertigt und dafür aber schön leicht sind. Schwere Stahlkörbe erhalten Sie für kurze Modelle ab etwa 500 Euro (Vorsicht beim zulässigen Gesamtgewicht). Insbesondere durch große Dachkonstruktionen wird sich Ihr Kraftstoffverbrauch wegen des erhöhten Luftwiderstands steigern. Besonders bei höheren Geschwindigkeiten ist dies nicht unerheblich.

Dynamische und statische Dachlast

Bei der Dachlast kann man unterscheiden, ob das Fahrzeug steht oder fährt. Die dynamische Dachlast bezieht sich auf die Ladung beziehungsweise das Gewicht, das

Aufgesetzte Dachträger auf Dachreling (links) und Regenrinne (rechts)

Ihr Wohnmobil maximal im Straßenverkehr tragen darf. Sie ist für gewöhnlich in der Bedienungsanleitung oder im Handbuch Ihres Fahrzeugs zu finden. Die Dachlast variiert je nach Hersteller und sogar Motorisierung stark. Der Volkswagen T6 mit 110 PS hat beispielsweise eine Dachlast von 150 Kilogramm. Ein Wagen, der in dieser Klasse heraussticht, ist der Renault Trafic (145 PS) mit 280 Kilogramm.

Beachten Sie, dass auch das Eigengewicht des Dachträgers mitberechnet werden muss. Liegt die Dachlast Ihres Wagens bei insgesamt 150 Kilogramm und der verbaute Träger wiegt 15 Kilogramm, dürfen Sie maximal 135 Kilogramm auf dem Dach zuladen. Dachzelte zum Beispiel wiegen 60 bis 80 Kilogramm und mehr. Darf man nun also ein Dachzelt mitnehmen, aber nicht darin schlafen? Nein, denn allein für den Fall, dass der Wagen sich überschlägt, muss das Dach das gesamte Fahrzeuggewicht tragen können. Ein Autodach hält also deutlich mehr aus als angegeben. Bei der sogenannten statischen Dachlast sind die Fahrzeughersteller allerdings zurückhaltend und machen selten bis nie Angaben. Hersteller von Dachzelten empfehlen als Richtlinie häufig das Dreifache der dynamischen Dachlast. Dies gilt allerdings nur für Fahrzeuge mit einer Blechkarosse, nicht aber für Pritschen mit Wohnkabine.

Um auf unser Beispiel zurückzukommen: Von der dynamischen Dachlast (150 kg) sind mit Träger (15 kg) und Zelt (80 kg) noch 55 Kilogramm übrig. Zieht man die Richtlinie für die statische Dachlast hinzu, wären aber noch 355 Kilogramm übrig. Um sich zu zweit auf dem Dach aufzuhalten, wäre das also ausreichend. Vergleichbare Angaben macht auch der ADAC.

Achtung: Wenn Sie sich im Straßenverkehr mit zu hoher Dachlast erwischen lassen, kann Sie das ein Bußgeld von 10 bis 235 Euro kosten. Bei hoher Überlastung kommen noch Punkte obendrauf. Doch auch abseits der Straße auf dem Campingplatz tragen Sie im Schadensfall die Verantwortung.

Die richtige Anordnung

Genau wie bei der Grundrissplanung wollen auch die Außenaufbauten gut durchdacht sein. Nicht nur Gepäckträger, sondern ebenfalls Solarmodule, Dachluke und Klimaanlage nehmen Platz ein. Auch viele Markisen werden auf dem Dach aufgesetzt. Fakt ist: In den seltensten Fällen werden Sie alles davon unterbekommen.

Leitern

Je höher das Fahrzeug, desto umständlicher lässt sich das Dachgepäck erreichen. Für den unkomplizierten Aufstieg können Sie eine Hecktürleiter nachrüsten. Doch auch die sind mit um die 200 bis 500 Euro nicht gerade günstig. Etwas seltener sieht man Seitenleitern. Hier werden Anfertigung und Montage eher von kleineren Manufakturen angeboten. Aus Sicherheitsgründen ist von Seitenleitern allerdings abzusehen, da sie bei einem Zusammenstoß mit etwa einem Fahrradfahrenden ein unnötiges Risiko darstellen.

Aufstelldach oder Dachzelt

Die Vorteile eines flachen Fahrzeugs nutzen, aber trotzdem im Auto stehen können? Das ermöglicht Ihnen ein Aufstell- oder Hubdach. Dachzelte dagegen sind zwar günstiger, aber dafür auch unbequemer.

Dem Wetter ausgesetzt

Ein Aufstelldach ist fest mit dem Fahrzeuginnenren verbunden. Dachzelte werden an einem Träger auf dem Fahrzeugdach befestigt. Sie bestehen aus einer festen Decke und flexiblen Zeltwänden. Wenn Sie in einem Aufstelldach oder Dachzelt schlafen, sind Sie deutlich abhängiger von äußeren Einflüssen als im Fahrzeug. Wer schon einmal zelten war, weiß ganz genau, was das bedeutet. Außerdem kann starker Regen, Hagel oder Sturm die Zeltwände beschädigen.

Aufstelldächer werden von innen aufgedrückt und Dachzelte von außen geöffnet. Es gibt auch Dachzelte, die gestützt durch eine Leiter um 180 Grad aufklappen und somit über das Fahrzeugdach hinausragen. Dies bietet zwar eine deutlich größere Schlafgelegenheit, gilt aber als Camping. Es macht Sie in Ihrer Stellplatzwahl also unflexibler.

Ein weiterer Unterschied besteht darin, dass Aufstelldächer durch Ihre direkte Verbindung zum Fahrzeug nicht nur als Schlafplatz dienen, sondern das Bett mit hochgeklappt werden kann und Sie so Stehhöhe erhalten. Außerdem profitieren Sie im Aufstelldach von der Standheizung des Fahrzeugs und müssen es nicht verlassen, um ins Bett zu krabbeln. Die Dächer können über eine hochgelegte Stromversorgung verfügen, sodass Sie Ihr Handy auch neben dem Bett laden können; dazu lassen sich Solarmodule auf dem Dach anbringen. Aufstelldächer sind also komfortabler, aber auch aufwendiger und teurer zu installieren.

Aufstelldach nachrüsten

Für folgende Fahrzeuge können Sie ein Aufstelldach nachrüsten:

Mini-Camper
Landrover Defender, Toyota Landcruiser
Campervan
Citröen Jumpy, Fiat Scudo/Talento, Ford Transit, Mercedes V-Klasse/Vito, Opel Zafira Life/ Vivaro C, Peugeot Traveller/Expert, Renault Trafic, Toyota Proace/Verso, VW Transporter
Kastenwagen
Citröen Jumper, Fiat Ducato, Mercedes Sprinter, Peugeot Boxer, VW Crafter

MEISTER-TIPP

Besonders feste Dachkörbe sind teuer. Sie zahlen mindestens 500 Euro und dann noch einmal um die 250 Euro für eine Leiter. Suchen Sie auch auf Portalen wie ebay.de oder kleinanzeigen.de. Wenn Ihr Fahrzeugtyp häufig als Handwerksfahrzeug genutzt wird, haben Sie ganz gute Chancen, dort einen gebrauchten Dachträger für kleineres Geld zu finden.

Nicht für alle etwas dabei

Dachzelte lassen sich auf nahezu jedem Fahrzeug montieren. Aufstelldächer von großen Campingausstattern wie beispielsweise Reimo oder vom Spezialisten SCA gibt es nur für Modelle, für die sie häufig nachgefragt werden. Die meisten gibt es für Campervans zu kaufen. Aufstelldächer müssen aber nicht zwingend in flachen Fahrzeugen verbaut werden, sondern las-

ZULASSUNGS CHECK

Aufstelldächer müssen vom TÜV abgenommen werden. Wenn Sie die Montage in einer Fachwerkstatt durchführen lassen, ist dieser Service meist inbegriffen. Für Dachzelte gibt es keine gesonderten Vorschriften.

sen sich auch auf Wagen mit Stehhöhe aufsetzen. So können Sie ohne großen Platzverlust zwei zusätzliche Schlafplätze schaffen. Unsere Tabelle (siehe Seite 77) gibt eine Übersicht, bei welchen Fahrzeugen Aufstelldächer nachrüstbar sind. Kleinere Manufakturen haben sich auf die Entwicklung individueller Aufstelldächer spezialisiert. Unter Umständen können Sie dort Spezialanfertigungen für andere Fahrzeugmodelle bekommen.

Kosten

Mit einem Aufstelldach sind Sie im Vergleich zum Dachzelt zwar flexibler, es kommen aber auch deutlich höhere Kosten auf Sie zu. Während ein Dachzelt bereits für unter 1000 und bis 4000 Euro erhältlich ist, liegen Sie bei einem Aufstelldach inklusive Montage zwischen 7000 und 10 000 Euro. Günstiger dagegen sind reine Hubdächer, die Ihnen zwar Stehhöhe verschaffen, in denen man allerdings nicht schlafen kann.

DÄMMUNG

Dämmung im Camper schützt nicht nur vor Kälte und Hitze, sondern auch vor Kondenswasser und Schimmel. Außerdem verbessert sich die Akustik im Wohnbereich und bei der Fahrt.

Unterkonstruktion

Bevor Sie Ihren Camper dämmen können, fehlt noch ein sehr wichtiger Schritt: Damit Sie später Verkleidung und Schränke sicher befestigen können, benötigt Ihr Camper eine Unterkonstruktion, die beispielsweise aus Kanthölzern oder selbst geschnittenen Latten besteht. Die Hölzer werden mit dauerelastischem Montagekleber (etwa SMP High Tack von Würth) an der Karosse verklebt. An Punkten, die enormes Gewicht tragen müssen, wie ein schwebendes Hochbett (siehe Seite 175), empfiehlt es sich, mit Nietmuttern zu arbeiten und die Hölzer zusätzlich zu verschrauben. Ansonsten sollten Sie die Hölzer aber nur kleben, um zu vermeiden, dass Wärmebrücken entstehen.

Das richtige Material

Eine gute Dämmung schützt im Winter vor Kälte, und auch im Sommer heizt sich der Wagen sehr viel langsamer auf. Außerdem dämmt sie auch vor Geräuschen von außen und mindert die Schwingungen am Blech.

Die Fahrzeugkarosse ist gebogen. Deswegen nutzen die meisten Van-Ausbauer flexible selbstklebende Dämmmatten aus synthetischem Kautschuk, die es teilweise sogar im Baumarkt gibt. Durch die integrierte Dampfsperre ist die Karosse auch vor Feuchtigkeit geschützt. In der Ausbauerszene beliebt sind zum Beispiel die Matte XG von Armacell. Die Produktreihe AF desselben Herstellers oder die „Insulate"-Matte des Anbieters Vanue garantieren zusätzlich antimikrobiellen Schutz.

Wer eine Wohnkabine aus Sandwichplatten ausbaut, braucht nicht mehr zu isolieren. Der PU-Schaum im Inneren der Platten bietet meist eine ausreichende Wärmedämmung. Falls Sie in extremen Wetterlagen unterwegs sein möchten, bietet sich wegen der geraden Wände eine zusätzliche Dämmung mit steifen Dämmplatten und Dampfsperrbremse an.

Wärmedurchlasswiderstand

Je höher der Wärmedurchlasswiderstand R, umso geringer ist der Wärmeverlust eines Materials. Sie berechnen ihn, indem Sie die Dicke des Materials d (in Metern) durch seine Wärmeleitfähigkeit λ teilen.

Die Dämmmatten lassen sich perfekt an die Wölbung der Karosse anpassen.

R = d ÷ λ

Wärmedurchlasswiderstand: R

Wärmeleitfähigkeit: λ

Dicke des Materials (in Metern): d

Die meisten Van-Ausbauer nutzen Dämmung der Dicke 19 Millimeter.

Beispielrechnung mit einem Material von λ = 0,035 und einer Dicke von d = 0,019 Metern:
R = 0,019 / 0,035 = 0,54

Im Vergleich zur Dämmung im Haus ist das ein sehr kleiner Wärmedurchlasswiderstand. Für das Leben im Wohnmobil ist er jedoch in den meisten Fällen absolut ausreichend. Hinzu kommt, dass zwischen Innenraum und der Dämmung eine Verkleidung – meist aus Holz – gesetzt wird (siehe Seite 90) und die zusätzliche Luft im Zwischenraum ebenfalls eine Dämmwirkung besitzt. Allerdings verlieren Sie die meiste Wärme ohnehin über die Fenster. Wenn Sie im tiefen Winter unterwegs sein möchten, können Sie mit der Formel für den Wärmedurchlasswiderstand auch Werte für dickere Dämmschichten berechnen. Die Wärmeleitfähigkeit λ finden Sie in der Produktbeschreibung des Dämmstoffes.

Kondenswasser vermeiden

Je wärmer die Luft, desto mehr Feuchtigkeit kann sie aufnehmen. Wenn die Temperatur in der Nacht absinkt, gibt die Luft Feuchtigkeit ab. Die Kondensation findet immer an den kühlsten Bereichen statt, wozu freie Blechstellen gehören. Um der Feuchtigkeit möglichst wenig Angriffsfläche zu bieten, ist eine vollflächige Isolierung wichtig. Sie dämmen Ihr Fahrzeug also auch, um Tauwasser möglichst zu vermeiden. Denn das kann an der Wand hinunterlaufen und sich in Zwischenräumen sammeln. Ob die Wandtemperatur unter die Kondensationsgrenze fällt, ist nicht nur abhängig von der Dämmung und der Temperaturdifferenz, sondern auch von der Luftfeuchtigkeit. Je höher die Luftfeuchtigkeit, desto mehr Kondenswasser kann sich bilden. Der Wohnraum eines Wohnmobils ist klein. Daher sammelt sich, insbesondere beim Kochen, schnell viel Feuchtigkeit an. Zur Vorbeugung von Kondensation empfiehlt es sich daher, viel zu lüften, um trockenere Luft ins Fahrzeug zu lassen. Die Auswirkungen sind enorm: Bei einer relativen Luftfeuchte von 70 Prozent und einer Raumtemperatur von 22 Grad liegt der Taupunkt bei 16,3 Grad. Mit 55 Prozent Luftfeuchtigkeit erst bei 12,4 Grad.

Naturdämmstoffe wie Schaf- oder Hanfwolle sind bei umweltbewussten Ausbauern beliebt. Leider ist bisher unklar, ob sie für Camper wirklich empfehlenswert sind. Die Materialien haben zwar eine gute Dämmwirkung, aber auch einen hohen atmungsaktiven Lufteinschluss. Ist die Luftfeuchtigkeit bei der Installation zu hoch, könnte das Wasser kondensieren und auf Dauer zu Schimmel an Holzteilen oder zu Korrosion führen. Um dem entgegenzuwirken, arbeiten einige Ausbauer mit offener Naturdämmung ohne Dampfbremse, damit das Material die Feuchtigkeit wieder in den Innenraum abgeben kann. Hier besteht jedoch die Gefahr, dass sich der Naturdämmstoff sättigt und Kondensat an der Karosse herunterläuft. Ausschließen lässt sich diese Methode definitiv für Urlaube in kühleren Regionen mit viel Regen wie beispielsweise Norwegen und Schweden.

Wenn Sie eher in wärmeren Gefilden unterwegs sein möchten und Ihr Camper im Winter in einer beheizten Halle steht, können Sie Kork oder Sprühkork in Erwägung ziehen. Kork lässt sich allerdings nur in sehr dünnen Schichten gut verarbeiten und hat daher eine geringere Wärmedämmung als die synthetischen Dämmstoffe.

Durch Fahrerkabine und Fenster im hinteren Bereich gibt es sehr viele ungedämmte Flächen im Fahrzeug. Eine Kondensation an diesen Stellen lässt sich mit Dämmmatten (siehe Seite 79) zwar reduzieren, aber nicht vermeiden. Hier gilt wieder: Es kann nur bei hoher Luftfeuchtigkeit kondensieren. Viel Lüften ist das A und O.

Türen nur schalldämmen

Die untere Hälfte der Fahrzeugtüren sollten Sie nicht dämmen. Denn die Türen sind nicht dicht und so geformt, dass Wasser gut abläuft. Dämmmatten an dieser Stelle würden den Abfluss verhindern. Eine Schiebetür kann jedoch ganz schön scheppern, wenn sie zufällt, und auch während der Fahrt schwingen die freien Blechflächen. Um dem entgegenzuwirken, können Sie in den Türen selbstklebende Antidröhnmatten aus Alubutyl anbringen. Das etwa zwei Millimeter starke Verbundmaterial besteht aus Aluminium und Butylkautschuk.

Alubutyl muss nicht auf dem gesamten Blech verklebt werden. Es genügt, etwa 40 Prozent der schwingenden Flächen zu bedecken. Mitunter finden Sie auch Anleitungen, die Alubutyl unter gedämmten Blechflächen im Camper empfehlen. Die Dämmmatten haben jedoch einen eigenen Antidröhneffekt, weshalb Sie an isolierten Stellen kein Alubutyl benötigen. So sparen Sie beim Ausbau Zeit und Geld. Tragen Sie bei der Verarbeitung von Antidröhnmatten Handschuhe, die Schnittkanten des Materials sind sehr scharf.

Ungedämmte Türen lassen sich mit Alubutyl entdröhnen.

ANLEITUNG

Boden dämmen

WAS BRAUCHE ICH?

- Selbstklebendes Isoliermaterial 19 mm
- Kanthölzer bspw. Fichte 4,4 cm x 1,9 cm
- Stichsäge
- Montagekleber bspw. Sikaflex-554
- Kartuschenpresse
- Keramikmesser
- Silikonentferner
- Fusselfreien Lappen
- Dampfsperrklebeband bspw. Isover Vario KB 1 oder Isoliermaterial 9 mm
- **Persönliche Schutzausrüstung (Seite 49)**

Circa 90 € für 5 m² Bodenfläche und Radkästen | 1 Arbeitstag (Ohne Trocknungszeiten) | ★ Schwierigkeit: 1

1

1 In Nutzfahrzeugen ist häufig bereits eine Bodenplatte verbaut. Um den Roststand zu kontrollieren, haben Sie bereits einen Blick darunter geworfen. Da im Wohnmobil besonders der Boden schnell auskühlt, sollten Sie die Bodenplatte nun vollständig herausnehmen. Zuerst werden die Radkästen gedämmt (vorher entfetten). Wegen der Wölbung ist es dabei einfacher, zweiteilig zu arbeiten (siehe Bild). Ein rechteckiger Streifen läuft über die obere Hälfte. Für die Vertikale können Sie ein größeres Stück ankleben und den Überstand einfach abschneiden. Wer genauer arbeiten möchte, erstellt vorher eine passende Pappschablone.

2 Nicht nur Möbel und Verkleidung, sondern auch die Bodenplatte benötigt eine Unterkonstruktion, damit das Dämmmaterial nicht eingedrückt wird. Ansonsten verringert sich die Dämmwirkung. Für die Unterkonstruktion der Bodenplatte die Kanthölzer auf die passende Länge zuschneiden und mit Montagekleber befestigen – vorher die Klebeflächen mit Silikonentferner entfetten und Trocknungszeiten beachten. Damit die Bodenplatte sich an den Einstiegen später nicht durchbiegt oder im schlimmsten Fall sogar bricht, sollten auch an den Außenkanten Latten verlegt werden. An dieser Stelle ist es zudem empfehlenswert, alle im Grundriss geplanten Löcher am Boden wie beispielsweise den Abfluss für den Gaskasten (siehe Seite 120) zu setzen. Eine Übersicht darüber, welche weiteren Einbauteile möglicherweise Löcher im Fahrzeugboden benötigen, lesen Sie in unserer ausführlichen Checkliste ab Seite 36.

3 Die Dämmung – mit der Klebefläche nach oben zeigend – zuschneiden. Da der Fahrzeugboden meist gewellt ist, sollten die Zuschnitte etwas breiter sein als der eigentliche Platz. Als Faustregel können Sie dafür etwa einen zusätzlichen Zentimeter pro Seite rechnen. Je nach Größe des Ausschnitts kann das aber variieren. Mit etwas Übung bekommen Sie ein Gefühl dafür. Anschließend mit Silikonentferner die Klebeflächen reinigen und die Dämmung verkleben. Dafür zunächst die Klebefolie an einer kleinen Ecke entfernen und die Dämmung langsam festdrücken. Währenddessen die Folie langsam abziehen. Wichtig: Drücken Sie die Matten so an die Bodenkontur an, dass sich keine Luft mehr zwischen Blech und Dämmung befindet.

4 Alle Materialübergänge müssen luftdicht verschlossen werden, was entweder mit einer dünnen Schicht Dämmung oder einem dampfbremsenden Klebeband geht. Ist der Boden fertig gedämmt, kann die Bodenplatte eingesetzt werden (siehe Seite 88).

MEISTER-TIPP

Nutzen Sie anstatt eines herkömmlichen Cuttermessers lieber ein Keramikmesser mit großer Klinge. Das funktioniert deutlich besser und Ihre Schnitte fransen nicht aus. Auch ein großes altes Küchenmesser tut den Dienst. Die Klinge hin und wieder mit Silikonentferner von den Kleberückständen säubern.

2

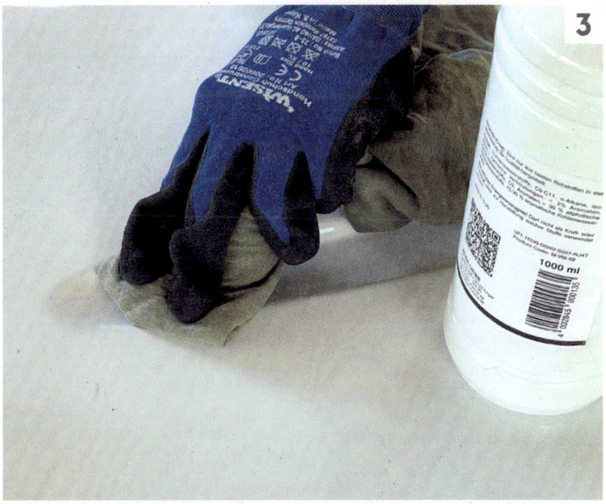

3

4

ANLEITUNG

Decke und Wände dämmen

WAS BRAUCHE ICH?

- → Selbstklebende Dämmmatten 19 mm und 9 mm
- → Dachlatten
- → Stichsäge
- → Montagekleber
- → Kartuschenpresse
- → Keramikmesser
- → Silikonentferner
- → Fusselfreien Lappen
- → Dampfsperrklebeband
- → Schere
- → **Persönliche Schutzausrüstung (Seite 49)**

Kosten	Zeit	Schwierigkeit
Circa 230 € für 13 m^2 Decke und Wände	3 Arbeitstage (ohne Trocknungszeiten)	★★ Schwierigkeit: 2

1 Unterkonstruktion (siehe Seite 79) an allen Stellen anbringen, die Verkleidung und oder Möbel tragen sollen. Häufig werden die Kanthölzer auf den Holmen verklebt (vorher entfetten und Trocknungszeiten beachten), da diese bereits relativ gerade Flächen darstellen. Um Platz zu gewinnen, können Sie sie aber auch auf den Blechflächen befestigen. Dann müssen Sie allerdings Rundungen ausgleichen und kleinteiliger arbeiten, was mehr Zeit kostet. Wer mit Nietmuttern arbeitet, muss die Holme nutzen, die außerdem stabiler sind.

2 Die Dämmung zuschneiden, Klebefläche zeigt nach oben. Das Blech mit Silikonentferner entfetten und Zuschnitte ankleben. Besonders an den Wänden kann es mitunter etwas fummelig werden, bis die Dämmung in alle Ecken kommt und keine Lufteinschlüsse entstehen. Bleiben Sie geduldig und lassen sich Zeit. Sorgfältiges dämmen wird mehrere Tage in Anspruch nehmen. Die Holme nicht innen dämmen.

3 Es sollte keine Lücken zwischen den Dämmmatten geben: Materialübergänge mit Dampfsperrband oder dünner Dämmung überkleben. Auf Holmen dünne Dämmmatten nutzen, die auf die flächige Dämmung überlappen.

1

2

3

FUSSBODEN

Die Grundlage Ihres neuen Freizeitgefährts bildet der Fußboden. Wie Sie diesen unkompliziert einsetzen, erklären wir in unserer Schritt-für-Schritt-Anleitung. Der Bodenbelag Ihres alten Wohnmobils gefällt Ihnen nicht mehr? Wir bieten Inspiration für eine Veränderung.

Die Bodenplatte

Das optimale Material für die Bodenplatte in Ihrem Wohnmobil ist eine Siebdruckplatte. Sie ist wasserbeständig und sehr robust, aber teuer. Daher werden auch häufig OSB3-Platten verlegt. Diese sind günstiger und als Nut-und-Feder-Option leicht zu verlegen. Allerdings halten Schrauben deutlich schlechter darin, da die groben Späne zum Ausreißen neigen. Wenn Sie eine wasserbeständige OSB3-Platte für den Boden nutzen, sollten Sie diese trotzdem mit Lack versiegeln. Dafür die Platte einfach leicht anschleifen und den Lack nach Anwendungsempfehlung auftragen – hierfür gibt es speziellen OSB3-Lack im Fachhandel. Schnittkanten nicht vergessen, aber den Nut- und Federbereich aussparen, denn Lack auf Lack kann durch kleine Verschränkungen während der Fahrt unangenehm laut quietschen.

Für gewöhnlich sind in Nutzfahrzeugen bereits Bodenplatten vorhanden, um den Lack bei intensiver Nutzung vor Verletzungen und Rost zu schützen. Häufig sind die alten Platten aus ehemaligen Handwerkerfahrzeugen stark abgenutzt. Falls Sie Ihre Platte austauschen möchten, kommt Ihnen daher zugute, dass Sie die Maße Ihrer alten Bodenplatte abpausen können. Bedenken Sie jedoch, dass sich hier Geld sparen lässt, auch wenn die Platte nicht mehr besonders schön aussieht. Denn Sie können auch eine verschrammte Bodenplatte mit einem Bodenbelag in neuem Glanz erstrahlen lassen.

Der Bodenbelag

Ist in Ihrem Fahrzeug noch eine alte Bodenplatte vorhanden? Auch wenn das Fahrzeug relativ neu ist: Bei einem Gebrauchten aus dem Handwerksbereich wird der Boden sicherlich mit Kratzern und Schrammen übersät sein. Besonders eine robuste Siebdruckplatte ist teuer! Sie können den bereits abgetretenen Boden originell aufwerten und Unebenheiten ausgleichen, indem Sie zum Beispiel dünnes Parkett verlegen (vorher entfetten). Anschließend abschleifen und mit Lack versiegeln.

So kann auch eine alte, möglicherweise nicht mehr ganz dichte Bodenplatte weiterverwendet werden. Außerdem sparen Sie sich die Mühe, eine riesige neue Platte zuschneiden zu müssen. Da es sich bei Parkett um Vollholz handelt, sollten Sie – wie immer – das zulässige Gesamtgewicht Ihres Wohnmobils gut im Auge behalten.

Aber Achtung: Im Eingangsbereich, den Sie mit nassen Schuhen betreten, könnte blank poliertes Parkett, zu rutschig sein, warnt Frank Schneider, Mobilitätsexperte beim TÜV-Verband. In diesen Bereichen bieten sich daher eher Materialien wie Linoleum, Vinyl oder auch Korkboden an, die sich natürlich auch im gesamten Camper gut machen.

Rollbare Bodenbeläge aus PVC, Linoleum oder Vinyl sind beliebt, da sie besonders dünn und leicht sind. Der Wagen verliert dadurch kaum Höhe im Innenbereich, und das zusätzliche Gewicht ist zu vernachlässigen. Klick-Vinyl- und Klick-Korkplatten hingegen sind robuster. Dafür ist aber auch mit 0,5 bis 1 Zentimeter Höhenverlust und circa 6 bis 8 Kilogramm zusätzlichen Gewichts pro Quadratmeter zu rechnen.

Unauffälliger Bodenbelag aus Klick-Vinyl

UMBAU

Neuer Boden von der Rolle

Haben Sie sich an Ihrem alten Linoleum sattgesehen oder ist es von Kratzern übersät? Dann wird es Zeit für einen neuen Bodenbelag. Je nachdem wie Ihr Camper aufgebaut ist, haben Sie verschiedene Optionen, einen neuen Rollbelag einzusetzen. Drei davon sind unten aufgeführt.

Herausnehmbare Möbel

Falls sich Ihre Möbel herausnehmen lassen, lohnt sich der Aufwand für ein nahtloses Ergebnis. Dies ist eher bei selbst ausgebauten Fahrzeugen möglich wie zum Beispiel Vans, die mit modularen Campingboxen (siehe Seite xx) entworfen sind. Diese lassen sich als Ganzes ein- und ausbauen. Dann können Sie den neuen Belag einfach auf dem alten Boden ausrollen und die Möbel wieder einsetzen. Selbst wenn Sie nur einen Teil der Möbel herausnehmen können: Es macht einen deutlich hochwertigeren Eindruck, wenn der Belag schon unter den Möbeln beginnt. Für die übrigen Bereiche benötigen Sie dann etwa eine Schablone (siehe unten).

Nicht verklebter Belag

Sind Ihre Möbel nicht herausnehmbar, muss der Bodenbelag exakt auf die freien Bereiche angepasst werden. Das geht am besten mit einer Schablone. Rollbeläge sind im Campingbereich selten verklebt, sondern halten durch das Gewicht der Möbel, ihre Rutschfestigkeit und die Silikonfuge. Schneiden Sie vorsichtig mit einem Cuttermesser an Ihren Möbeln entlang, können Sie den alten Belag einfach herausnehmen und haben eine perfekte Schablone für Ihren neuen Boden. Der neue Belag sollte nun allerdings verklebt werden, weil er nicht mehr vom Eigengewicht der Möbel angepresst wird. Damit er sich an den Rändern nicht hochwölbt, können Sie entlang der Möbel außerdem eine Silikonfuge ziehen. Achtung: Ob der Belag in Ihrem Wohnmobil auch wirklich nicht verklebt ist, sollten Sie zuvor an einer zugänglichen aber unauffälligen Stelle, wie beispielsweise unter einem Kantenschutz am Einstieg, prüfen. Dafür den Kantenschutz entfernen und schauen, ob sich der Belag darunter leicht anheben lässt.

Verklebter Belag

Möchten Sie Ihren alten Belag unbedingt herausnehmen, bevor Sie den neuen einsetzen, lassen sich auch verklebte Wohnmobilböden entfernen. Dafür brauchen Sie jedoch sehr viel Geduld. Der Belag wird in etwa 50 Zentimeter breite Bahnen zerschnitten und mit einem Heißluftfön erhitzt, bis er sich abziehen lässt. Besonders wenn der verwendete Kleber inzwischen alt ist, wird sich aus dem Belag jedoch keine gute Schablone mehr ergeben, da die Stücke zum Zerreißen neigen. Mit Backpapier lassen sich kleinere Schablonen erstellen, die Sie nach und nach auf den neuen Rollboden übertragen können. Eine andere Möglichkeit besteht darin, den Belag grob zuzuschneiden und während des Verlegens präzise Schnitte zu setzen, was sich jedoch eher für handwerklich Erfahrene anbietet, denn Sie müssen sehr genau arbeiten.

ZULASSUNGS CHECK

Neben dem Fakt, dass eine Bodenplatte für ein besseres Raumklima sorgt als ein blanker Metallboden, wäre Letzterer für die Ummeldung zum Wohnmobil gar nicht erlaubt. Ein Wohnmobilboden muss aus Sicherheitsgründen mit einem rutschfesten haushaltsüblichen Belag wie etwa Linoleum versehen sein.

Diese alte Bodenplatte bekommt ein zweites Leben.

ANLEITUNG

Boden einsetzen

WAS BRAUCHE ICH?

- Siebdruckplatte oder OSB3-Platte ca. 10–12 mm stark
- Stichsäge
- Malerkrepp
- Cuttermesser oder Schere
- Akkuschrauber
- Holzbohrer
- Holzschrauben (Teilgewinde)
- Kantenschutzwinkel
- Silikon
- Kartuschenpresse
- **Persönliche Schutzausrüstung (Seite 49)**

Circa 300 € für 5 m^2 Boden	4 Stunden (Ohne Trocknungszeiten)	Schwierigkeit: 1

1 Die Bodenplatte sollte 1 bis 2 Millimeter Rundumabstand haben. Zeichnen Sie die Kontur der alten Bodenplatte auf die neue ab und schneiden Sie sie zu. Bei Material mit Nut und Feder fügen Sie dieses vorher zu einer Fläche zusammen und beschriften die einzelnen Felder. Markieren Sie die Position der Dachlattenunterkonstruktion am Fahrzeugrand (Malerkrepp), um zu wissen, wo die Schrauben gesetzt werden müssen. Nicht vergessen: mögliche Ausschnitte für Entlüftungen am Karosserieboden auch auf die Bodenplatte übertragen.

2 Bodenbelag anpassen. Belag mit der richtigen Seite nach oben auf den Boden legen und Ihre Bodenplatte darauf positionieren. Konturen erneut abzeichnen und Belag zuschneiden. Dies funktioniert nicht nur bei rollbarem Bodenbelag, sondern auch bei festerem Untergrund wie Klick-Vinyl. Hier legen Sie zunächst aus den einzelnen Teilen eine Oberfläche und verfahren anschließend wie gehabt. Auch hier lohnt es sich, die einzelnen Teile zu beschriften. Dafür auf Malerkrepp schreiben und an den entsprechenden Stücken ankleben. So verunreinigen Sie den Boden nicht.

3 Bodenplatte einsetzen und mit der geklebten Unterkonstruktion verschrauben. Zu lange Schrauben können das Bodenblech verletzen und verheerende Rostfolgen produzieren! Die Bodenplatte ist nun schwimmend verlegt. Da sie keinen fixen Kontakt zum Fahrzeug hat, werden abrupte Stöße während der Fahrt ausgeglichen.

4 Den Bodenbelag Ihrer Wahl nach Anwendungsempfehlung aufbringen. Der Vorteil an dieser Reihenfolge: Die Schrauben in der Bodenplatte sind jetzt verdeckt.

5 Kantenschutzwinkel anbringen. Dies schützt vor Splittern und bringt einen optisch schöneren Abschluss, denn Sie blicken nicht auf mehrere Materialschichten. Zudem kann von außen kein Dreck mehr unter die Bodenplatte gelangen. Hierfür können Sie Riffelblech aus Aluminium nutzen. Für runde Kanten bieten sich flexible Kunststoffprofile an. Zuletzt die gesamte Rundumfuge mit Silikon versiegeln, damit kein Wasser unter die Bodenplatte dringt.

VERKLEIDUNG

Ist die Verkleidung angebracht, wird es allmählich wohnlich in Ihrem Camper. Am gängigsten sind Profilhölzer. Wände und Decke lassen sich aber ebenfalls mit Kfz-Filz oder Sperrholz verkleiden. Auch Materialkombinationen bieten sich an.

Viele Optionen

Wer möchte in seinem zweiten Wohnzimmer schon gern auf schwarze Dämmmatten blicken? Ob Stoffe, Lattenkonstruktionen oder aufwendig verzierte Wände: Ihrer Kreativität sind auch bei der Verkleidung keine Grenzen gesetzt. Im Folgenden zeigen wir die gängigsten Optionen.

Bevor Sie loslegen, noch ein wichtiger Hinweis: Verlegen Sie alle Kabel, bevor die Verkleidung angebracht wird. So ersparen Sie sich eine Menge Arbeit, und die Stromleitungen sind elegant versteckt. An welchen Stellen Sie überall Kabel benötigen, lesen Sie auf Seite 98.

Profilholz

Profilholz – nicht zu verwechseln mit Rauspund – ist die wohl beliebteste Verkleidung im Camper. Es einfach zu verbauen, da es sich wegen der leicht flexiblen Nut- und Federkonstruktion gut an die Fahrzeugkontur anpasst. Profilholz besteht meist aus Fichte oder Tanne und ist in verschiedenen Größen erhältlich. Für die Wohnmobilverkleidung empfehlen sich Hölzer von 1,25 Zentimeter Dicke. Wegen der stark schwankenden Holzpreise ist ein durchschnittlicher Preis schwer anzugeben. Auf den Seite 92 und 93 zeigen wir Ihnen Schritt für Schritt, wie Sie damit Ihr Wohnmobil verkleiden.

Plattenware

Auch mit Sperrholz oder Multiplex läss sich ein Van verkleiden. Wegen seines geringen Gewichts drängt sich Pappelholz vor allem für die Decke auf. Es reichen schon 3 bis 4 Millimeter dicke Platten. Diese lassen sich auch bis zu einem gewissen Grad biegen, und so schmiegt sich das Holz gut an die Wagenform an.

Manchmal sind Türen und Wände bereits vom Werk verkleidet. Diese nicht besonders ansehnlichen Kunststoffplatten lassen sich ebenfalls gut durch Sperrholz ersetzen. Dafür entfernen Sie einfach die alte Verkleidung und nutzen sie als Schablone. Zeichnen Sie dabei auch die Löcher für die Spreiznieten – die die Verkleidung in der Karosse haltenden Stecker – ab. Wenn Sie eine dickere Materialstärke für die Holzverkleidung wählen, sind nachträglich womöglich längere Nieten zu erwerben.

Auch an nicht sichtbaren Stellen, wie zum Beispiel im Stauraum unter dem Bett oder an Schrankrückwänden, sollte Verkleidung angebracht werden, um die Dämmung zu schützen. Dafür bieten sich leichte Sperrholzplatten an. Auch dünne MDF-Platten können dafür genutzt werden. Beachten Sie, dass MDF nicht wasserbeständig ist. Falls einmal etwas umkippt, ausläuft oder Sie einen kleinen Wasserschaden haben, ist MDF in Bodennähe wenig robust. Gut verwenden lässt es sich beispielsweise, um Schrankrückwände zu verkleiden. Damit sparen Sie Geld und Gewicht.

Eine eher unkonventionelle, aber raffinierte Verkleidungslösung mit quadratischen Platten

Kfz-Filz

Kfz-Filz kennen Sie aus Ihrem Pkw, wo es häufig am Himmel genutzt wird. Das Material lässt sich problemlos direkt auf Isoliermaterialien anbringen und eignet sich gut, um Rundungen auszugleichen. Da es deutlich leichter ist als Holz, empfiehlt es sich besonders für Türen. Diese können sich unter einer schweren Holzverkleidung verziehen und schließen unter Umständen nicht mehr richtig.

Achten Sie beim Kauf darauf, dass der Kfz-Filz in alle Richtungen dehnbar ist – erkennbar durch den Zusatz „4-Wege" oder „4D-Filz", das ist für die Verarbeitung wichtig. Der Filz wird mit Sprühkleber befestigt. Sparen Sie besonders hier nicht am Kleber, sondern bevorzugen Sie Produkte namhafter Hersteller gegenüber Angeboten unklarer Herkunft. Der Einbau ist für den Laien nicht ganz einfach. Arbeiten Sie langsam und gründlich, damit der Filz keine Falten wirft, am besten zu zweit. Nutzen Sie etwa 15 Prozent mehr Material als die Fläche beträgt, die Sie verkleiden möchten. Kfz-Filz ist in Schwarz, Graustufen und Beige für einen Quadratmeterpreis von etwa 15 Euro erhältlich.

Radkästen verkleiden

Nicht nur Wände und Decke benötigen eine Verkleidung, sondern auch die Radkästen. So ist die Dämmung darunter vor Verletzungen geschützt. Es gibt jedoch auch Wassertanks, die an die Radkastenform angepasst sind. Diese sind besonders platzsparend, da der Raum um den Radkasten häufig nicht genutzt wird. Wenn Sie an einem solchen Tank interessiert sind, können Sie die Radkästen nicht wie auf dem Bild verkleiden, sondern müssen um den Tank herumbauen. Mehr Informationen zur Wasserversorgung erhalten Sie im fünften Kapitel, siehe Seite 128.

ANLEITUNG

Verkleidung anbringen

WAS BRAUCHE ICH?

- Profilholz
- Akkuschrauber
- Holzbohrer
- Holzschrauben (Teilgewinde)
- Schwingschleifer oder Schleifpapier
- Holzbehandlung (bspw. Öl oder Lack)
- **Persönliche Schutzausrüstung (Seite 49)**

Circa 130 €

2 bis 3 Arbeitstage

Schwierigkeit: 1

1 Das Profilholz auf die richtige Länge anpassen und zuschneiden. So müssen Aussparungen etwa für die Fenster gelassen werden. Die Verkleidung bringen Sie am besten zu zweit an. So kann eine Person halten und die andere Person bohren und schrauben.

2 Beim Vorbohren darauf achten, dass die Löcher in einer geraden Reihe liegen. Das Auge bemerkt bereits minimale Abweichungen bei einer Schraubenreihe – das kann nerven. Um dem vorzubeugen, können Sie eine dünne Bleistiftlinie über die Hölzer zeichnen und entlang der Linie jeweils zwei Löcher pro Profilholz und Reihe bohren. Um die Unterkonstruktion auch an der richtigen Stelle zu treffen, sollten Sie sich vor der Anbringung der Verkleidung sichtbare Markierungen mit Malerkrepp oder Klebeband setzen, die Sie nachträglich wieder entfernen können.

3 Achtung: Bloß nicht zu tief bohren! Sie könnten versehentlich die Karosserie verletzen. Um auf Nummer sicher zu gehen, können Sie die Verkleidung bereits für diesen Schritt wieder abnehmen. Oder Sie markieren sich die Bohrtiefe mit einem Klebeband am Bohrer. So haben Sie gleich auch die Hölzer der Unterkonstruktion vorgebohrt. Das ist zwar nicht zwingend notwendig, erleichtert die Arbeit aber etwas, da man beim Festschrauben nicht mehr so leicht verrutschen kann und die Schraubenreihe so eher gerade bleibt.

4 Verkleidung festschrauben. Achten Sie auf die richtige Länge der Schrauben, damit sie nicht versehentlich in der Karosserie landen.

5 Passt alles? Dann die Verkleidung noch einmal abnehmen und das Holz behandeln. Dafür das Holz vorsichtig anschleifen, bis alle Bleistiftlinien verschwunden sind. Auf den Fotos wurde zur Behandlung Leinölfirnis mit weißen Farbpigmenten verwendet.

6 Nun können Sie die Verkleidung wieder anbringen. Dazu werden die Schrauben in die vorgebohrten Löcher eingesetzt. Fertig ist Ihre Verkleidung.

1

2

3

4

5

6

KAPITEL 4

STROM UND GAS

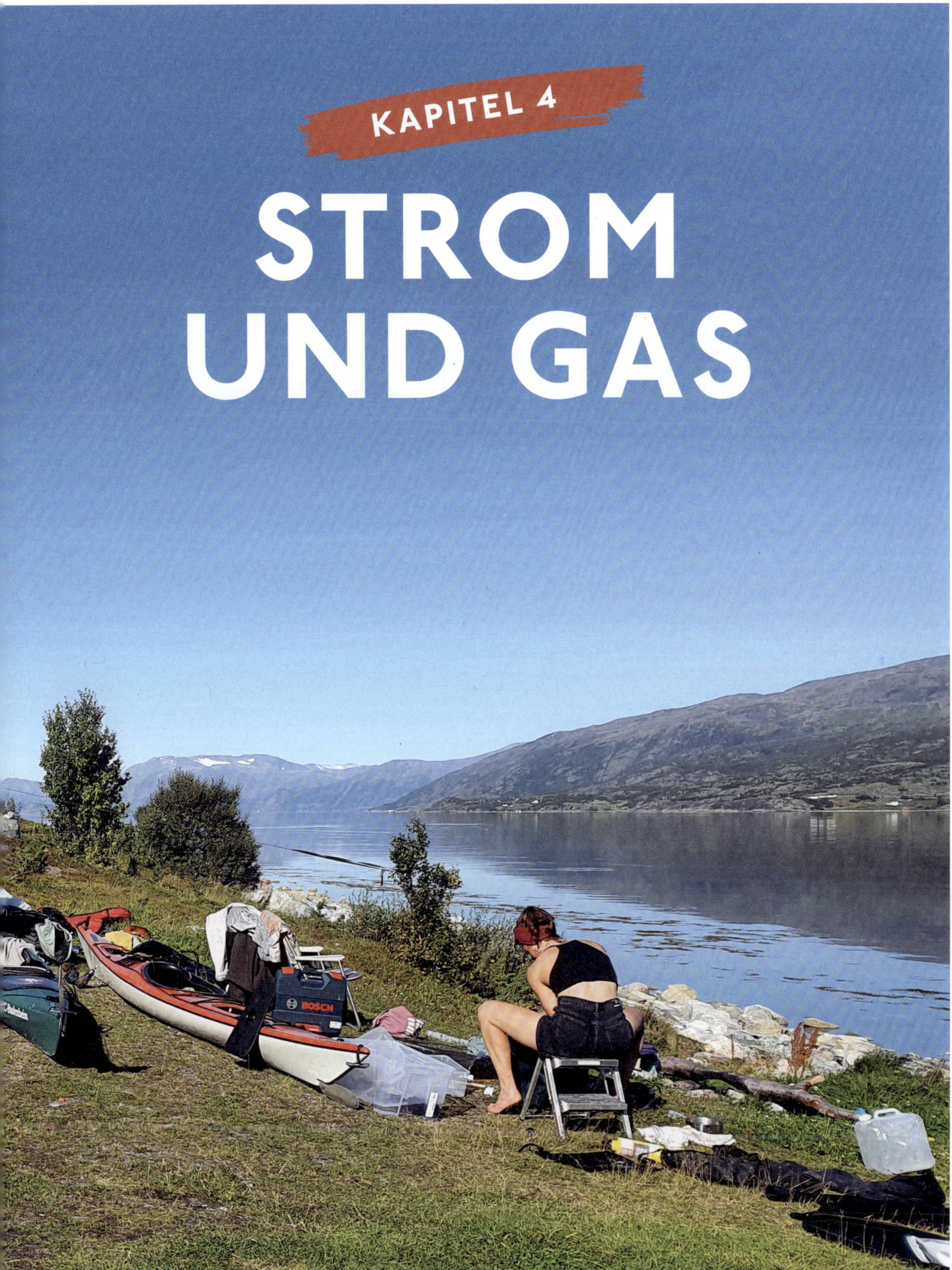

BEDARFS-ERMITTLUNG

Keine Angst vor Strom! Wir begleiten Sie auch durch den wahrscheinlich unbeliebtesten Teil des Ausbauprozesses. Auf diesen Seiten gehen Sie die ersten Schritte, denn um die richtige Größe der Batterie zu wählen, müssen Sie zunächst Ihren Verbrauch kennen.

Anspruchsvoll, aber machbar

Die Stromversorgung bauen – für viele eine Gruselvorstellung. Zu Unrecht. Ein gewisses Maß an Respekt ist zwar wichtig, allerdings sollte sich niemand davon abschrecken lassen. Grundsätzlich gilt: 12-Volt-Technik ist gar nicht so kompliziert (siehe Seite 101). Bei 230-Volt-Technik hingegen gilt es, deutlich strengere Vorschriften einzuhalten, um die Sicherheit zu gewährleisten (siehe Seite 115). Eine Abnahme durch Fachpersonal ist daher dringend zu empfehlen.

Wir bieten hier einen Überblick über das Thema Wohnmobilelektrik. Falls Sie sich auch nach diesem Kapitel noch unsicher fühlen, raten wir Ihnen, sich fachliche Unterstützung zu besorgen oder auf fertige Systeme zurückzugreifen (siehe Seite 118).

Dimensionierung

Eine eigene Stromversorgung im Camper ist unerlässlich. Die Dimensionen allerdings könnten unterschiedlicher nicht sein. Brauche ich nur ein paar LED-Lämpchen, um nachts etwas zu suchen, und lade hin und wieder mein Handy? Oder laufen neben Kühlschrank und Induktionsherd noch mehrere Laptops, ein zweiter Bildschirm während auch die Musikbox noch lädt? All das ist möglich – auch autark –, erfordert allerdings ein gutes Zusammenspiel aus Batteriekapazität und Energiequellen. Bevor Sie sich für ein System entscheiden, sollten Sie genau berechnen, wie viel Strom Sie verbrauchen. Das geht mit folgender Formel:

$$I = P \div U$$

I ist die Stromstärke in Ampere (A)

P ist die Leistung in Watt (W)

U ist die Spannung in Volt (V)

Listen Sie alle potenziellen Verbraucher und deren Verbrauch auf. Diesen können Sie am Netzteil, am Gerät oder im Produktdatenblatt ablesen.

Auch für Geräte, die mit 230 Volt betrieben werden, wird hier mit 12 Volt gerechnet, da die Entnahme an der Batterie in 12 Volt erfolgt. Die Wandlung in 230 Volt erfolgt am Wechselrichter. Die dabei entstehenden Leistungsverluste werden in der Rechnung unter „Wechselrichter" berücksichtigt.

Um Ihren täglichen Verbrauch auszurechnen, müssen Sie wissen, wie lange die einzelnen Verbraucher am Strom hängen.

$Q = I \times t$
Q ist die elektrische Ladung in Amperestunden (Ah)
I ist die Stromstärke in Ampere (A)
t ist die Nutzungsdauer in Stunden (h)

Damit liegt der Stromverbrauch in unserer Beispielrechnung (Tabelle unten) bei knapp 70 Amperestunden pro Tag. Dieser sollte von der Batterie gedeckt werden. Verschiedene Batterietypen stellen jedoch unterschiedlich viel Kapazität bereit, weshalb eine gewisse Menge hinzugerechnet wird (siehe ab Seite 101). Wer mehr als einen Tag und ohne Solarenergie autark stehen möchte, muss die Kapazität entsprechend erhöhen.

Auch Ihr Fahrverhalten übt entscheidenden Einfluss auf das Strom-Setup. Während der Fahrt kann die Batterie über die Lichtmaschine geladen werden (siehe Seite 104) – und zwar ziemlich effektiv. Wer mehr herumsteht und wenig fährt, muss jedoch andere Wege finden, die Batterie zu laden. Eine beliebte Lösung sind Solarmodule (siehe ab Seite 107). Auch über Landstrom (siehe Seite 115) kann die Batterie geladen werden.

Beispielrechnung für mögliche Einzelverbraucher

Verbraucher	Stromstärke ($I = P \div U$)	Nutzungsdauer	Tagesverbrauch ($Q = I \times t$)
LED	I = 20 W ÷ 12 V = 1,7 Ampere	4 h	Q = 1,7 A × 4 h = 6,8 Ah
Laptop	I = 40 W ÷ 12 V = 3,3 Ampere	4 h	Q = 3,3 A × 4 h = 13,2 Ah
Standheizung	I = 15 W ÷ 12 V = 1,3 Ampere	24 h	Q = 1,3 A × 24 h = 31,2 Ah
Handy	I = 13 W ÷ 12 V = 1,1 Ampere	2 h	Q = (1,1 A × 4 h) = 4,4 Ah
Bluetooth-Box	I = 8 W ÷ 12 V = 0,7 Ampere	1 h	Q = 0,7 A × 1 h = 0,7 Ah
Kühlschrank	I = 4,8 W ÷ 12 V = 0,4 Ampere	24 h	Q = 0,4 A × 24 h = 9,6 Ah
WLan-Router	I = 12 W ÷ 12 V = 1 Ampere	12 h	Q = 1 A × 12 h = 1 Ah
Wechselrichter (Verlustleistung)	I = 3,6 W ÷ 12 V = 0,3 Ampere	4 h	Q = 0,3 A × 4 h – 1,2 Ah

Summe: 68,1 Ah

KABEL UND SICHERUNGEN

Bevor es nun so richtig losgeht mit der Stromversorgung, müssen ein paar trockene Vorschriften durchgekaut werden. Welche Kabel und Sicherungen Sie in welcher Dimensionierung verlegen können, hängt von Anwendungsbereich und 12-Volt- oder 230-Volt-Technik ab.

Kabel verlegen

Planen Sie mit Bedacht. Wie viele LEDs sollen unter die Decke und wohin genau? Im Badezimmer wird Licht benötigt, Wasserpumpen und bestimmte Wasserhähne (siehe Seite 131) bedürfen ebenso einer Stromversorgung. Gehen Sie Ihren Grundriss durch und planen die Kabel detailliert, bevor Sie sie verlegen. Planen Sie lieber zu viele Steckdosen als zu wenige ein. Es ist praktisch, von allen Sitzgelegenheiten sowie dem Bett aus das Handy laden zu können. Wegen der Vibration werden im Kfz-Bereich keine Lötverbindungen, sondern Aderendhülsen für Kabelverbindungen genutzt.

Kabelquerschnitte

Wenn der Querschnitt eines Kabels zu klein gewählt wird, kann es sich durch den zu hohen Stromfluss erhitzen und ein Brandrisiko darstellen. Bei längeren Kabelstrecken kann es zu einem starken Spannungsabfall kommen, wenn das Kabel zu dünn gewählt wurde. Dann werden größere Verbraucher mitunter gar nicht mehr geladen. Je kürzer das Kabel, desto besser. Da unterschiedliche Geräte verschieden viel Strom verbrauchen, ist es wichtig, den Kabelquerschnitt pro Verbraucher zu berechnen. Diesen errechnen Sie für Gleichstrom (12 Volt) über folgende Formel:

$$(2 \times L \times I \times \rho) \div (U \times \Delta V)$$

L ist die Entfernung zwischen Stromquelle und Verbraucher in Metern.

I ist die maximale Stromstärke in Ampere (A), die der Verbraucher zieht.

ρ ist der spezifische Widerstand von Kupfer in Ohm pro Quadratmillimeter.

U ist die Spannung in Volt (V).

ΔV ist der zulässige Spannungsabfall.

Folgende Werte sind bekannt:
$\rho = 0{,}0171$, $\Delta V = 0{,}039$

Die Formel für Wechselstrom (230 Volt) ist sehr ähnlich, es wird noch der Multiplikator $\sqrt{3}$ hinzugefügt, was daran liegt, dass es sich um einen dreiphasigen Wechselstrom handelt. Außerdem gibt es Mindestquerschnitte (siehe Zulassungscheck rechts).

$$(2 \times L \times I \times \rho) \div (U \times \sqrt{3} \times \Delta V)$$

Die richtige Sicherung

Die Absicherung Ihres elektrischen Systems ist wichtig. Bei einer Fehlfunktion der technischen Anlagen oder eines Kabels wird dadurch ein unkontrollierter Stromfluss oder Kurzschluss vermieden. Die Folgen einer falschen Absicherung können von einem Kabelbrand bis hin zu ernsthaften Verletzungen durch Stromschläge führen. Sicherungen unterscheiden sich hinsichtlich der Art des Stromes, der Stromstärke, die maximal fließen soll, und der Spannung.

Gleichstromsicherungen (12 Volt)

Im 12-Volt-Bereich sichern Sie jeden Verbraucher einzeln ab. Hierzu verwenden Sie Flachsicherungen. Die kennen Sie aus Ihrem Auto, da Sie auch in der Fahrzeugtechnik genutzt werden. Sie werden einfach in einen Sicherungshalter gesteckt, an dem die Kabel befestigt sind. Der Sicherungshalter fungiert so auch als Kabelverteiler. Eine Flachsicherung brennt im Falle eines Kurzschlusses durch, um die Verbindung zu trennen. Damit anschließend wieder Strom fließen kann, muss die Sicherung getauscht werden. Führen Sie daher immer ein paar Ersatzsicherungen in verschiedenen Dimensionen mit.

Bei der Installation elektrischer Systeme entscheidend: zunächst das geeignete Ka-

Zulassungscheck

Im Kfz-Bereich werden Litzenkabel aus Kupfer verwendet,denn sie sind biegsam und vibrationsbeständig. Auch an die Isolierung der Kabel gibt es bestimmte Ansprüche. Die sogenannte FLRY-Fahrzeugleitung wurde anhand der Vorgaben entwickelt und darf verbaut werden. Für 230 Volt ist aber dreiadrige H07RN-F-Gummischlauchleitung vorgeschrieben.

Bei 12 Volt arbeiten Sie jeweils mit Litzen für den Plus- (rot) und den Minuspol (schwarz).

Bei 230 Volt arbeiten Sie dreiphasig. Braun für die Phase, Blau für den Neutralleiter und ein gelbgrüner Schutzleiter. In der H07RN-F-Gummischlauchleitung sind die drei Leiter in einer Ummantelung vereint. Im Camper gelten außerdem Mindestquerschnitte von 1,5 Quadratmillimetern; für die Zuleitung über eine Außensteckdose (siehe Seite 115) gelten mindestens 2,5 Quadratmillimeter.

An kritischen Stellen wie bspw. Durchbrüchen, an denen 230-Volt-Kabel am Metall aufscheuern können, müssen Durchführungen verlegt werden, wofür man oft Leerrohre verwendet. Wir empfehlen, dass Sie sie für alle Kabel nutzen, so minimiert sich das Risiko. Wichtig: 12-Volt- und 230-Volt-Technik nie im selben Kabelkanal, sondern immer separat voneinander verlegen!

bel auswählen, dann darauf abgestimmt die passende Sicherung. Wählen Sie das Kabel so, dass es die maximale Stromstärke, die durch Ihre elektrischen Geräte verursacht wird, sicher handhaben kann. Anschließend wählen Sie eine Sicherung, die eng auf die Belastbarkeit des Kabels abgestimmt ist. Dies gewährleistet, dass die Sicherung bei Überlastung rechtzeitig auslöst, um Kabel wie auch angeschlossene Geräte vor Schäden zu schützen.

Flachsicherungen werden meist für Stromstärken zwischen 5 bis 20 Ampere genutzt. Für größere Ströme im Gleichstrombereich gibt es sogenannte Midi-Sicherungen. Das Konzept ist identisch, nur dass sie eher einzeln, also ohne Verteilerkasten verbaut werden.

Die Flachsicherung wird einfach in den Sicherungshalter gesteckt.

MEISTER-TIPP

Bedenken Sie bei der Dimensionierung Ihrer Kabel, dass für die Leitung, die von der Batterie zum Sicherungshalter führt, die maximale Stromstärke der angeschlossenen Verbraucher addiert wird.

Wechselstrom absichern (230 Volt)

Das Absichern des gesamten 230-Volt-Stromkreises (siehe Seite 117) kann überlebenswichtig sein und ist daher vorgeschrieben – also muss nicht jedes Gerät einzeln gesichert werden. Genau wie in der Wohnung wird ein sogenannter FI/LS-Schutzschalter verwendet. Dieser erkennt einen möglichen Fehlerstrom und agiert gleichzeitig als Leitungsschutz. Ein solcher funktioniert ähnlich wie die bereits beschriebene Technik aus dem Gleichstrombereich. Bei einer zu großen Stromstärke trennt der Schutzschalter die Verbindung, um Kabel und Übergänge vor einem Brand zu bewahren. Danach wird er nicht ausgetauscht, sondern kann einfach zurückgelegt werden. Fehlerstromschutz hingegen ist wichtig, damit sich der Strom bei Defekt nicht den falschen Weg – etwa durch einen Körper – sucht. Wenn 230 Volt durch Sie fließen, kann das tödlich enden, weshalb der Fehlerstromschalter deutlich schneller reagieren muss als andere Sicherungen. Er ist so konzipiert, dass jeglicher Stromfluss sofort unterbrochen wird, sobald Strom außerhalb des Stromkreises abfließt.

12-VOLT- UND 24-VOLT-TECHNIK

Die Gleichstromtechnik Ihres Campers mit 12 Volt – beziehungsweise bei Lkw 24 Volt – umfasst neben der Batterie auch verschiedene Versorgungsmöglichkeiten, wie Photovoltaik oder das Laden über die bereits vorhandene Motortechnik.

Die richtige Batterie

Im Campingbereich wird mit unterschiedlichen Batterietypen gearbeitet. Hauptsächlich dreht sich die Entscheidung dabei um den Preis. Die State-of-the-Art-Modelle sind nämlich sehr teuer. Auf den folgenden Seiten erhalten Sie einen Überblick über die verschiedenen Produktgruppen. Zunächst wollen allerdings noch ein paar Begrifflichkeiten geklärt werden.

Starterbatterie versus Bordbatterie

Bei Wohnmobilen wird zwischen Starter- und Bordbatterie unterschieden. Starterbatterie meint diejenige, die ohnehin in Ihrem Fahrzeug verbaut ist, um den Anlasser zu betreiben und so den Motor zu starten. Um eine Starterbatterie müssen Sie sich also nicht kümmern, die haben Sie schon. Zur Schonung der Starterbatterie, wird der Strom für alltägliche Zwecke aus einem zweiten Akku entnommen: der Bordbatterie. Es wäre ja unpraktisch, könnten Sie plötzlich nicht mehr losfahren, weil der Kühlschrank Ihre Einkäufe heruntergekühlt hat oder abends noch lange das Licht brannte. Auch sind die Ansprüche an die beiden Batterien andere, weshalb jeweils unterschiedliche Modelle angezeigt sind.

Angegebene versus nutzbare Batteriekapazität

Die Kapazität der Batterie, also wie viel Leistung sie bereitstellt, wird in Amperestunden angegeben (etwa 150 Ah oder 200 Ah). Da Sie bereits berechnet haben, wie viel Strom Sie benötigen, wissen Sie, welche Größe Ihre Batterie haben sollte, oder? Nicht ganz, denn die Batterietypen haben unterschiedliche nutzbare Kapazitäten. Das bedeutet: Die Art, wie Sie die Batterie entladen, ubt Einfluss auf deren Lebensdauer (Anzahl der Ladezyklen). Einige Modelle können fast vollständig entladen werden, ohne dass es die Anzahl der Lade-

Ladespannung LiFePO4

So ändert sich die Ladespannung eines 12-Volt-LiFePO4-Akkus je nach Ladezustand:

Ladezustand	Spannung
100 %	14,6 Volt
90 %	13,4 Volt
80 %	13,3 Volt
70 %	13,2 Volt
60 %	13,1 Volt
50 %	13,0 Volt
40 %	13,0 Volt
30 %	12,9 Volt
20 %	12,8 Volt
10 %	12,0 Volt
0 %	10,0 Volt

zyklen verringert, und andere sollten nicht mehr als 50 Prozent entladen werden, um die optimale Anzahl auszuschöpfen. Ganz genau lässt sich das zwar nicht pauschalisieren, nachfolgend nennen wir Ihnen aber jeweils die etwa nutzbare Kapazität der Batterietypen. Richtwerte finden sich auch in der Betriebsanleitung Ihrer Batterie.

Hinzu kommt, dass die angegebene Batteriekapazität – also das, was auf dem Produkt steht – davon abhängt, bei welcher Entladezeit sie bemessen wurde. Das wird, unabhängig vom Batterietyp, mit dem sogenannten C-Wert angegeben, also beispielsweise C1, C2 oder C20. Die Zahl nach dem C gibt die Dauer in Stunden an, über welche die entsprechende Kapazität aus der Batterie entnommen werden kann. Auf manchen Batterien finden sich auch mehrere Angaben. Denn je langsamer die Batterie entladen wird, desto mehr Kapazität hält sie bereit. Wenn Sie sich für einen der nachfolgenden Batterietypen entschieden haben und beim Kauf verschiedene Modelle untereinander vergleichen möchten, sollten Sie daher darauf achten, dass der C-Wert derselbe ist, ansonsten sind sie nicht vergleichbar.

Lithium-Eisenphosphat-Batterien (LiFePO4)

Die LiFePO4-Batterie ist der Star unter den Bordbatterien. Im Vergleich zu ihren Kollegen ist sie bei gleich nutzbarer Kapazität deutlich leichter und kleiner. Lithium-Eisenphosphat-Batterien lassen sich schnell laden und sind besonders langlebig, da sie sehr viele Ladezyklen aushalten. Unschlagbar an der LiFePO4-Batterie ist die nutzbare Kapazität. Sie können fast die gesamte Kapazität der Batterie nutzen, ohne die Lebensdauer zu verkürzen. Ein Batteriemanagementsystem (BMS) schützt die Batteriezellen unter anderem vor Über- und Unterspannung. Die Daten lassen sich über eine Bluetooth-Verbindung auslesen.

Der Haken an der Sache: Ein LiFePO4-Akku ist in der Anschaffung sehr teuer. Außerdem sollte man ihn nicht bei Temperaturen unter null Grad Celsius laden, denn das kann zu irreversiblem Kapazitätsverlust führen. Gegen Aufpreis gibt es Modelle mit integrierten Heizmatten. Andere Lithium-Batterietypen sind für den Campingbereich nicht zu empfehlen, da von ihnen eine zu hohe Brandgefahr ausgeht.

Bleibatterien

Nicht alle Bleibatterien sind als Bordbatterie empfehlenswert. Herkömmliche Blei-Säure-Akkus – auch Nassbatterien genannt – können aufgrund chemischer Prozesse ausgasen. Deshalb dürfen sie nicht in Innenräumen transportiert werden und taugen eher nicht als Bordbatterie. Außerdem sind sie relativ empfindlich hinsichtlich unregelmäßiger Ladezyklen, weswegen sie ein Laden mit Solarenergie nicht vertragen. Als Starterbatterien hingegen erfreuen sie sich noch immer großer Beliebtheit. Es gibt aber auch Bleiakkus, die robuster sind und nicht ausgasen, weshalb sie gut als Bordbatterien fungieren können. Dabei wird zwischen AGM- und Gel-Batterien unterschieden.

AGM-Batterien sind für eine höhere Stromaufnahme geeignet als Gel-Batterien und lassen sich daher gut mit einem Wechselrichter betreiben. Außerdem kann man sie schneller laden, da ihr Innenwiderstand geringer ist. Sie verkraften niedrige Temperaturen und das Laden mit Solarenergie besser. Gel-Batterien hingegen stecken hohe Temperaturen einfacher weg und können stärker entladen werden, ohne Schaden zu nehmen, sie sind also etwas langlebiger.

Der Vorteil von AGM- und Gel-Batterien gegenüber LiFePO4 liegt eindeutig im viel günstigeren Preis. Bedenken Sie jedoch, dass die Kapazität deutlich größer gewählt werden muss, damit die Lebensdauer nicht leidet. Wenn Sie Ihren täglichen Strombedarf auf 70 Ah veranschlagen, reicht für die Lithium-Batterie eine Kapazität von 100 Ah, um nicht in die Tiefenentladung zu kommen. Eine AGM- oder Gel-Batterie sollte bei selbem Verbrauch doppelt so groß gewählt werden, um eine möglichst lange Lebensdauer zu gewährleisten.

Um sich den Einfluss der Entladetiefe auf die Lebensdauer von Bleibatterien bewusst zu machen, folgt hier ein hilfreiches Beispiel. Der Hersteller Offgridtec gibt für eine Gel-Batterie (150 Ah C20) folgende Daten an: bis zu 350 Ladezyklen bei 100 Prozent Entladetiefe (Tiefenentladung) und bis zu 1800 Ladezyklen bei 30 Prozent Entladetiefe. Wenn Sie also die Batterie immer vollständig entladen würden, könnten Sie 350-mal 150 Amperestunden vollständig nutzen. So standen Ihnen dann über den gesamten Lebenszyklus der Batterie 52 500 Amperestunden zur Verfügung.

Wenn Sie dagegen immer nur 30 Prozent der Batterie entnehmen und sie dann wieder laden, können Sie das insgesamt 1800-mal wiederholen. 30 Prozent von 150 Amperestunden sind 45 Amperestunden. Das ergibt insgesamt 81 000 Amperestunden über die gesamte Lebensdauer der Batterie, also gut 50 Prozent mehr.

MEISTER-TIPP

Ihre Batterie besitzt keine integrierte Bluetooth-Verbindung, aber Sie möchten wissen, wie voll sie gerade ist? Dann können Sie einen Batteriewächter oder Shunt verbauen. Diese werden einfach mit Ihrer Batterie verbunden. Über eine App können Sie nun die Batterieparameter wie Ladezustand und Restlaufzeit überwachen. Damit das Gerät die richtigen Werte anzeigt, müssen Sie ihn jedoch zunächst mit ein paar Daten füttern, die Sie dem Datenblatt ihrer Batterie entnehmen können.

So weit die Theorie. Die tatsächlich zur Verfügung stehende Leistung ist auch abhängig von der Entnahmegeschwindigkeit, die in der Realität niemals immer gleichbleibend ist. Dennoch zeigt das genannte Beispiel deutlich, wie groß der Einfluss der Entladetiefe auf die Lebensdauer ist.

Laden während der Fahrt

Es gibt mehrere Möglichkeiten, Ihre Batterie zu laden. Während der Fahrt, über Photovoltaik und über Landstrom, also mit 230 Volt aus der Steckdose. Auf den nächsten Seiten finden Sie Informationen über die ersten beiden Optionen. Alles über die 230-Volt-Technik lesen Sie ab Seite 115.

Die gängigste Methode, Ihre Bordbatterie zu versorgen, ist das Laden während der Fahrt. Die Starterbatterie wird – sobald der Motor läuft – von der Lichtmaschine geladen. Die Lichtmaschine wandelt einen Teil der kinetischen Energie des Motors in Strom um und versorgt so die Batterie und elektrische Verbraucher. Diese bestehende Technik können Sie sich zunutze machen, indem Sie die Starter- und die Bordbatterie über ein Trennrelais oder einen Ladebooster verbinden.

Ein Trennrelais ist ein elektronischer Schalter. Wenn das Fahrzeug läuft und die Starterbatterie eine ausreichende Spannung aufweist, schließt das Trennrelais den Stromkreis automatisch und ermöglicht es, die Bordbatterie zu laden. Wenn das Fahr-

Batterien im Vergleich

	Lithium	Blei	
	LiFePO4	AGM-Batterie	Gel-Batterie
Schnelle Ladegeschwindigkeit	✓✓	✓	
Lange Lebensdauer	✓✓	✓	✓
Geringe Hitzeanfälligkeit	✓		✓
Geringe Kälteanfälligkeit		✓	
Verträgt Solarladung gut	✓	✓	
Hohe nutzbare Kapazität	✓		
Geringes Gewicht	✓		
Kleine Größe	✓	✓	✓
Niedriger Preis		✓✓	✓

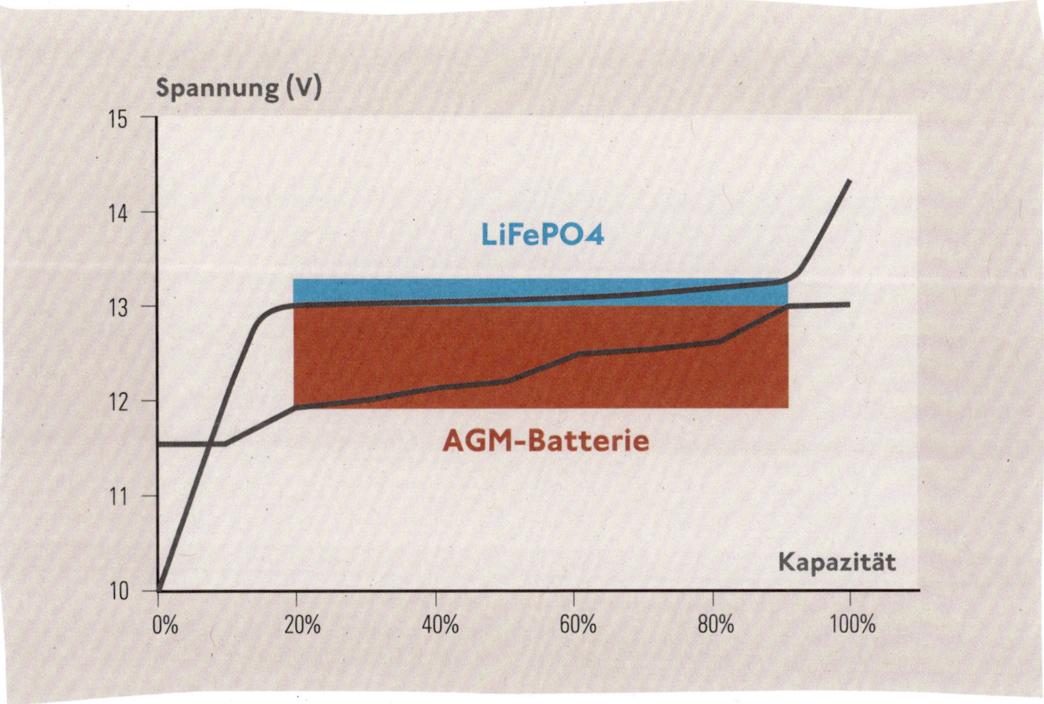

Die Ladespannungskurve von LiFePO4- und AGM-Batterie im Vergleich

zeug ausgeschaltet ist und die Spannung der Starterbatterie abfällt, öffnet das Trennrelais den Stromkreis und trennt die Batterien voneinander, um sicherzustellen, dass die Fahrzeugbatterie nicht entladen wird und genügend Energie zum Motorstart vorhanden ist. Ein Trennrelais erhalten Sie günstig für 20 bis 50 Euro.

Ein Ladebooster funktioniert ähnlich wie ein Trennrelais, steuert den Prozess aber, indem er den Ladestrom begrenzt. Das schont die Batterie. Ein Ladebooster sorgt außerdem dafür, dass die Batterien mit der korrekten Ladekurve geladen werden, was nicht nur die Lebensdauer der Batterie erhöht, sondern auch die Effizienz des Ladeprozesses verbessert. Dies ist besonders wichtig in Systemen, in denen die Ladequelle – wie etwa die Lichtmaschine eines Fahrzeugs – nicht optimal auf die Batterietechnologie abgestimmt ist. Der Ladebooster passt die Spannung und den Strom entsprechend an, um eine optimale Ladung zu gewährleisten. Da sie mehr Technik enthalten als Trennrelais, sind Ladebooster allerdings teurer als herkömmliche Trennrelais. Günstige Modelle erstehen Sie ab einem Preis von 150 Euro.

LiFePO4-Batterien funktionieren auf Dauer nicht in Kombination mit herkömmlichen Trennrelais. Man benötigt also immer einen Ladebooster. Jedoch ist auch nicht jeder Ladebooster für jeden Batterietyp geeignet. Um zu verstehen warum, hilft es, einen Blick in unsere Grafik zu werfen (siehe oben). Dort sehen Sie zwei Ladespannungskurven. Die einer 12-V-Lithium-Batterie und die einer 12-V-Bleibatterie. Eine Ladespannungskurve setzt die Batteriekapazität mit der gemessenen Spannung im

MEISTER-TIPP

Bei modernen Fahrzeugen ab Euro-6-Norm geben die Lichtmaschinen keine konstante Spannung mehr ab, um den Kraftstoffverbrauch zu optimieren. Auch manche Euro-5-Lichtmaschinen senken teilweise die Spannung ab. Daher muss ein Dynamokabel (D+) zum Ladebooster gelegt werden. Dieser nutzt das D+-Signal, um den optimalen Zeitpunkt für den Start des Ladevorgangs zu erkennen und sicherzustellen, dass die Batterien effizient und sicher geladen werden, ohne die Fahrzeugbatterie zu entladen.

Ruhezustand (ohne angeschlossene Verbraucher) miteinander in Verbindung.

Es ist zu erkennen, dass die LiFePO4-Kurve zum Beginn und zum Ende sehr steil und dazwischen extrem flach verläuft. Die Ladung der AGM-Batterie verläuft insgesamt linearer. Je nach Spannung und Batterietyp werden unterschiedliche Ladeströme benötigt. Wegen dieses Unterschiedes benötigt man ein Ladegerät, das auf den jeweiligen Typ ausgelegt ist. Schauen Sie beim Kauf nach einem Ladebooster mit einer „Ladekennlinie" für Ihren Batterietyp.

Abschließend noch ein Tipp: Vielleicht möchten Sie gerade noch nicht in eine LiFePO4 investieren, es sich aber offenhalten. Dann lohnt sich die Anschaffung eines Ladeboosters mit Ladekennlinien für mehrere Batterietypen. So können Sie später wechseln, ohne große Veränderung an Ihrem Setup durchführen zu müssen.

UMBAU

Den Batteriespeicher ohne Platzverlust erhöhen

Haben Sie im Urlaub regelmäßig mit Stromproblemen zu kämpfen und müssen ständig herumgurken, um Ihre Batterie zu laden? Dann muss mehr Batteriekapazität her! Für gewöhnlich ist jedoch jeder freie Quadratzentimeter in einem Wohnmobil perfekt ausgenutzt. Eine deutlich größere Batterie wird schwierig unterzubringen sein. Oft sind Bordbatterien unter dem Fahrersitz verstaut, wo bekanntermaßen auch nur begrenzter Platz zur Verfügung steht. Es wäre also hilfreich, nähme die neue Batterie nicht mehr Platz weg, oder? Wenn Sie von einer AGM- oder Gel- auf eine LiFePO4-Batterie umsteigen, erhalten Sie bei gleicher Größe fast die doppelte nutzbare Kapazität. Das bedeutet, dass Sie die Batterie einfach an der bereits vorhandenen Stelle tauschen können, ohne neuen Platz schaffen zu müssen. Aber worauf ist beim Wechsel von Bleibatterie zu LiFePO4 zu achten? Zunächst sollten Sie prüfen, ob ein herkömmliches Trennrelais verbaut ist oder Ihr Wohnmobil über einen Ladebooster verfügt. Haben Sie keinen Ladebooster, steht zusätzlich zur LiFePO4 die Investition in einen Ladebooster mit Ladekennlinie für LiFePO4 an. Ist bereits ein Booster verbaut, prüfen Sie, ob er eine Ladekennlinie für LiFePo4-Akkus besitzt. Die Information erhalten Sie aus dessen Datenblatt. Falls es abhanden gekommen ist, können Sie das Produkt mit einer Suchmaschine im Internet recherchieren. Sollte die passende Ladekennlinie zur Verfügung stehen, braucht das Gerät nur umgestellt werden. Das geht meist über eine App. Falls nicht, sollten Sie den Ladebooster tauschen.

Mehrere Bordbatterien verbauen

Wenn Sie nicht auf eine LiFePO4 umrüsten möchten, können Sie Ihre Kapazität auch mit Bleibatterien erhöhen. In diesem Fall lohnt es sich, Ihre aktuelle Zweitbatterie zu behalten und eine zusätzliche Bordbatterie derselben Kapazität und desselben Typs parallel zu schalten. Der Vorteil hierbei: Die Summe der Einzelkapazitäten der Batterien addiert sich auf und die einzelnen Batterien werden geschont, da sie jeweils weniger entladen werden. Die Spannung bleibt bei der Parallelschaltung gleich. Die Herausforderung liegt dann darin, genug Platz für die dritte Batterie zu finden. Der Ort sollte nicht mehr als einen Meter von der ersten Bordbatterie entfernt liegen, da sonst die Kabelquerschnitte zu groß werden (Infos zu Kabeln ab Seite 98). Achtung: Nur Akkus desselben Typs sollten parallel geschaltet werden. Falls Ihr aktueller Akku schon älter ist, sollten Sie sich gleich zwei neue Bordbatterien anschaffen, da es sonst schnell zu Spannungsdifferenzen kommen kann, die zu frühzeitiger Alterung und Kapazitätsverlust der Akkus führen können.

Laden mit Sonnenenergie

Nicht nur zu Hause wird nachhaltige Stromerzeugung immer beliebter. Auch beim Camping lässt sich Ihre Bordbatterie über Photovoltaik versorgen. Der Vorteil: Scheint die Sonne, laden Sie unabhängig vom Stellplatz und davon, wie viel – oder wenig – Sie ihr Wohnmobil bewegen. Solarmodule für Wohnmobile können zwischen 100 bis 180 Watt pro Stunde liefern. Diese Autarkie hat allerdings ihren Preis: Neben den Solarmodulen (je nach Dimension zwischen 250 bis 400 Euro pro Modul), die Sie auf dem Dach des Wohnmobils montieren, müssen Sie in ein Gerät investieren, das den Stromfluss in die Batterie regelt (Solarladeregler circa 150 Euro), sowie Dachdurchführungen und passende Kabel erwerben. Je nach Dimension landen Sie für ein Solar-Setup daher gut und gerne bei um die 1000 Euro.

ZULASSUNGSCHECK

Schalten Sie sicherheitshalber nicht mehr als zwei Solarmodule in Reihe, da ab drei Modulen eine Gefahr durch Hochspannung entstehen kann.
Arbeiten Sie nur mit Modulen und Solarreglern, die für den Campingbereich zugelassen sind.
Alle verwendeten Kabel müssen für den Kfz-Bereich zugelassen sein (siehe Seite 99).

Wie viel Solarenergie brauchen Sie?

Aber woher wissen Sie, wie Ihre Anlage dimensioniert sein muss? Um das herauszufinden, rechnen wir wieder mit dem Tagesverbrauch von 70 Ah aus unserem Beispiel. Die Leistung von Solarmodulen wird meist in Watt Peak (Wp) angegeben, also unter Idealbedingungen. Auf einem Hausdach können Module im optimalen Winkel zur Sonne ausgerichtet werden. Auf Ihrem Fahrzeug installieren Sie sie jedoch für gewöhnlich liegend. Watt Peak erreichen Sie also hochstens, wenn die Sonne im Zenit steht. Auch Sonnenstunden am Urlaubsort und die Jahreszeit beeinflussen die Performance Ihrer Anlage.

Um Verluste durch die nicht ganz optimale Ausrichtung abzupuffern, sollten Sie von einem 20 Prozent höheren Tagesverbrauch ausgehen. In unserem Fall wären das 84 Ah (1,2 x 70 Ah = 84 Ah).

E = Q × U

E ist die Energie in Wattstunden (Wh).

Q ist die elektrische Ladung in Amperestunden (Ah).

U ist die Spannung in Volt (V).

E = 84 Ah x 12 V = 1008 Wh

MEISTER-TIPP

Sparen Sie nicht am Solarladeregler. Moderne Produkte nutzen Maximum-Power-Point-Tracking-Technologie (MPPT), um den Ladeprozess zu optimieren. Auch hier können Sie wieder über eine App überwachen, wie viel Strom Ihre Solaranlage produziert.

Je nach Jahreszeit haben Sie unterschiedliche Einstrahlwinkel und Sonnenstunden. Natürlich ist die Ausbeute auch davon abhängig, wo Sie Ihren Urlaub verbringen. Wir haben jeweils mit Werten für den mitteleuropäischen Raum gerechnet.

Frühling und Herbst – drei effektive Sonnenstunden:

1008 Wh / 3 h = 336 Watt

Sommer – fünf effektive Sonnenstunden:

1008 Wh / 5 h = 202 Watt

Winter – eine effektive Sonnenstunde:

1008 Wh / 1 h = 1008 Watt

Wie Sie erkennen können, unterscheidet sich die Ausbeute je nach Jahreszeit enorm. Um dieselbe Ausbeute zu haben wie im Sommer, müssten Sie im Winter die fünffache Leistung installieren. Ab Solarmodulen mit einer Leistung von 400 Watt – was schon sehr viel ist – ist platztechnisch auf einem durchschnittlichen Wohnmobildach für gewöhnlich Schluss. Auf die Dächer großer Expeditionsmobile passen auch bis zu 1500 Watt. Wenn wir allerdings von einem kleineren Wohnmobil ausgehen, wäre in diesem Beispiel im Winter der Verbrauch so hoch, dass die Solarversorgung ihn nicht annähernd deckt.

Wer vollständig autark sein möchte, versucht also, so viel Leistung aufs Dach zu bringen, wie der Platz hergibt. Des Weiteren kann auch mit mobilen Solarmodulen gearbeitet werden. Diese sogenannten Solartaschen lassen sich einfach aufstellen und immer perfekt zur Sonne hin ausrichten. Werden sie gerade nicht gebraucht, können sie zusammengefaltet und verstaut werden. Ein weiterer Weg, Ihre Solarausbeute zu erhöhen, ist die Ausrichtung Ihrer festen Module auf dem Dach, was bereits über eine einfache Klappvorrichtung geht, indem die Module beispielsweise auf einer Kiste verschraubt werden, deren Deckel sich aufstellen lässt.

So schaffen Sie gleichzeitig zusätzlichen Stauraum – zum Beispiel für noch klamme Wetsuits – auf dem Dach. Oder Sie verbauen Ihre Solarmodule auf Platten mit robusten Scharnieren. In beiden Fällen wichtig: Die Konstruktion muss so solide und gesichert sein, dass sie sich während der Fahrt nicht bewegen, geschweige denn aufklappen kann. Außerdem wird für die Umsetzung eine Befestigungsmöglichkeit wie etwa ein Dachträger (siehe Seite 74) benötigt.

Größtmögliche Autarkie durch Sonnenenergie ist Ihnen nicht so wichtig, da Sie viel fahren oder gern auch einmal Zeit auf dem Campingplatz verbringen? Dann kann ein kleineres Solarpanel auf Ihrem Dach Sie weit bringen. Denn Ihre Batterie ist ja im besten Fall ebenfalls so ausgelegt, dass sie Ihren Verbrauch für mindestens einen Tag lang abdeckt. In diesem Fall empfiehlt es sich, dass die Solarleistung mindestens 25 Prozent größer sein sollte als Ihre Batteriekapazität. Eine Batterie mit 100 Amperestunden sollte also von einem 125-Watt-Solarpanel versorgt werden.

Mono- oder polykristalline Modelle

Für den Campingbereich sind mono- und polykristalline Module die gängigen Typen. Monokristalline Modelle haben einen höheren Wirkungsgrad. Ein solches 100-Watt-Panel kommt somit etwas kleiner daher als ein polykristallines mit derselben Wattzahl. Dafür sind sie aber auch teurer in der Anschaffung, denn die Herstellung ist komplexer.

Parallel- oder Reihenschaltung

Wenn Sie mehrere Solarmodule aufbauen, müssen Sie diese zusammenschalten. Das geht parallel oder in Reihe. Bei einer Reihenschaltung addiert sich die Spannung der einzelnen Module, während sich bei Parallelschaltung die Stromstärke addiert. In Reihenschaltung können folglich die Kabelquerschnitte deutlich kleiner gewählt werden. Wie Sie Kabelquerschnitte berechnen, lesen Sie ab Seite 98.

Der größte Unterschied von parallel oder in Reihe geschalteten Solarmodulen besteht darin, dass Verschattung unterschiedliche Auswirkungen auf die Ausbeute hat. Sind zwei Module parallel geschaltet und wird eines davon beschattet, liefert das andere zuverlässig weiter. Bei in Reihe geschalteten Modulen liefern beide Module nur noch den Strom des schwächsten Panels. Verfügen die Module über mehr als eine Bypassdiode, kann der Ertrag bei Teilverschattung auch für Reihenschaltung

Parallel- und Reihenschaltung im Vergleich

Die Vor- und Nachteile im Überblick:

	Vorteile	Nachteile
Parallel	Teilverschattung eines Panels hat keinen Einfluss auf die anderen Module.	Mindestspannung (bspw. morgens und abends) wird später erreicht. Dickerer Kabelquerschnitt benötigt
Reihe	Dünnerer Kabelquerschnitt möglich Mindestspannung sehr schnell erreicht	Teilverschattung eines Panels reduziert Stromfluss aller Module

verbessert werden. Informationen dazu finden Sie im Datenblatt des Produkts. Ist das Licht diffus, also liegt keine direkte Sonneneinstrahlung vor, kann es passieren, dass die parallel geschalteten Module die Mindestspannung nicht erreichen und so gar keinen Strom mehr liefern. Dies ist jedoch maximal in den frühen Morgen- und späten Abendstunden relevant. Da sich in Reihenschaltung die Spannung der Panels aufaddiert, sind sie bei diffuser Einstrahlung im Vorteil und liefern somit früher beziehungsweise abends etwas länger Strom. Achtung: Ihr Solarladeregler, der die Einspeisung in die Batterie kontrolliert, muss auf die jeweilige Spannung und Stromstärke der Schaltung ausgelegt sein.

UMBAU

Mobiles Panel nachrüsten

Die einfachste Möglichkeit, sich die Energie der Sonne zunutze zu machen, sind mobile Solarmodule. Diese faltbaren Solartaschen oder -koffer mit zwischen 120 bis 180 Watt werden oft bereits mit passendem Zubehör inklusive Solarladeregler geliefert. Sie verstauen die Module einfach als Gepäck in Ihrem Camper und können Sie bei Bedarf aufstellen und direkt über Batterieklemmen mit Ihrem Akku verbinden. Mobile Solarmodule haben den Vorteil, dass sie sich immer optimal in Richtung Sonne ausrichten lassen. Da sie ein paar Meter Spielraum haben, können Sie Ihren Camper außerdem im Schatten parken und trotzdem weiterhin Strom generieren. Während Sie laden, sollten Sie Ihr Wohnmobil allerdings nicht allein lassen. Die Taschen werden gern einmal gestohlen. Bereits bei wenig Wind können die relativ leichten Module auch umkippen, weshalb Sie ohnehin immer ein Auge darauf haben sollten. Für die optimale Ausbeute sollten Sie die Module zudem regelmäßig wieder in Richtung Sonne ausrichten.

Solarmodule nachrüsten

Auch fest installierte Solarmodule können Sie jederzeit nachrüsten. Dabei funktioniert das nicht viel anders als in der nebenstehenden Schritt-für-Schritt-Anleitung. Alle Verbraucher und Stromlieferanten müssen für die Installation abgeklemmt werden. Bevor eine Dachdurchführung gebohrt wird, muss an der entsprechenden Stelle im Innenraum die Verkleidung abgenommen und auch Dämmmaterial sollte entfernt werden. Denken Sie daran, dass die Stelle nachträglich wieder sorgfältig gedämmt wird und keine Lücken in den Materialübergängen bleiben. Wie Sie korrekt dämmen, lesen Sie ab Seite 79.

Portable Solarpanels lassen sich leicht nach der Sonne ausrichten.

ANLEITUNG

Solarmodule installieren

WAS BRAUCHE ICH?

- → Solarmodul
- → MPPT-Solarladeregler
- → Rote und schwarze Solarlitze mit PV-Stecker für den Kfz-Bereich
- → Rote und schwarze FLRY-Fahrzeugleitung
- → Solarkabeldurchführung
- → Gummidurchführungstülle
- → Midi-Sicherung
- → Abisolierzange
- → Akkuschrauber
- → Schrauben
- → Metallbohrer
- → Silikonentferner
- → Fusselfreien Lappen
- → Montagekleber
- → Kartuschenpresse
- → Rostschutzfarbe
- → Pinsel
- → **Persönliche Schutzausrüstung (Seite 49)**

Circa 700 €	3 Stunden (Ohne Trocknungszeiten)	★★ Schwierigkeit: 2

1 Solarmodule gibt es in starrer und flexibler Ausführung. Je nach Modell werden diese entweder angeklebt oder beispielsweise auf einem Dachträger verschraubt. Nachdem die Module befestigt sind, bedecken Sie sie mit einer Decke oder dem Verpackungsmaterial, damit sie während des Anschließens keinen Strom liefern können.

2 Um die Solarkabel wasserdicht in den Innenraum zu verlegen, müssen Sie eine Solarkabeldurchführung anbringen. Dafür bohren Sie zunächst an einer passenden Stelle ein Loch in Ihr Dach. Mit einer Metallfeile entgraten Sie das Bohrloch, entfetten es und lackieren anschließend mit Rostschutzfarbe die freien Blechstellen (Trocknungszeiten beachten). Manche Fahrzeuge haben bereits Dachdurchführungen, die Sie stattdessen nutzen können.

3 Nun verkleben Sie die Solarkabeldurchführung mit Montagekleber (vorher entfetten, Trocknungszeiten beachten). Zuvor schützen Sie noch die Kabel, indem Sie eine Gummidurchführungstülle um das Bohrloch verlegen. Das ist wichtig, damit die Solarkabel nicht an der scharfen Metallkante aufscheuern können. Die Kabel verlegen Sie am besten elegant hinter der Fahrzeugverkleidung wie beispielsweise der B-Säule. Alles zur Wahl der richtigen Kabel und Durchmesser lesen Sie ab Seite 98.

4 Nun verbinden Sie den Solarregler über die FLRY-Fahrzeugleitung auf kurzmöglichstem Weg mit der Batterie. Die Midi-Sicherung setzen Sie zwischen Laderegler und Batterie auf der Plusleitung. Alles zu Sicherungen und ihrer Dimensionierung lesen Sie ab Seite 99.

5 Die Seite der Solarkabel mit PV-Stecker an das Solarpanel anschließen und den Laderegler mit der anderen Seite der Kabel verbinden.

6 Die Solarpanels sind einsatzbereit.

1

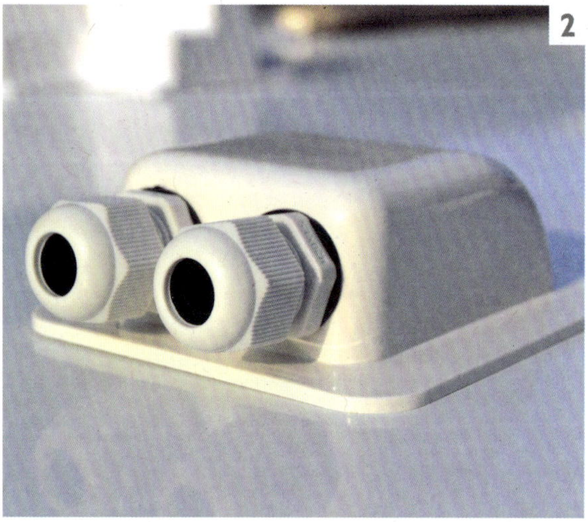

2

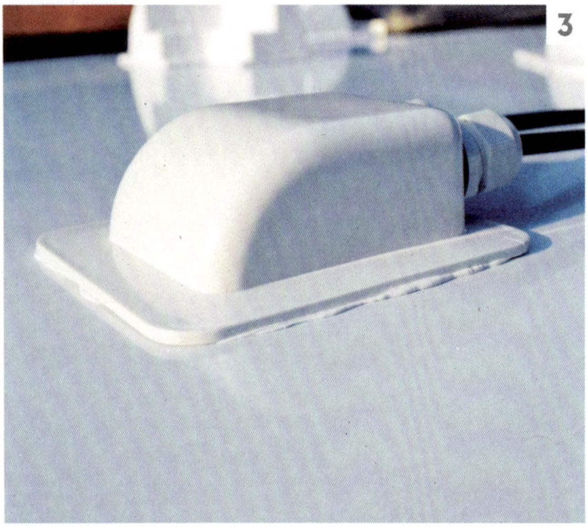

3

4

5

GESAMTSYSTEM PLANEN

Nun haben Sie erfahren, welche Möglichkeiten Ihnen offenstehen. Aber wie fügen sie sich zu einem funktionierenden System zusammen? Das visualisiert ein Stromlaufplan. Wir zeigen Ihnen zwei unterschiedlich komplexe Möglichkeiten, ein 12-Volt-System zu gestalten.

Der Stromlaufplan

Der Stromlaufplan ist Ihr wichtigstes Planungstool. Bevor Sie etwas anschließen, sollten Sie sich in Ruhe hinsetzen und einen ausführlichen Schaltplan zeichnen. So geraten Sie während der Umsetzung nicht in Verwirrung und wissen stets, wo Sie Ihre Anschlüsse setzen müssen. Bevor Sie Ihren eigenen Stromlaufplan in die Tat umsetzen, sollte eine Elektrikerin und bestenfalls auch Ihr Sachverständiger für die Wohnmobilanmeldung einen Blick darauf geworfen haben.

Besonders bei komplexeren Aufbauten kann es hilfreich sein, mit 12-Volt-Sammelschienen zu arbeiten. Diese kleinen Kabelverteiler fungieren als vorgelagerter Plus- beziehungsweise Minuspol. So vermeiden Sie verwirrenden Kabelsalat an der Batterie und behalten einen besseren Überblick über Ihr Setup. Ebenfalls sinnvoll ist es, Kabel zum Beispiel mit Kreppbandfähnchen zu beschriften. Die transparenten Deckel von Flachsicherungskästen laden außerdem dazu ein, entsprechend beklebt zu werden. Mitunter werden dafür sogar passende Sticker mitgeliefert.

Um Potenzialunterschiede zu vermeiden, sollten Sie die Bordbatterie mit einem Karosseriemassepunkt verbinden. Definierte Karosseriemassepunkte finden sich in der Aufbaurichtlinie Ihres Herstellers. Nutzen Sie nur die dafür vorgesehenen Stellen, selbstgetüftelte Massepunkte werden vom Sachverständigen bei der Wohnmobilummeldung gar nicht gern gesehen.

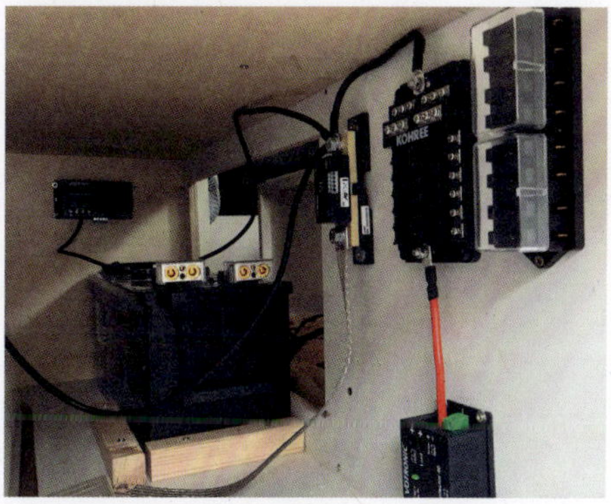

Um den Überblick zu behalten, sollten Sie Kabelsalat vermeiden.

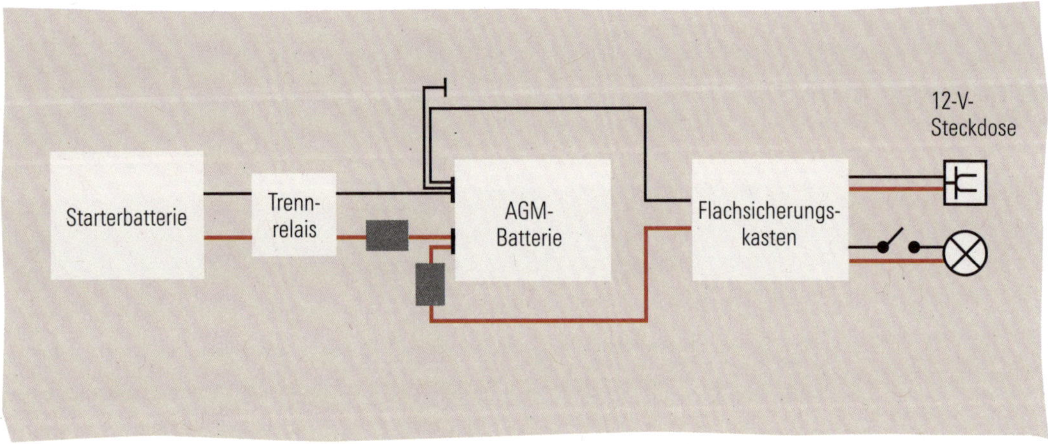
Starterbatterie
Trenn-
relais
AGM-
Batterie
Flachsicherungs-
kasten
12-V-
Steckdose

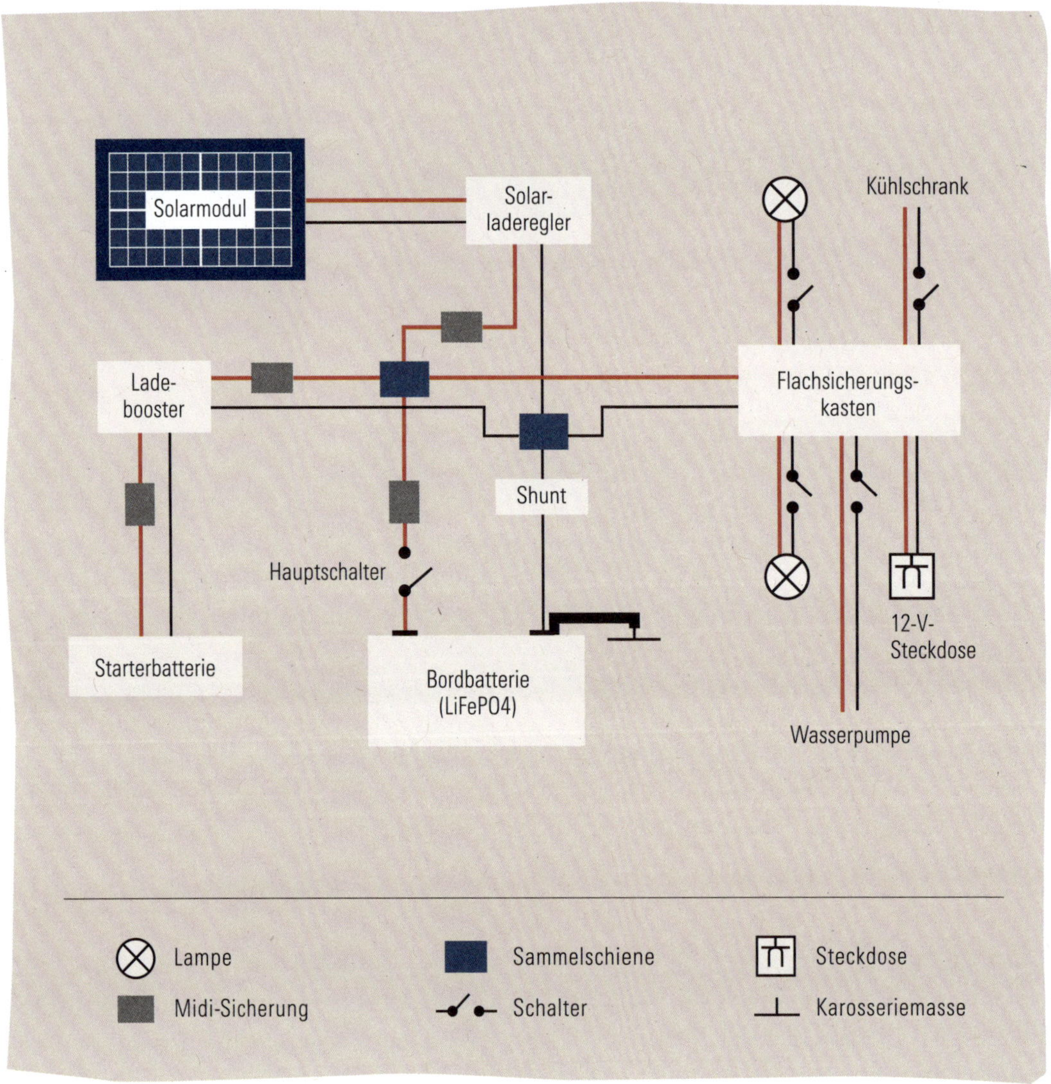
Solarmodul
Solar-
laderegler
Kühlschrank
Lade-
booster
Flachsicherungs-
kasten
Shunt
Hauptschalter
12-V-
Steckdose
Starterbatterie
Bordbatterie
(LiFePO4)
Wasserpumpe
Lampe
Midi-Sicherung
Sammelschiene
Schalter
Steckdose
Karosseriemasse

230-VOLT-TECHNIK

Wer sich 230-Volt-Wechselstromtechnik in sein Wohnmobil holen möchte, hat deutlich mehr Vorschriften zu beachten. Und das nicht ohne Grund: Es wird dringend empfohlen, sich fachliche Unterstützung zu suchen, da 230-Volt-Technik lebensgefährlich sein kann.

Vorsicht!

Um es noch einmal zu betonen: 230-Volt-Technik ist in den Händen von Profis besser aufgehoben. Mit kleineren Ausnahmen sollten alle nachfolgenden Installationen von Fachpersonal durchgeführt werden. Wenn Sie etwas selbst machen, lassen Sie es vor der Inbetriebnahme eine Elektrikerin oder einen Elektriker prüfen.

Ganz wichtig ist zudem folgender Grundsatz: 230 Volt können tödlich sein, weshalb nie unter Last am System gearbeitet wird! Alle Stromquellen und Verbraucher müssen abgeklemmt sein.

Landstromanschluss

Für einen festen Landstromanschluss benötigen Sie eine CEE-Steckdose. Es handelt sich dabei um eine spezielle Art der Außensteckdose für Wohnmobile. Ihre Montage am Fahrzeug ist sehr unkompliziert und funktioniert ähnlich, wie auch ein Fenster eingesetzt wird. Die Größe des Blechausschnittes liegt etwa bei 10 x 10 (Angabe in Zentimetern) für quadratische Modelle und bei 13 x 7 für die rechteckige Option. Ein einfacher Schuko-Stecker ist nicht zulässig.

Das Gegenstück der blauen CEE-Steckdose ist ein Kabel mit CEE-Stecker. Diesen schließen Sie am Camping- oder Wohnmobilstellplatz an. Für die Zuleitung über das Kabel gibt es Vorschriften: Es sollte sich um eine dreiphasige H07RN-F-Gummischlauchleitung mit jeweils mindestens 2,5 Quadratmillimetern Kabelquerschnitt handeln. Außerdem darf das Kabel maximal 25 Meter lang sein, weitere Verlängerungen sind nicht zulässig.

Wie bereits auf Seite 100 beschrieben, benötigt jeder Landstromanschluss eine Absicherung. Diese sollte in einem Kleinverteiler mit integrierter Potenzialausgleichsschiene (PE-Schiene) verbaut sein, die über einen Massepunkt mit der Karosse verbunden wird.

Klingt ganz schön kompliziert, oder? Damit Sie eine bessere Vorstellung davon bekommen, wie das Ganze in der Umsetzung aussieht, haben wir ein paar Grafiken erstellt. Das simpelste 230-Volt-System besteht aus einer CEE-Steckdose, der Absicherung über einen Kleinverteiler und einer Schuko-Steckdose im Camper. Zu erkennen in unserer kleinen Grafik oben rechts.

Wechselrichter

Ein Wechselrichter konvertiert den 12-Volt-Gleichstrom Ihrer Bordbatterie zu 230-Volt-Wechselstrom. So laden Sie auch ohne Landstrom etwa Ihren Laptop. Einen Wechselrichter können Sie einfach selbst direkt an die Bordbatterie anschließen. Haben Sie keinen Landstromanschluss verbaut, wird es dabei belassen. Sollen die Systeme allerdings kombiniert werden, wird – falls nicht bereits im Gerät integriert – eine Netzvorrangschaltung benötigt. So können dieselben Steckdosen mit verschiedenen Stromquellen genutzt werden. Hierbei sollten Sie sich allerdings fachliche Unterstützung suchen, da sich nicht jeder Wechselrichter dafür eignet und unter Umständen Systemeinstellungen geändert werden müssen oder bei Integration in den Stromkreislauf möglicherweise eine Erdungsbrücke im Gerät zu legen ist. Die Vorrangschaltung steuert den Stromfluss so, dass er immer von der vorrangigen Quelle bezogen wird. Das bedeutet: Hängt Ihr Wohnmobil am Landstrom, kommt auch Ihr Strom aus der Steckdose von dort. Der Wechselrichter läuft in dieser Zeit nicht. Es wäre ja auch schade, wenn Ihre Batterie einfach leergezogen würde, obwohl Sie eigentlich gerade 230 Volt von außen beziehen. Wie sich diese Art böser Überraschungen vermeiden lässt, ist in der zweiten Grafik unten dargestellt.

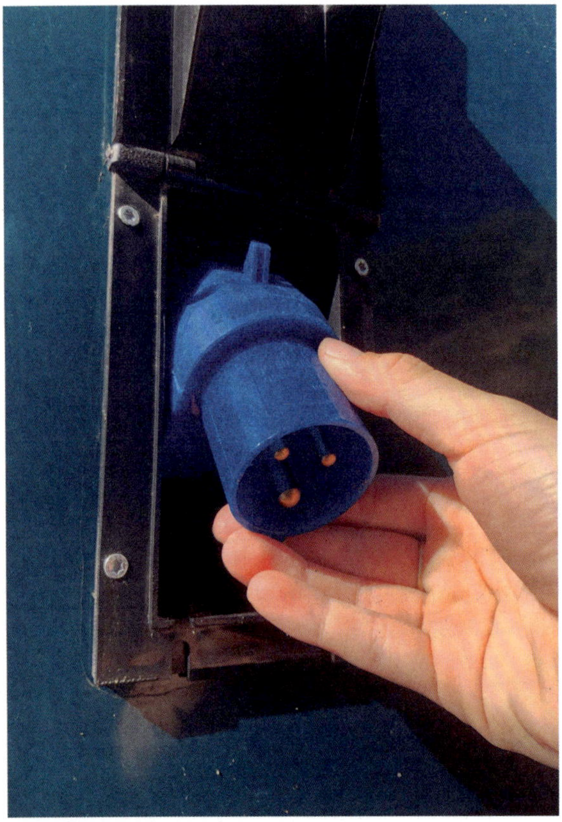

Ein Landstromanschluss mit CEE-Steckdose

Besonders wenn Sie empfindliche Geräte wie Notebooks laden oder einen Fernseher betreiben möchten: Sparen Sie nicht am Wechselrichter, sondern legen sich ein Gerät mit einer sogenannten echten Sinuswelle zu. Diese sind zwar teurer, arbeiten aber im Gegensatz zu günstigen Modellen nicht mit einer modifizierten Sinuswelle, bei der die Spannung nur stufenartig nachgeahmt wird. Weniger empfindliche elektrische Geräte wie beispielsweise ein Wasserkocher laufen aber auch gut mit einer modifizierten Sinuswelle. Wenn er nicht genutzt wird, sollte der Wechselrichter immer ausgeschaltet sein.

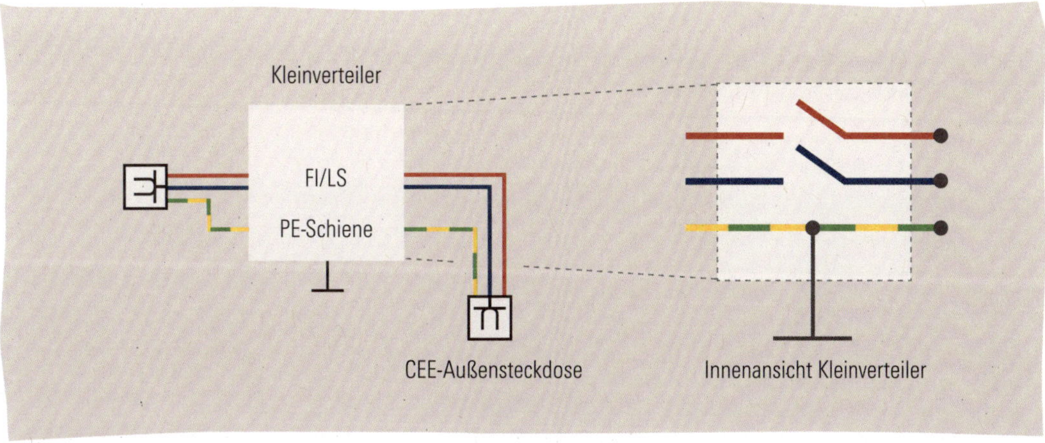
Kleinverteiler
FI/LS
PE-Schiene
CEE-Außensteckdose
Innenansicht Kleinverteiler

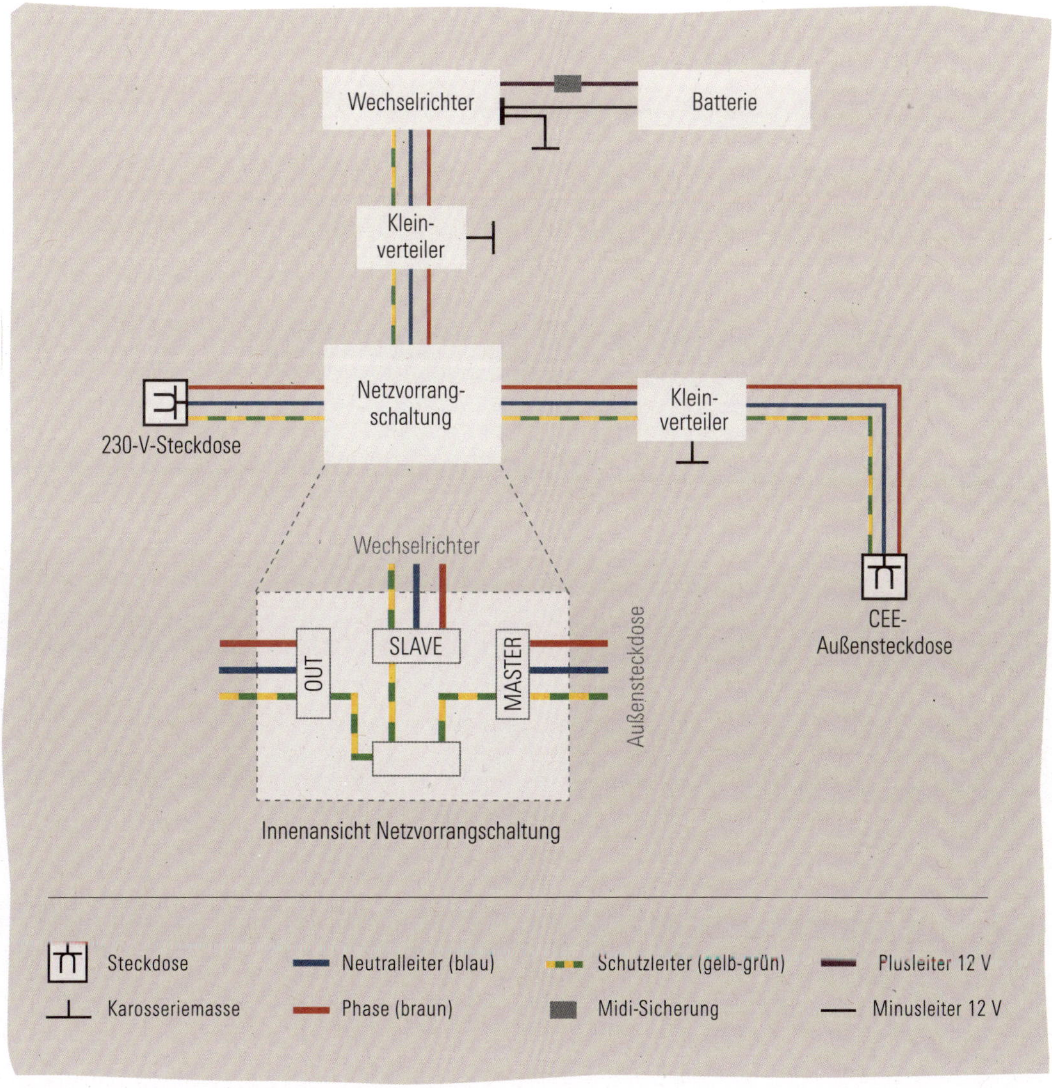
Wechselrichter
Batterie
Klein-
verteiler
Netzvorrang-
schaltung
230-V-Steckdose
Klein-
verteiler
CEE-
Außensteckdose
Wechselrichter
SLAVE
OUT
MASTER
Außensteckdose
Innenansicht Netzvorrangschaltung
Steckdose
Karosseriemasse
Neutralleiter (blau)
Phase (braun)
Schutzleiter (gelb-grün)
Midi-Sicherung
Plusleiter 12 V
Minusleiter 12 V

ZULASSUNGS-CHECK

Ein 230-Volt-System im Camper muss nach VDE-Vorschrift gestaltet werden. Dabei geht es spezifisch um die Anforderungen der DIN VDE 0100-721. Diese beinhaltet neben Anforderungen an die Stromeinspeisung über Landstrom (siehe Seite 115) auch allgemeine Vorschriften zu Kabeln und Sicherungen. Diese wurden bereits auf den Seiten 98 bis 100 behandelt. Bei der Ummeldung zum Wohnmobil dürfen DEKRA- oder TÜV-Sachverständige zwar keine offizielle Prüfung der Vorschrifteneinhaltung verlangen, wenn jedoch der berechtigte Verdacht besteht, dass die Vorschriften nicht eingehalten wurden, können Maßnahmen zur Verbesserung des Systems verlangt werden, bevor eine Wohnmobilzulassung erteilt wird.

Laden mit Landstrom

Um Ihre Batterie zu laden, können Sie entweder einfach ein Ladegerät an Ihre Batterie anschließen – benötigte Sicherungen sowie Kabel sind dort bereits enthalten –, oder die Batterie wird fest über ein Ladegerät mit dem Landstromsystem Ihres Campers verbunden. Um in unserem Beispiel zu bleiben, wäre hier zu beachten, dass die Integration vor der Netzvorrangschaltung geschieht, um sicherzustellen, dass nur Strom fließt, wenn der Landstromanschluss verbunden ist. Diese Möglichkeit ist zwar die komplizierteste unserer drei Beispiele – was der Laufplan unten rechts (Seite 119) verdeutlicht –, sie bietet allerdings auch den größten Komfort im Wohnmobil. Denn so stehen Ihnen nicht nur stets 230 Volt zur Verfügung, sondern Sie fahren auch nach jedem Campingplatz- oder Stellplatzbesuch stets mit einer prall gefüllten Batterie von Dannen.

Testergebnisse von Powerstations

Ist Ihnen das Ganze zu viel? Dann haben wir eine weitere Alternative für Sie auf Lager: Powerstations. Die mobilen Stromspeicher besitzen neben USB-Anschlüssen eine 12-Volt-Kfz-Steckdose (ursprünglich meist für einen Zigarettenanzünder genutzt) und mindestens eine haushaltsübliche Schuko-Steckdose. Sie werden nicht fest im Camper integriert, sondern sind eine Art sehr große Powerbank, die im Van-Bereich gern auch in Kombination mit mobilen Solarmodulen genutzt wird. Im August 2023 hat die Stiftung Warentest elf dieser Geräte unter die Lupe genommen. Geprüft wurden unter anderem Funktion, Umwelteigenschaften und Handhabung. Die Tester betrieben mit den Prüfobjekten neben Lichterkette, Handy und Laptop auch eine Kühlbox, Stichsäge und einen Ventilator. An der Spitze lag der Ecoflow River 2 Max mit dem Qualitätsurteil Gut für 520 Euro. Er hat eine top Ladedauer und eignet sich hervorragend für Solarladung. Allerdings bemängelten die Tester ihre Unhandlichkeit. Ebenfalls gut schnitten die Produkte von Balderia (PowerCube 500), Anker (535 Powerhouse) und Bluetti (EB55) ab. Auch der viel beworbene Jackery (Explorer 500) schnitt gerade noch gut ab. Ausgerechnet die günstigste Pearl Revolt konnte nicht mithalten und bekam ein Ausreichend. Doch auch die besten hatten Ihre Grenzen. Selbst die Leistungsstärkste Bluetti mit 700 Watt Dauerleistung war zu schwach für Kaffeemaschine, Elektrogrill und Wasserkocher. Am schwächsten schnitt aber das teuerste Modell ab. Die Goal Zero Yeti 500x bringt höchstens 300 Watt Dauerleistung über die Schuko-Steckdose. Powerstations sind besonders für die gelegentliche 230-Volt-Verfügbarkeit sehr praktisch. An ein vollwertiges und fest verbautes Strom-Setup kommen Sie aber nicht heran.

Unser Testsieger unter den Powerstations: Der Ecoflow River 2 Max für 520 Euro

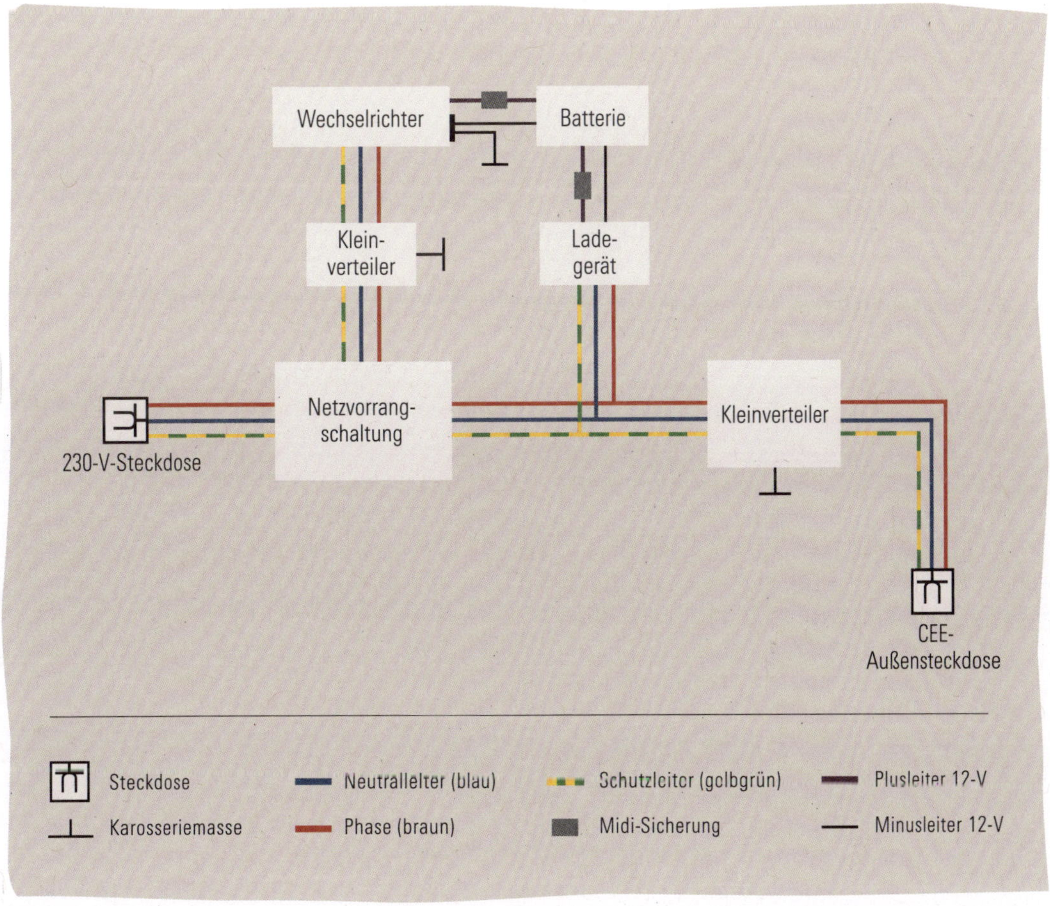

GASVERSORGUNG

Eine Flüssiggasanlage im Wohnmobil ist praktisch, da sie viele verschiedene Verbraucher versorgen kann. Doch bei der Installation gilt es eine Vielzahl an Vorschriften einzuhalten, und auch die offizielle Abnahme durch eine Prüfstelle ist verpflichtend.

Gasanlage oder Gasgeräte

Bei der Nutzung von Gas im Wohnmobil wird in Gasanlagen und Gasgeräte unterschieden. Erstere unterliegen einer Vielzahl an Vorschriften, an die Sie beim Bau und bei der Nutzung gebunden sind. Als Gasgeräte hingegen werden sogenannte Gaskartuschenkocher bezeichnet. Sie sind sehr einfach zu installieren. Wer Gas nur zum Kochen braucht, kann die Nutzung eines festinstallierten Kartuschenkochers in Erwägung ziehen. Der Hobbykoch oder wer viele Münder zu versorgen hat, sollte jedoch trotzdem auf eine Gasanlage zurückgreifen, denn die Kartuschenkocher sind kleiner dimensioniert und daher schnell leer. An dieser Stelle geht es ausschließlich um die Gasanlage, mehr zu Gasgeräten sowie weiteren Kochmöglichkeiten lesen Sie im Kapitel „Bad und Küche“ ab Seite 126.

Flüssiggasanlage

Mit Flüssiggas lässt sich nicht nur kochen, sondern auch heizen, Warmwasser aufbereiten und es gibt sogar Campingkühlschränke, die mit Gas laufen. Das alles können Sie über eine Gasanlage in Ihrem Wohnmobil betreiben. Der große Vorteil: Eine Gasanlage macht Sie unabhängiger von Ihrer Stromversorgung, nimmt dabei allerdings auch relativ viel Platz ein. Denn wenn Sie eine Gasanlage in Ihren Camper einbauen möchten, benötigen Sie einen sogenannten Aufstellraum, also einen Kasten, in dem die Gasflaschen sicher und luftbeziehungsweise gasdicht abgeschlossen vom Rest des Wohnraumes stehen können. Für den sicheren Transport der Flaschen gibt es außerdem eine Vielzahl an Vorschriften, die in der DIN EN 1949 festgelegt sind. Die wichtigsten davon haben wir für Sie zusammengefasst und auf den folgenden Seiten aufbereitet.

Gaskastenposition

Der Gaskasten darf für gewöhnlich nur von außen zugänglich sein. Da es bei Karosseriefahrzeugen jedoch häufig nicht anders möglich ist, wird unter folgenden Bedingungen auch ein von innen zugänglicher Kasten geduldet: Er darf maximal zwei Flaschen unter 16 Kilogramm fassen, und der Zugang ist nur über eine abgedichtete Klappe, deren Unterkante maximal 5 Zentimeter über dem Boden des Gaskastens liegt, oder einen abgedichteten Deckel möglich.

Der Fahrzeugauspuff sollte sich zudem nicht in unmittelbarer Nähe des Gaskastens befinden und einen Mindestabstand von 30 Zentimetern zu den Außenrändern einhalten. Alternativ kann auch ein Hitzeschutzschild installiert werden.

Einen Gaskasten bauen

Es gibt viele verschiedene Möglichkeiten, einen Gaskasten vernünftig abzudichten. Der Einfachheit halber beschränken wir uns im Folgenden auf ein mögliches Beispiel: Mit 8 Millimeter starkem Pappelsperrholz oder Multiplex lässt sich ein gutes Grundgerüst für den Gaskasten zimmern. Die inneren Fugen werden mit Silikon abgedichtet. Arbeiten Sie dabei sehr gründlich. Mehr ist mehr. Tür oder Deckel der Konstruktion sollten doppelt gesichert sein. Es eignet sich eine Kombination aus Fensterdichtgummi mit E-Rillenprofildichtung und Spannverschlüssen mit Sicherheitssplint. Sparen Sie hier nicht an der Dichtung. Da es im Wohnmobil sehr heiß werden kann, sollte der Kleber eine hohe Temperaturbeständigkeit aufweisen.

Nun wird noch die Entlüftung benötigt. Damit das Gas bei einem Leck nach unten abfließen kann, muss der Gaskasten über eine Entlüftung verfügen, die mindestens 2 Prozent der Grundfläche des Kastens misst. Allerdings sind Mindestmaße einzuhalten: Entweder der Ausschnitt misst min-

ZULASSUNGS CHECK

Die Gasanlage muss auf 30 mBar ausgelegt sein.
Die Ausschnitte für die Entlüftung (Mindestmaß 100 Quadratzentimeter) dürfen sich entweder am Boden oder an der Seite in unmittelbarer Nähe zum Boden befinden. Sie müssen frei liegen und dürfen nicht abgedeckt werden.
Die Flasche muss aufrecht stehen und an mindestens zwei Punkten befestigt sein. Die Halterung muss sich ohne Werkzeug entfernen lassen, es eignen sich beispielsweise dünne Spanngurte.
Verwendete Druckminderer brauchen eine Zulassung für Campingfahrzeuge.
Die orangen Gasanschlussschläuche dürfen maximal 45 Zentimeter lang sein.
Für die Installation der Gasanlage – vor allem der Wanddurchführungen – müssen starre Gasrohrleitungen genutzt werden.
Rohre und Schläuche dürfen nicht unter Spannung stehen.
Jedes angeschlossene Gerät benötigt einen Absperrhahn, der eindeutig (etwa durch Positionierung oder Beschriftung) zuzuordnen ist. Zudem ist ein Hauptabsperrhahn vorgeschrieben, wobei hier auch der feste Hahn an der Gasflasche zählt.
Eine offizielle Abnahme der Gasanlage ist Pflicht (siehe Seite 124).

MEISTER-TIPP

Der Füllstand einer Gasflasche lässt sich mit Ultraschallgeräten oder magnetischen Anzeigern ablesen. Die Füllstandsprüfer mit Ultraschallfunktion gibt es beispielsweise in Stiftform. Der Stift wird an die Gasflasche gehalten und eine Lampe dient als Indikator für die Füllhöhe. Die meisten Produkte sind mit 50 bis 80 Euro allerdings nicht günstig. Magnetische Anzeiger sind mit etwa 5 Euro deutlich erschwinglicher, funktionieren allerdings nur nach längerer Entnahmezeit also beispielsweise direkt nach dem Kochen.

destens 100 Quadratzentimeter oder es gibt zwei Ausschnitte von jeweils mindestens 50 Quadratzentimetern. Im besten Fall haben Sie die Ausschnitte in der Bodenplatte und dem Karosserieboden bereits gesetzt. Wenn dies noch nicht passiert ist, müssen Sie sich an dieser Stelle durch die Dämmung arbeiten. Falls die Bodenplatte noch herausnehmbar ist, können Sie die Ausschnitte einzeln setzen. Geht das nicht mehr, können Sie die Materialien auch zusammen mit einem langen Metallsägeblatt bearbeiten. Alternativ schauen Sie, ob es bereits eine Entlüftungsstelle im Fahrzeug gibt und sich dieser Ort möglicherweise für einen Gaskasten eignet. Achtung: Die Zwangslüftung der Gasflasche ersetzt nicht die allgemeine Zwangslüftung (siehe Seite 57).

Gasrohrleitungen

Üblicherweise wird für die Gasleitungen mit Stahlrohr in den Durchmessern 8 oder 10 Millimeter gearbeitet. Mindestens nach jedem Meter muss eine Befestigung mit schützender Kunststoffeinlage gesetzt werden. Für die Verbindungen nutzen die meisten Ausbauer Schneidringverschraubungen. Ebenfalls zulässig sind Bördelverschraubungen, Gewindeverbindungen sowie Klemmringverschraubungen.

Kennzeichnungspflicht

Da die bisher beschriebene Anlage nicht während der Fahrt verwendet werden darf, muss die Flasche während der Fahrt zugedreht und die Anlage entsprechend gekennzeichnet werden. Im aktuellen TÜV-

Ein Gitter über der Lüftung verhindert, dass zum Beispiel kleine Tiere eindringen.

Merkblatt von Mai 2024 gibt es dafür eine neue Kennzeichnung gemäß derer ein Text: „Gasflaschen und Gastanks während der Fahrt schließen!", sowie die Abbildung einer geschlossenen Gasflasche im Wohnmobil benötigt wird. Das bedeutet allerdings auch, dass während der Fahrt keine Gasversorgung zur Verfügung steht. Wer sein Gas nur zum Kochen und heizen benötigt, hat damit keine Probleme.

Gasanlage während der Fahrt nutzen

Ein Betrieb während der Fahrt ist in einigen Fällen hilfreich, zum Beispiel wenn man seinen Absorberkühlschrank (siehe Seite 157) über Gas betreiben möchte. Damit eine Gasanlage während der Fahrt betrieben werden darf, müssen weitere Vorsichtsmaßnahmen ergriffen werden.

Und zwar muss eine Vorrichtung verbaut sein, die verhindert, dass bei einem Unfall Gas durch einen Leitungsabriss austritt. Solche Gasdruckregelanlagen mit integriertem Crashsensor in Verbindung mit Hochdruckschläuchen mit Schlauchbruchsicherung gibt es etwa vom Hersteller Truma für circa 120 Euro zu kaufen. Achten Sie darauf, dass der Hersteller die Zulassung des Geräts versichert. Dann sollte das System alle Normen und Vorschriften zum Betrieb der Gasanlage erfüllen und Sie dürfen auch auf die Kennzeichnung (siehe oben) verzichten. Sind sie sich noch nicht sicher, ob sich die Investition lohnt? Kein Problem: Die Gasregelsysteme lassen sich auch nachrüsten. Informieren Sie sich doch zunächst über die verschiedenen Kühlschrankmodelle und deren Betriebswege auf den Seiten 156 bis 159, bevor Sie eine Entscheidung treffen.

Ein geschlossener Gaskasten muss vollständig abdichten.

Im Gasflaschendschungel

Für Wohnmobile eignen sich die grauen Eigentumsflaschen aus Stahl. Je nach Fassungsvermögen zahlen Sie einmalig einen Kaufbetrag zwischen 30 und 60 Euro. Die Flaschen gibt es in den Größen 5, 8 und 11 Kilogramm Fassungsvermögen. In Baumärkten können Sie Ihre leere gegen eine volle Flasche tauschen. Sie werden nun nur noch für das Gas zur Kasse gebeten. Aber Achtung: Bei Eigentumsflaschen handelt es sich nicht um Miete. Wenn Sie Ihre Flasche irgendwann nicht mehr brauchen, bekommen Sie den anfänglichen Kaufbetrag nicht erstattet. Neben den herkömmlichen Stahlflaschen können Sie außerdem auf deutlich teurere Eigentumsflaschen aus Aluminium oder auch in Deutschland immer häufiger erhältliche GFK-Flaschen (Glasfaserverbundstoff) zurückgreifen. Falls Sie mit Ihrem Wohnmobilausbau an der Grenze des zulässigen Gesamtgewichts kratzen, lassen sich damit ein paar Kilogramm sparen, denn sie wiegen in der großen Ausführung mit etwa fünf Kilogramm Leergewicht nur die Hälfte einer Stahlflasche.

Klappt es mit der Gasversorgung, steht dem Kochvergnügen nichts mehr im Wege.

Deutsche Gasflaschen enthalten für gewöhnlich ein Gasgemisch aus überwiegend Propangas. Vereinzelt wird aber auch Butangas angeboten. Unter einer Temperatur von null Grad Celsius strömt Letzteres jedoch nicht mehr aus der Flasche. Daher empfiehlt es sich im Allgemeinen, immer auf Propangas zu setzen – besonders wenn Sie sich auf eine Reise in kältere Gefilde machen. Für die Füllung einer Gasflasche können Sie mit zwischen 15 und 45 Euro rechnen.

Wie lange Ihre Flasche hält, hängt davon ab, wie intensiv und wofür sie genutzt wird. Wer täglich für zwei Personen kocht, benötigt etwa ein Kilogramm Gas pro Woche. Inklusive Gasheizung mit Warmwasser für die Dusche leert sich eine Gasflasche schon deutlich schneller. In diesem Fall sollten Sie eher mit einem Verbrauch von drei Kilogramm pro Woche rechnen.

Gasprüfung

Um die Sicherheit Ihrer Gasanlage zu gewährleisten, ist eine Gasprüfung erforderlich. Diese können Sie gemeinsam mit der Wohnmobilummeldung durchführen. Für die Abnahme muss die Gasflasche gefüllt und angeschlossen sein, damit die Sachverständige das System unter anderem auf Funktionsfähigkeit und Dichtigkeit prüfen kann. Beachten Sie, dass Sie vor der Gasprüfung nicht mit angeschlossener Gasflasche fahren dürfen. Nach erfolgreicher Abnahme erhalten Sie eine Prüfplakette und ein gelbes Prüfbescheinigungsheft von Ihrem Sachverständigen.

Bis zum 1. Januar 2020 war außerdem die regelmäßige Gasprüfung (Abstand alle zwei Jahre) im Arbeitsblatt G 607 des Deutschen Vereins des Gas- und Wasserfaches e. V. geregelt und notwendig für eine erfolgreiche Hauptuntersuchung (HU). Zurzeit überarbeitet das Bundesministerium für Digitales und Verkehr jedoch die Vorschriften. Die Gasabnahme soll von der Hauptuntersuchung entkoppelt werden, damit sie auch von anderen Prüfstellen durchgeführt werden kann. Ursprünglich sollten ab 2023 neue Vorschriften vorliegen, doch das Ministerium lässt auf sich warten.

Bis es neue Anforderungen gibt, ist die Pflicht zur regelmäßigen Kontrolle der Gasanlage ausgesetzt (nicht die Erstzulassung, die ist weiterhin Pflicht). Wir empfehlen Ihnen allerdings dringendst – Ihrer eigenen Sicherheit zuliebe – nicht auf die regelmäßige Prüfung zu verzichten. Der Kostenpunkt liegt bei 25 bis 50 Euro. Teilweise fordern Campingplätze außerdem einen Nachweis über die Gasprüfung. Auch versicherungstechnisch können Sie im Schadensfall ohne regelmäßige Abnahme Probleme bekommen.

Gaswarnmelder

Auch wenn Ihre Gasanlage mit regelmäßiger Prüfung sicher sein sollte: Fehler können passieren, weshalb ein Gaswarnmelder lebensrettend sein kann. Da Propangas schwerer ist als Luft, werden die Geräte in Bodennähe installiert. Falls der Melder anschlägt oder Sie Gasgerüche wahrnehmen: ruhig bleiben, Fenster und Türen öffnen und keine Flammen entzünden. Drehen Sie alle Gasflaschen ab und lassen die Anlage schnellstmöglich von einer Fachperson prüfen.

MEISTER-TIPP

Für alles Mögliche gelten in Europa Standards – für Gasflaschenanschlüsse nicht. Die Behälter sind in anderen Ländern oft nicht kompatibel. In Frankreich zum Beispiel werden meist nur landesübliche Gasflaschen getauscht – ebenso in Portugal, Großbritannien und Italien. Daher empfiehlt es sich, zum Campingurlaub in diese Länder immer mit einer gefüllten Flasche aufzubrechen.

Gute Dienste können Adaptersets leisten. Mit einem vierteiligen Europa-Füllset lassen sich Gasflaschen teilweise im Ausland befüllen. Achtung: Das eigenständige Auffüllen an Tankstellen ist in vielen Ländern verboten, und autorisierte Füllstationen sind oft rar gesät. Eine Notlösung kann ein Entnahmeset sein, mit dem die Gasregler im Camper an andere europäische Flaschen angeschlossen werden können. Flaschen mit dem in Deutschland üblichen Standard nutzen Polen, Österreich und Ungarn. In einigen skandinavischen Ländern, Slowenien und Tschechien lassen sich deutsche Flaschen ebenfalls oft auffüllen.

Gastank anstatt Flasche

Alternativ zur Flasche lässt sich die Gasanlage auch über einen Gastank versorgen. Dieser kann dann außerhalb des Fahrzeugs verbaut sein und raubt im Innenraum keinen Platz. Ein Gastank muss nach DIN EN 12979:2002 eingebaut werden, bedarf der Abnahme durch den TÜV und der Eintragung in die Fahrzeugpapiere. Aus Platzgründen haben wir die dabei geltenden Vorschriften an dieser Stelle nicht tiefergehend behandelt.

KAPITEL 5

BAD UND KÜCHE

WASSERSYSTEM

Ob Spülen, Zähneputzen oder Duschen – Wasser ist im Campingalltag unabdingbar. Unabhängige wollen auf Tanks und Warmwasseraufbereitung nicht verzichten. Ein Waschbecken findet in den meisten Wohnmobilen Platz. Hauptsache, die verbauten Teile entsprechen den Trinkwasservorschriften.

Wassertank

Der Wassertank bildet das Herzstück Ihres Wassersystems. Es gibt Tanks in den verschiedensten Formen und Dimensionen. Vom kleinen Kanister im Schrank über Unterflurtanks, die über hundert Liter fassen, bis hin zum optimal an die Radkastenform angeschmiegten Wasserspeicher. Sie haben die Qual der Wahl. Für Trinkwasserqualität zertifizierte Frischwassertanks werden von den gängigen Campingausstattern geführt. Die Preise schwanken je nach Größe und Form stark. Kleine Kanister erhalten Sie bereits ab 20 Euro, ein kompliziert geformter Unterflurtank hingegen kann leicht 400 Euro und mehr kosten. Für Standardmodelle zahlen Sie zwischen 100 bis 200 Euro.

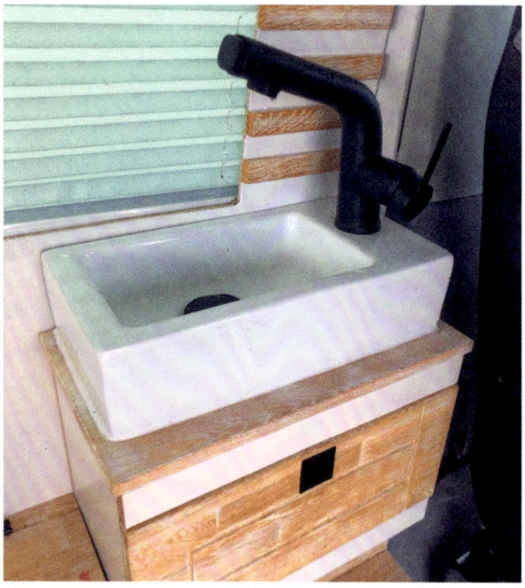

Eine kleine Lösung findet sich für jedes Auto.

Wie viel Wasser brauche ich?

Die benötigte Größe des Wassertanks ist schwer zu generalisieren. Als Faustformel können Sie – ohne Dusche – mit fünf Litern pro Person am Tag rechnen. Sind Sie beim Spülen, Kochen und Händewaschen sehr sparsam, kommen Sie zu zweit circa eine Woche gut mit 50 bis 70 Litern Frischwasser aus. Soll auch geduscht werden, verringert sich dieser Zeitraum schnell auf wenige Tage. Möchten Sie mit ihren Wasserressourcen nicht geizen oder über längere Zeit autark sein, sollte der Wassertank also größer ausfallen.

Abwasser

Dass Sie mal ganz ohne Wasser dastehen, ist unwahrscheinlich. Selbst der rudimentärste Wohnmobilstellplatz verfügt gewöhnlich über eine Wasserver- und -entsorgung. Dort lässt sich entweder umsonst oder für ein paar Euro frisches Wasser auffüllen und sogenanntes Grauwasser entsorgen. Grauwasser ist all das Abwasser, das nicht beim Toilettengang (Schwarzwasser siehe Seite 146) anfällt, also beispielsweise beim Spülen oder Zähneputzen. Auch dieses müssen Sie auffangen und speichern. Viele lösen das mit einem Kanister unter der Spüle. Denn da das Wasser beispielsweise zum Kochen oder für den morgendlichen Kaffee auch an anderen Stellen verbraucht wird, reicht für die Kapazität des Grauwassertanks etwa ein Drittel der Frischwasserreserven aus. Wer auch Duschwasser auffangen muss, braucht mindestens die Hälfte und greift besser zum größeren Unterflurtank. Dieser ist zwar umständlicher in der Installation, da eine Bodendurchführung benötigt wird, lässt sich über ein Ablassventil aber auch leichter entleeren, wohingegen ein Kanister immer umständlich ausgebaut und abgekippt werden muss.

Unterflurtank

Ob lang und flach oder hoch und schmal, ob sechseckig oder würfelförmig für unter der Sitzbank. Wassertanks gibt es in jeglicher erdenklichen Form. Im Innenraum sind sie zum Beispiel unter Sitzgelegenheiten, dem Bett oder über dem Radkasten sehr einfach einzubauen, nehmen aber auch viel Stauraum ein. Um beim Ausbau Platz zu sparen, lässt sich Wasser auch außerhalb des Wohnmobils transportieren. Dafür wird ein Wassertank am Fahrzeugboden – ähnlich wie der Kraftstofftank – aufgehängt und die Leitungen über ein

Ein 70-Liter-Frischwassertank im Bettkasten eines Kastenwagens

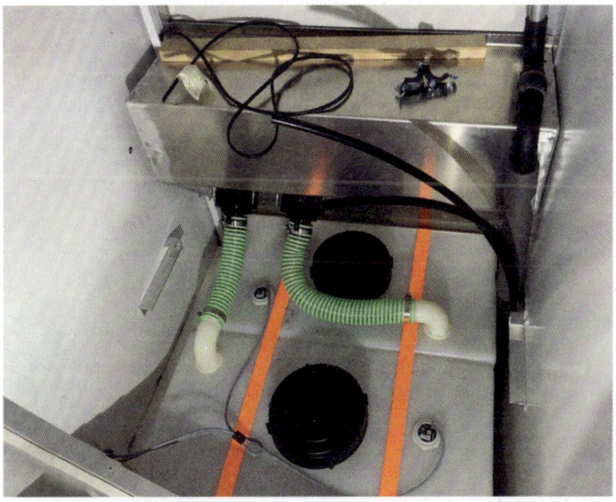

Inklusive Füllstandsonde: Es lassen sich auch mehrere Tanks verbinden.

So simpel wie genial: ein großer Kanister für frisches, ein kleiner für Abwasser.

Für eine Ummeldung zum Wohnmobil existieren im TÜV-Merkblatt keine spezifischen Vorgaben. Aus herkömmlichen PVC-Produkten können sich jedoch besonders durch Wärme und Lichteinfall Schadstoffe lösen. Nutzen Sie daher Frischwassertanks und Leitungen, die den Trinkwasservorschriften entsprechen und lebensmittelgeeignet sind. Flexible Trinkwasserschläuche halten zudem hohen Druck aus. Kaltwasserschläuche (blau) und Warmwasserschläuche (rot) haben nicht nur unterschiedliche Farben, sondern sind auch auf verschiedene Temperaturen ausgelegt. Die UV-beständige Färbung schützt sie vor Lichteinfall. Die Gewichtsverteilung Ihres Wohnmobils sollte gleichmäßig sein. Achten Sie darauf, dass nicht alle schweren Gegenstände auf einer Seite geplant sind und keine einseitige Belastung durch gefüllte Wassertanks besteht (mehr dazu in der Grundrissplanung auf Seite 35).

Loch im Fahrzeugboden in den Innenraum geleitet. Da auch der Platz am Unterboden begrenzt ist, werden Unterflurtanks exakt an die Fahrzeugmaße angepasst und sind daher nicht für jedes Vehikel erhältlich. Sie sind jedoch besonders als Abwassertank sehr beliebt. Unserer Tabelle (siehe Seite 131) können Sie entnehmen, für welche Modelle Sie angepasste Unterflurtanks erwerben können. Allerdings sind noch weitere Faktoren wie Baujahr oder Radstand relevant. Informieren Sie sich daher vor dem Kauf genau, ob der Tank zu Ihrem Fahrzeug passt. Bei manch größeren Fahrzeugen lassen sich außerdem mehrere Tanks am Unterboden anbringen, so sind etwa der 54- und der 59-Liter-Tank dem Mercedes Sprinter (siehe Tabelle rechts) jeweils für die linke und rechte Fahrzeugseite angepasst. Sie können also beide an einem Fahrzeug montieren und landen so bei ganzen 113 Litern.

Ist kein Produkt für Ihr Fahrzeug erhältlich, können Sie – falls sich dafür Platz findet – auch einen flachen rechteckigen Wassertank anbringen. Besonders bei großen Expeditionsmobilen mit viel Bodenfreiheit sollte das kein Problem darstellen. Achten Sie dabei darauf, dass Ihr Außentank lichtundurchlässig ist. Wer dem Wintercamping verfallen ist, muss seine Außentanks und Leitungen außerdem dämmen, um Frostschäden zu vermeiden. Für zusätzliche Sicherheit können Sie mit einem Frostwächter (circa 150 Euro) und Tankheizungen (um die 100 Euro) arbeiten. Beide Zubehörteile sind für gewöhnlich im Campingfachhandel erhältlich.

Es gibt auch Unterflurtanks, die sich anstelle eines Ersatzrads anbringen lassen. Diese Idee mag zwar raffiniert klingen, ist es aber nicht. Sie sollten nicht darauf verzichten, ein Ersatzrad mitzuführen. Stehen Sie doch einmal mit einem Platten da, ist der Reifenwechsel mit Ersatzreifen eine Sache von Minuten. Ohne kann es inklusive Abschleppen Stunden dauern. Mehr dazu auf Seite 204. Wenn Sie wirklich keine andere Möglichkeit sehen, einen Unterflurtank anzubringen, sollten Sie Ihr Ersatzrad an einer anderen Stelle mitführen. Das geht beispielsweise auf einem Dachträger oder in einer Halterung für die Hecktür.

Tauchpumpe

Für einen sehr simplen Aufbau können Sie natürlich auch mit einem Kanister mit Auslaufhahn und der Schwerkraft arbeiten. In festen Systemen wird Wasser im Wohnmobil aber auf zwei verschiedene Weisen befördert: über eine Druck- oder eine Tauchpumpe. Die beiden Systeme unterscheiden sich grundlegend und auch die Wahl Ihrer Armaturen hängt davon ab.

Der Name verrät es: Die Tauchpumpe wird innerhalb des Wassertanks montiert, und zwar frei hängend in Bodennähe. Das Wasser wird durch ein rotierendes Pumpenrad angesaugt und über die Leitung in Richtung des Wasserhahns befördert. Da der Motor in der Pumpe mit Elektrizität (12 Volt) versorgt werden muss, wird nicht nur ein Trinkwasserschlauch, sondern auch ein Kabel aus dem Tank geleitet. Die Kabel sind jedoch bereits wasserfest in der Tauchpumpe integriert und müssen nur noch außerhalb des Tanks angeschlossen werden. Camping-Tauchpumpen erhalten Sie bereits ab wenigen Euro. Die kleinen Modelle stellen meist nur etwa 0,5 bar bereit, weshalb so mit 10 Litern pro Minute eher ein kleines Rinnsal aus dem Wasserhahn tröpfelt. Zum Wassersparen mag das zwar hilfreich sein, kann jedoch auf Dauer zu Frustration führen. Tauchpumpen für einen Kaufpreis zwischen 60 und 100 Euro fördern zwischen doppelt bis viermal so viel. Hochwertige Produkte verfügen über ein Rückschlagventil. So wird verhindert, dass Sie nach Öffnen des Hahns zunächst auf den Wasserstrahl warten müssen. Die Ventile lassen sich teilweise auch nachrüsten. Ach-

Unterflurtanks

Für folgende Fahrzeuge können Sie einen angepassten Unterflurtank erwerben.

Fassungsvermögen	Fahrzeugmodell
44 Liter	Fiat Ducato
45 Liter	Volkswagen T2
53 Liter	Volkswagen T4, T5, T6
54 Liter	Mercedes Sprinter, Volkswagen LT
59 Liter	Mercedes Sprinter, Volkswagen LT
60 Liter	Volkswagen T2, T3
65 Liter	Mercedes Sprinter, Volkswagen Craftor
67 Liter	Renault Master
68 Liter	Volkswagen T5, T6
69 Liter	Volkswagen T5, T6
70 Liter	Fiat Ducato
75 Liter	Citroën Jumper, Fiat Ducato, Peugeot Boxer, Volkswagen T4
80 Liter	Citroën Jumper, Fiat Ducato, Peugeot Boxer
90 Liter	Fiat Ducato, Ford Transit
93 Liter	Citroën Jumper, Fiat Ducato, Peugeot Boxer
100 Liter	MAN TGE, Mercedes Sprinter, VW Crafter
122 Liter	Fiat Ducato
180 Liter	MAN TGE, VW Crafter

MEISTER-TIPP

Damit Sie nicht rätseln müssen, wie voll Ihr Wassertank noch ist, gibt es hilfreiche Sensoren. Dabei handelt es sich um Elektroden oder Ultraschallgeräte, die den Füllstand an eine App oder ein Bedienpanel weitergeben. Das funktioniert jedoch nur zuverlässig bei rechteckigen und nicht zu flachen Tanks. Die Ultraschallmodelle arbeiten genauer, sind aber auch um ein Vielfaches teurer.

tung: Tauchpumpen dürfen nicht trocken laufen, da sie ansonsten überhitzen.

Die Montage der Tauchpumpe erfolgt am einfachsten über zwei Löcher im Reinigungsdeckel Ihres Wassertanks. Denn so können Sie die Bohrungen außerhalb durchführen und riskieren keine Plastikspäne im Tank. Bohren Sie nah nebeneinander zwei Löcher in den entsprechenden Durchmessern des Kabels und des Schlauches. Das Kabel der Tauchpumpe wird nun von der Unterseite durch den Deckel geführt. Den Trinkwasserschlauch führen Sie von oben durch den Deckel und befestigen ihn mithilfe einer rostfreien Schlauchschelle aus Edelstahl an der dafür vorgesehenen Stelle der Pumpe. Nun können Sie den Deckel aufschrauben. Achten Sie darauf, dass der Schlauch nicht zu lang oder zu kurz ist, sodass die Tauchpumpe knapp über dem Boden schwebt. Die Bohrungen sollten die perfekte Größe haben, damit die Schläuche nicht zu locker sitzen – ansonsten sind die Durchführungen nicht wasserdicht. Sie können die Löcher aber auch nachträglich abdichten. Eine sichere Alternative zu dieser Methode bieten Tankdurchführungen (siehe Seite 136).

Die Tauchpumpe erhält ihr Startzeichen über ein elektrisches Signal von einem Mikroschalter. Der Schalter ist in der Armatur integriert und wird durch Öffnen des Wasserhahns aktiviert. Alternativ lassen sich Tauchpumpen auch über einen Fußschalter betätigen, der so lange gedrückt wird, wie das Wasser fließen soll. Weniger empfeh-

Wasserpumpen im Vergleich

Pumpe	Vorteile	Nachteile
Tauchpumpe	► Günstig ► Platzsparend, da im Tank verbaut ► Einfache Installation	► Geringer Wasserdruck ► Defekt bei Leerlauf
Druckwasserpumpe	► Robust ► Solider Wasserstrahl wie zu Hause	► Teuer ► Im Betrieb deutlich hörbar

len sich Mikroschalter, die separat am Wasserhahn betätigt werden müssen. Auch wenn sie spritzwassergeschützt sind, ist die Fehleranfälligkeit höher. Denn läuft im schlechtesten Fall doch Wasser in den Schalter, kann das zu einem Defekt führen.

Das Kabel der Pumpe wird von unten durch den Deckel geführt.

Druckwasserpumpe

Druckwasserpumpen – auch Membranpumpen genannt – werden außerhalb des Tanks verbaut und über den Wasserdruck gesteuert. Fällt der Druck in der Leitung ab, weil ein Wasserhahn geöffnet wird, springt der 12-Volt-Motor der Pumpe über einen Druckschalter automatisch an. Der bereitgestellte Druck von Camping-Membranpumpen reicht von 1,5 bis über 5 bar. Je nach Dimensionierung liegen die Geräte vom Preis zwischen 100 bis 400 Euro.

1,5 bis 2 bar reichen bei durchschnittlicher Nutzung im Wohnmobil allerdings absolut aus. Größere Modelle sind nur dann empfehlenswert, wenn gleichzeitig an mehr als drei Entnahmestellen eine gleichbleibende Förderleistung gewährleistet werden soll. Außerdem gilt, je höher der Druck, desto größer kann die Gefahr für ein Wasserleck sein. Wir empfehlen daher nur die Verwendung besonders hochwertiger Materialien für Ihr Druckpumpensystem. Wie eine Druckpumpe angeschlossen wird, lesen Sie auf Seite 136.

Da es sich um ein Drucksystem handelt, gleichen die verbauten Armaturen denen in Ihrem Zuhause, nur dass im Camper häufig Kaltwasserbatterien genutzt werden. Wer Warmwasser wünscht (siehe Seiten 140 und 146), benötigt eine Mischbatterie.

Die Membranpumpe hält den Druck immer auf Bereitschaft. Dies kann bei Undichtigkeiten verheerend sein, da ohne Sicherheitsvorkehrungen der gesamte Wassertank leer gepumpt wird. Sie brauchen sich nun aber keine Sorgen machen, dass die Pumpe während Ihrer Anwesenheit heimlich, still und leise eine Überschwemmung verursacht. Läuft die Druckpumpe, ist sie deutlich hörbar. Dennoch sollten Sie die Stromversorgung der Druckpumpe mit einem für den Notfall gut erreichbaren Hauptschalter absichern. Dieser sollte auch nachts, während Sie schlafen, oder sobald Sie Ihr Wohnmobil verlassen ausgeschaltet werden.

Soll Ihr System über einen integrierten Wasserfilter verfügen, empfehlen wir eine Druckpumpe, da diese robuster und meist stärker sind als Tauchpumpen. Unter welchen Reisebedingungen sich ein Wasserfilter anbietet, lesen Sie ab Seite 135.

Die Armatur mit Mikroschalter braucht einen Stromanschluss.

Pumpleistung erhöhen

Tröpfelt in der Duschkabine nur ein Rinnsal oder müssen Sie minutenlang warten, bis der Kochtopf mit Nudelwasser gefüllt ist? Dann ist es Zeit, die Leistung Ihrer Wasserpumpe zu erhöhen. Egal um welches System es sich in Ihrem Wohnmobil handelt: Zunächst sollten Sie herausfinden, auf welche Drücke es ausgelegt ist. Das erfragen Sie am besten bei Ihrem Wohnmobilhersteller. Wenn es sich um ein selbst ausgebautes Wohnmobil handelt, wissen Sie hoffentlich noch, welche Bauteile verwendet wurden, und können selbst recherchieren.

Tauchpumpe

Die einzige Möglichkeit, die Leistung einer Tauchpumpe zu erhöhen, besteht darin, ein größeres Modell zu verbauen. Bei Camping-Tauchpumpen, die mit einem Druck von über 1,5 bar arbeiten, handelt es sich meist um Zwillingspumpen. Das ist ein Vorteil, denn fällt einer der Motoren aus, was vorkommen kann, fördert der andere weiter. Dennoch empfiehlt es sich, immer eine Ersatzpumpe mitzuführen. Der Tausch einer Tauchpumpe ist sehr unkompliziert. Sie müssen das System dafür noch nicht einmal trocken legen. Mit einem eher leeren Wassertank gestaltet sich die Sache aber einfacher. Zunächst sollten Sie den Hauptschalter Ihrer 12-Volt-Elektrik ausschalten und die Kabel der Tauchpumpe an der dafür vorgesehenen Stelle trennen. Für gewöhnlich erreichen Sie die Tauchpumpe über den Reinigungsdeckel Ihres Wassertanks. Nehmen Sie sie heraus und entfernen die Verbindung des Trinkwasserschlauches. Nun müssen Sie nur noch das alte Stromkabel der Pumpe herausziehen. Die Installation der neuen Tauchpumpe findet wie oben beschrieben statt (siehe Seite 132), nur dass Sie den Wasserschlauch nicht mehr legen müssen. Achten Sie darauf, das neue Stromkabel nicht mit feuchten Stellen in Kontakt zu bringen.

Wasserdruckpumpe

Camping-Druckpumpen sind bei Auslieferung normalerweise nicht auf ihre höchste Stufe eingestellt. Hier sollte sich der Druck über eine Stellschraube erhöhen lassen. Anweisungen zur Druckeinstellung finden Sie in der Bedienungsanleitung Ihrer Druckpumpe. Wichtig: Verfahren Sie dabei vorsichtig und prüfen jeweils nach einer viertel bis halben Umdrehung, inwieweit sich die Änderungen auf den Wasserstrahl auswirken. Ist eine Stellschraube für den Bypasswert vorhanden, sollte dieser ebenfalls angepasst werden, damit die Pumpe weiterhin vernünftig abschaltet.

Wasserfilter

Für Reisen innerhalb Deutschlands gilt: Ist der Zapfhahn als Trinkwasser gekennzeichnet, fließt auch solches daraus. Leitungswasser ist bei uns schließlich stark kontrolliert, was eine Prüfung der Stiftung Warentest zeigte: Alle Trinkwasserproben im Test entsprachen den Vorschriften. Auch die meisten anderen mittel- und nordeuropäischen Länder verfügen über eine gute Trinkwasserkontrolle. Wenn Sie das Wassersystem Ihres Wohnmobils sauberhalten und regelmäßig reinigen – wie es in unserem „Das große Wohnmobil-Handbuch" beschrieben ist – und das Wasser nicht zu lange im Tank steht, bleibt die Trinkwasserqualität erhalten. Wasserfilter oder chemische Zusätze sind dann nicht notwendig.

Um bei längeren Standzeiten die Wasserqualität zu gewährleisten, nutzen viele Reisende chemische Produkte mit Silberionen, wobei diese Methode nur für die Reinhaltung von bereits sauberem Wasser funktioniert. Um verunreinigtes Wasser chemisch zu säubern, werden Chlorprodukte benötigt – und das schlägt sich im Geschmack nieder. Wer ohne Chemie arbeiten möchte, kann sein Wasser abkochen oder einen Wasserfilter einbauen.

Süd- und osteuropäische Länder setzen standardmäßig auf gechlortes Leitungswasser. Hier kann ein Wasserfilter allein für den Geschmack bereits sinnvoll sein. Grundsätzlich gilt: Würden Sie das Leitungswasser in Ihrem Reiseland auch im Hotel oder der Ferienwohnung nicht trinken, werden Sie es auch im Wohnmobil nicht sorgenfrei ungefiltert konsumieren. Aus dieser Sorge greifen viele Reisende in bestimmten Regionen auf Trinkwasserkanister aus dem Supermarkt zurück. Da dieses Vorgehen jedoch sehr platzraubend und umständlich ist, werden Wasserfilter – die im Expeditionsbereich schon längst etabliert sind – auch in Standard-Wohnmobilen immer beliebter.

Von Aktivkohle über Keramik bis hin zu Hohlfasermembranfiltern: Bei Wasserfiltern für Wohnmobile gibt es Systeme, die vor dem Tank oder hinter dem Tank verbaut werden können. Für einen sogenannten Befüllungsfilter können Sie sich auch noch nach Ihrem Ausbau entscheiden, da diese Modelle am Wasserschlauch vor dem Einfüllstutzen angebracht werden. Der Vorteil: Es gelangen erst gar keine Verunreinigungen in das System. Bei längeren Standzeiten können so jedoch Wiederverkeimungen auftauchen. Entnahmefilter, die zwischen Wasserpumpe und Hahn fest verbaut werden, gewährleisten, dass das Wasser immer unmittelbar vor dem Konsum gereinigt wird. Allerdings müssen diese Filter häufiger gewechselt oder gereinigt werden, da mögliche Verunreinigungen aus Tank und Schläuchen hineingelangen können.

Ein handlicher Entnahmefilter

ANLEITUNG

Wassersystem mit Druckpumpe installieren

WAS BRAUCHE ICH?

- Frischwassertank
- Trinkwasserschlauch
- Armatur
- Waschbecken
- Druckwasserpumpe
- Schlauchschellen für Trinkwasserschlauch
- Akkuschrauber
- Stichsäge
- Tankdurchführung
- Spiralschlauchleitung
- Einschraubtüllen
- Schlauchschellen für Spiralleitung
- Wassereinfüllstutzen
- Holzlatte
- Dichtmasse
- Edelstahlschrauben
- Holzschrauben
- Lack (gegebenenfalls)
- Schlauchverbinder
- Staubsauger
- Nitril-Handschuhe
- **Persönliche Schutzausrüstung (Seite 49)**

Kosten	Zeit	Schwierigkeit
Je nach Dimension circa 600 bis 800 €	8 Stunden (Ohne Trocknungszeiten)	★★ Schwierigkeit: 2

1 Trinkwassertanks besitzen meist vorgeschnittene Gewinde in verschiedenen Größen, die Sie für die Installation von Tankanschlüssen und Entlüftung nutzen können. Zunächst werden das gewünschte Gewinde vorsichtig aufgebohrt und alle überschüssigen Plastikreste entfernt. Planen Sie diesen Schritt gut, sodass Sie letztlich nur die Löcher bohren, die Sie auch brauchen. Benötigt werden Bohrungen für den Zulauf, Auslass und möglicherweise eine Entlüftung. Denken Sie daran, den Tank anschließend gründlich auszusaugen, damit sich keine Plastikspäne oder andere Verunreinigungen mehr darin befinden.

2 Legen Sie für den Auslass über eine Tankdurchführung von oben einen Schlauch bis zum Boden des Wassertanks. Damit sich dieser nicht hoch biegt, muss möglicherweise ein Rohr herhalten. Achten Sie auch hier stets darauf, dass alle verwendeten Materialien den Trinkwasservorschriften entsprechen und dafür geeignet sind, im Wasser zu liegen. Für eine optimale Wasseransaugung sollte der Schlauch an der unteren Schnittkante leicht schräg angeschnitten werden.

Einige Ausbauer verbauen stattdessen eine Einschraubtülle in einem der Gewinde am unteren Rand des Tanks. Das ist zwar weniger umständlich, da kein Schlauch innerhalb des Tanks verlegt werden muss, birgt aber auch ein größeres Risiko für Wasserlecks. Denn ist der Tank gefüllt, lastet der gesamte Wasserdruck auf dieser Stelle. Sorgfältig mit Dichtband versehen, kann jedoch auch diese Variante sicher sein.

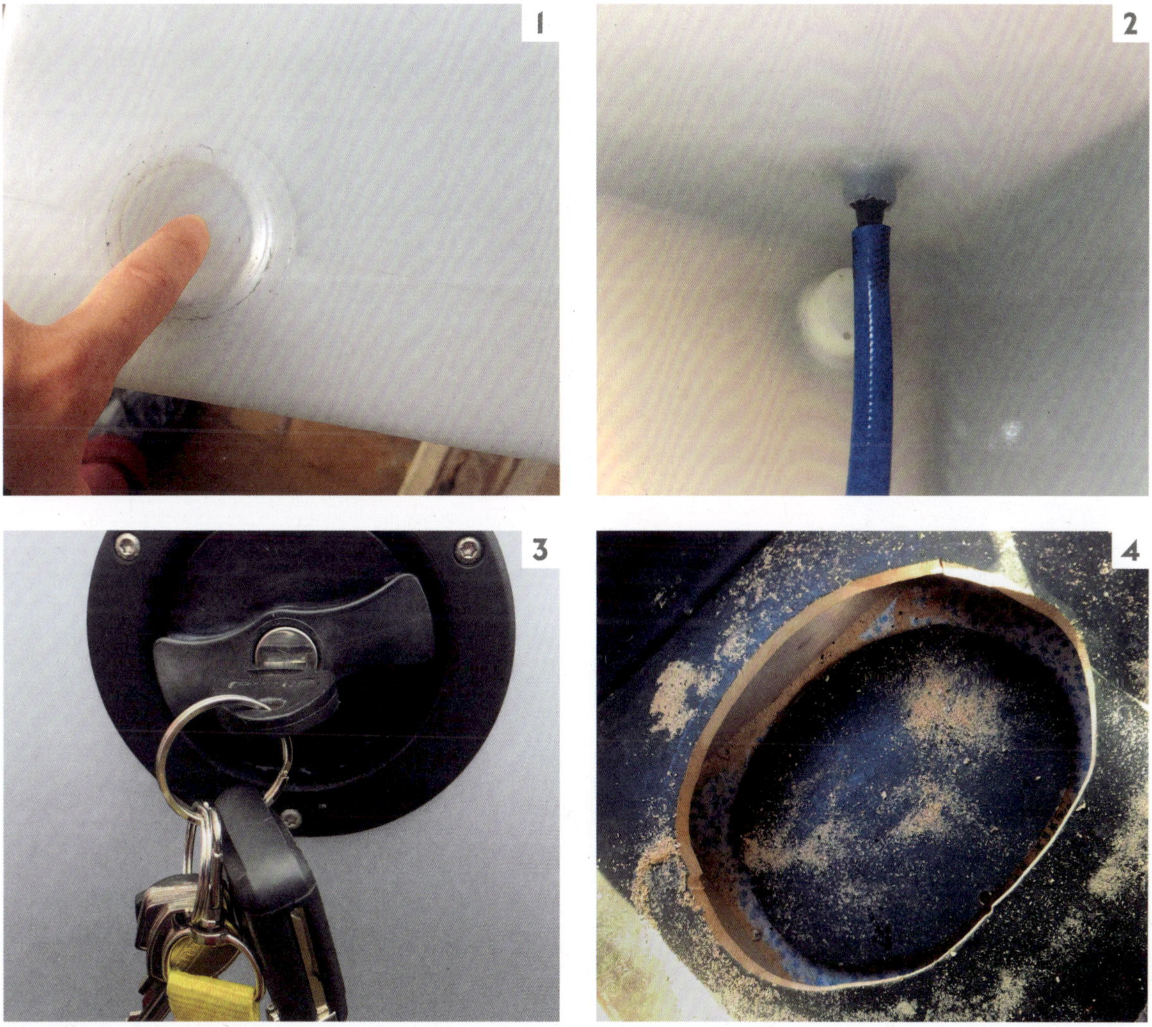

3 Wer einen festen Tank nutzt und zum Befüllen nicht ständig den tropfenden Wasserschlauch durch sein Auto legen möchte, muss außen am Wohnmobil einen Wassereinfüllstutzen montieren. Die Installation an der Karosserie funktioniert wie der Einbau eines Fensters. Das Loch für den Ausschnitt benötigt einen Durchmesser von circa 8 Zentimetern. Zusätzlich legen Sie mit Gefälle eine flexible Spiralschlauchleitung (Durchmesser 40 Millimeter) und eine Leitung für die Entlüftung (Durchmesser 10 Millimeter) zu den Einschraubtüllen am Tank, damit beim Befüllen kein gefährlicher Überdruck entsteht. Manche Wassertanks besitzen bereits eine integrierte Entlüftung.

4 Setzen Sie die Ausschnitte für Waschbecken und Armaturen. Mit einem großen Bohrer ein Loch an der inneren Schnittkante vorbohren, damit das Stichsägenblatt sich gut ansetzen lässt. Bei Holzprodukten

5

6

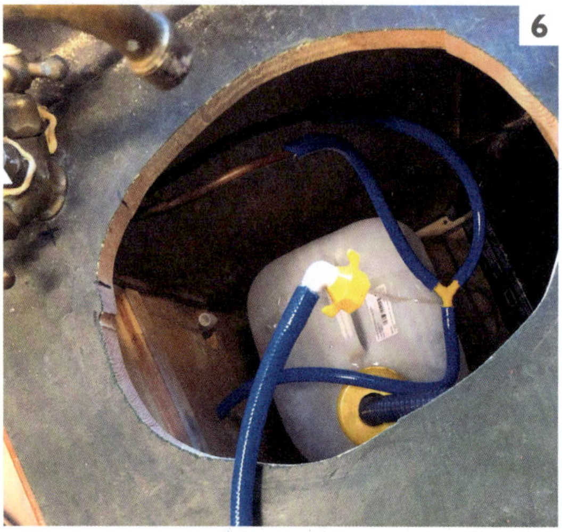

7

sollten die Schnittkanten anschließend mit Lack versiegelt werden (Trocknungszeiten beachten). Daraufhin sollten die Armaturen befestigt werden, damit sie für die Schlauchanschlüsse bereit sind.

5 Die Druckpumpe an einer ebenen Position anschrauben, die gut über eine Wartungsklappe erreichbar ist. Manche Modelle können auch hängend verbaut werden. Da Druckpumpen beim Betrieb mitunter stark vibrieren, sollte die Möglichkeiten zur Schwingungsübertragung minimiert werden, damit die Pumpe möglichst leise läuft.

Aus diesem Grund bietet sich eine solide Befestigung an der Bodenplatte an. Je nach Hersteller und Modell können die Abstandsempfehlungen für die maximale Schlauchlänge zum Tank variieren. Bringen Sie Ihre Pumpe am besten an der nächstmöglichen Position an und beachten, dass die Entfernung 2 Meter nicht überschreiten sollte. Beachten Sie außerdem die Einbauabstände der Hersteller zu umliegenden Gegenständen. Bevor Sie die Pumpe mit der 12-Volt-Stromversorgung verbinden, sollte ein gut erreichbarer Hauptschalter (siehe Seite 133) installiert werden. Alles zu Elektrik finden Sie in Kapitel 4 (ab Seite 96).

6 Nun geht es an das Verlegen und Aufstecken der restlichen Schläuche. Diese sollten möglichst unsichtbar hinter einer Verkleidung oder Möbeln verlegt werden. So sind sie aus dem Weg und werden nicht versehentlich abgerissen. Allerdings sollten die Leitungen auch nicht unerreichbar sein, sodass sie sich regelmäßig überprüfen lassen. Wählen Sie die Schläuche lieber etwas zu lang als zu kurz. Mit Schlauchverbindern (Y- oder T-Stücke) lassen sich aus einem Schlauch mehrere machen. So können Sie die Versorgung für diverse Leitungen gewährleisten. Das ist notwendig, wenn Sie mehrere Armaturen, wie beispielsweise eine Dusche (siehe Seite 142) oder zusätzlich zur Spüle ein weiteres Waschbecken im Badezimmer nutzen möchten. Auch für eine Warmwasserversorgung werden verschiedene Schläuche benötigt. Wie Sie Ihren Camper mit Warmwasser versorgen können, lesen Sie ab Seite 140. Die einzelnen Schläuche aufzustecken, kann etwas Zeit in Anspruch nehmen. Wenden Sie dabei jedoch Geduld statt Gewalt an, damit die einzelnen Komponenten nicht brechen. Robuster als Plastikverbinder sind Schlauchverbinder aus Messing. Um Schraubverbindungen zusätzlich abzudichten, bietet sich PTFE-Band an, das Sie um das Gewinde wickeln; außerdem gehört auf jede gesteckte Schlauchverbindung eine Schlauchschelle.

7 Die Verbinder werden an beiden Enden der Druckpumpe aufgeschraubt. Achten Sie darauf, dass alle verwendeten Komponenten auf dieselben Schlauchdurchmesser ausgelegt sind. Die benötigte Größe gibt der Hersteller der Wasserpumpe an. Üblich ist ein Innendurchmesser von 10 Millimetern.

8 Nun ziehen Sie die Schlauchschellen fest. Besonders einfach ist es, wenn Sie die Schellen locker aufstecken, bevor die Schläuche verbunden werden. Sie lassen sich aber auch nachträglich anbringen.

9 Anschließend wird das Waschbecken nach Einbauanleitung befestigt und eine Leitung zum Abwassertank gelegt. Abwassertanks benötigen eine Entlüftung, um Über- und Unterdruck zu vermeiden. Zudem sollte der zum Tank führende Schlauch in Form eines Siphons verlegt werden. So vermeiden Sie unangenehme Gerüche im Wohnraum.

10 Wasser marsch!

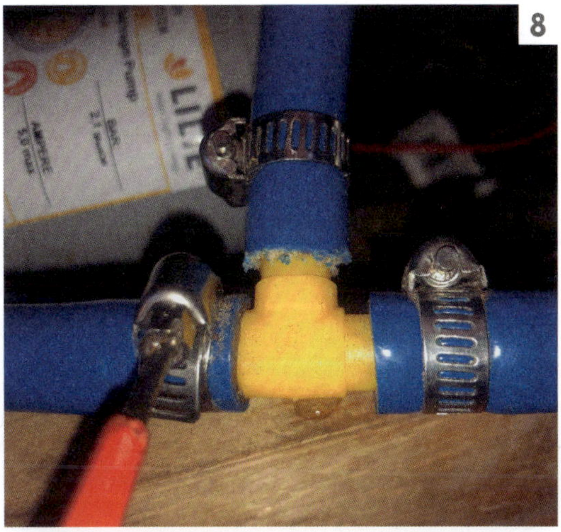

8

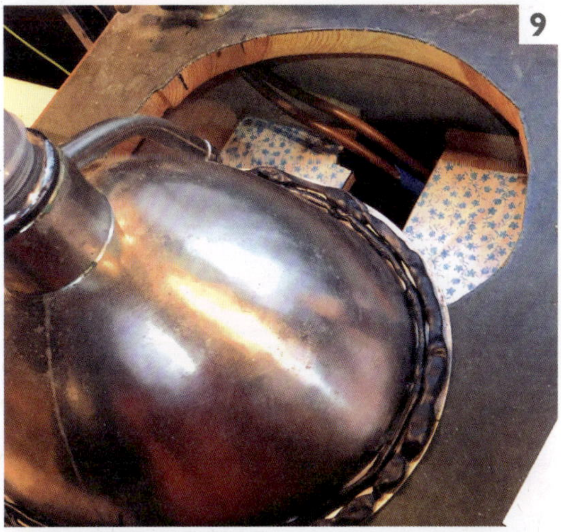

9

10

Warmwasser

Warmes Wasser im Wohnmobil ist ein wahrer Luxus, der, selbst wenn man ihn hat, nur ein kurzes Vergnügen bietet. Je nach Antriebsart erhitzen die Geräte das Wasser auf circa 60 bis 80 Grad Celsius. Da es zum Duschen nicht ganz so heiß sein muss, wird es noch mit kaltem Wasser vermischt. Aus einem 10-Liter-Warmwasserreservoir erhält man so ungefähr 30 bis 40 Liter angenehm temperiertes Duschwasser. Je nach Durchflussmenge des Duschkopfes – die unter anderem von der Druckeinstellung der Pumpe sowie der Schlauchlänge abhängt – kann das zwischen drei bis zehn Minuten duschen mit warmem Wasser entsprechen. Diese Zeit lässt sich noch verlängern, wenn Sie den Strahl zwischendurch abstellen, zum Beispiel während Sie sich einseifen. Geschickt angestellt, können so theoretisch zwei Personen in Folge duschen – je nach Dimensionierung Ihres Wassertanks, kann dieser danach jedoch auch halb leer sein. Warmes Wasser ist natürlich auch für andere Anwendungen sinnvoll, wie etwa zum Spülen. Hier werden schon deutlich kleinere Mengen benötigt.

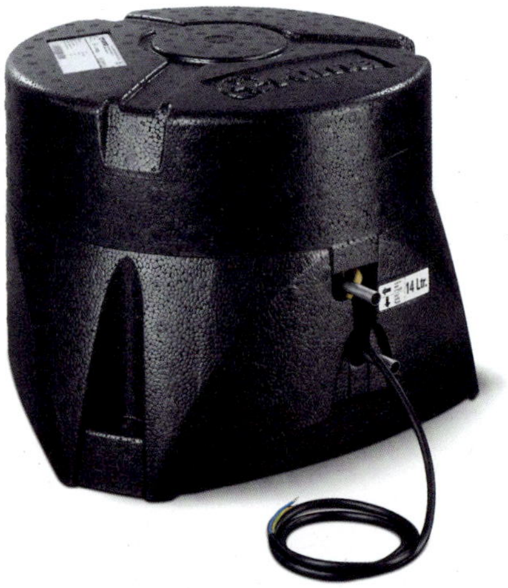

Der Truma Elektroboiler mit 14 Litern Fassungsvermögen

Heizungswärme nutzen

Eine gängige Möglichkeit zur Aufbereitung von Warmwasser ist die über Ihre Kraftstoff- oder Gasheizung. Diese Option ist vorzuziehen, wenn Sie ohnehin eine Campingheizung einbauen möchten. Welche Möglichkeiten sich dabei auftun, lesen Sie im dritten Kapitel ab Seite 62. Diese Zwei-in-eins-Lösungen sind für den Wohnmobilbereich sehr zu empfehlen, da sich während des Ausbaus wertvoller Platz sparen lässt und man wenig Strom verbraucht.

Doch nicht jeder verbaut eine Heizung, weshalb Sie weitere Möglichkeiten haben, sich eine heiße Dusche im Wohnmobil zu gönnen: In diesem Fall am weitesten verbreitet ist die Warmwasseraufbereitung über strombetriebene Boiler, also Geräte mit Wasserspeicher. Zu Camping-Durchlauferhitzern ist allerdings nur in wenigen Fällen zu raten, denn die Gas-Modelle einerseits sind selten für einen Betrieb im Innenraum zugelassen, und die strombetriebenen Geräte andererseits haben einen sehr hohen Energieverbrauch, was besonders für Freisteher ungünstig ist. Aber auch auf Camping- und Wohnmobilstellplätzen wird der Strom immer häufiger nach Verbrauch abgerechnet.

Campingboiler

Warmwasser allein über Strom zu erhitzen ist energieintensiv, aber dennoch möglich. Boiler für den Campingbereich gibt es in den unterschiedlichsten Größen zwischen etwa 3 bis 15 Litern Fassungsvermögen. Es gibt Modelle mit 12 Volt sowie für den 230-Volt-Betrieb mit Landstrom. Die Erhitzungszeiten mit 230 Volt sind normalerweise kürzer. Der Nachteil bei 230-Volt-Modellen liegt darin, dass sie ohne Landstromversorgung sehr hohe Kapazitäten aus der Bordbatterie entziehen würden und zusätzlich Verluste durch den Wechselrichter zu berücksichtigen sind. Das Wasser mit 12 Volt zu erhitzen, dauert zwar meist länger, ist aber jederzeit möglich und bietet sich daher besonders während der Fahrt an. So ist warmes Wasser verfügbar, sobald Sie auf Ihrem nächsten Stellplatz ankommen. Allerdings werden für 12-Volt-Boiler relativ große Kabelquerschnitte (Berechnung siehe Seite 98) benötigt. Ein Warmwasserboiler kostet durchschnittlich zwischen 400 und 600 Euro.

Der Platzverbrauch variiert je nach Dimension: Der Truma Elektroboiler (siehe Bild links) für circa 570 Euro mit 14 Litern Fassungsvermögen misst laut Herstellerangaben beispielsweise 40,5 × 40,5 × 29,5 (Angaben in Zentimetern). Der 10-Liter-Warmwasserboiler der Firma Elgena hingegen misst laut Anbieter nur 22 × 54 × 23 und kostet um die 490 Euro. Es gibt auch Kombimodelle, die über verschiedene Wärmequellen betrieben werden können, wie beispielsweise den Pundmann Therm Boiler AIR für circa 450 Euro oder den combiBOIL von tigerexped (circa 900 Euro). Achten Sie darauf, dass der ausgewählte Boiler zu ihrem Wassersystem passt. Manche Modelle sind nur auf Tauchpumpen ausgelegt und würden dem Druck einer Membranpumpe nicht standhalten.

MEISTER-TIPP

Hinter dem Auslass Ihrer Warmwasseraufbereitung sollte ein Thermomischer als Verbrühschutz installiert werden. Die kleinen T-Stücke, an denen Warm-und Kaltwasser zusammengeführt werden, kosten etwa 65 Euro und sind im Campingfachhandel beispielsweise mit Schlauchtüllen für Wasserschläuche mit 10 Millimetern Innendurchmesser erhältlich.
Bei der Verwendung einer Druckwasserpumpe in Kombination mit einem Boiler ist außerdem die Installation eines Überdruckventils hinter dem Boiler notwendig. Das Sicherheitsventil ist für etwa 40 Euro erhältlich. Auch wenn Sie ein Wassersystem mit Tauchpumpe und angeschlossenem Rückschlagventil verwenden (siehe Seite 131), sollte ein Überdruckventil hinter dem Boiler installiert werden. Nur wenn hinter Ihrer Tauchpumpe kein Rückschlagventil verbaut oder integriert ist, können Sie auf das Überdruckventil nach dem Boiler verzichten.

DUSCHE

Wer im Wohnmobil eine Dusche installieren möchte, kann sich zwischen einem festen System, einer modularen Lösung oder einer Außendusche entscheiden.

Feste Duschkabine

Die feste Dusche in einer separaten Nasszelle beziehungsweise einem Badezimmer ist mit Abstand die luxuriöseste Umsetzung. Doch es bietet sich nicht für kleine Fahrzeuge an, da eine Nasszelle enorm viel Platz benötigt. Innenduschen müssen über eine Duschwanne verfügen, die über einen Abwasserschlauch mit dem Grauwassertank verbunden ist. Leichte Duschwannen aus Kunststoff erhalten Sie ab den Maßen von 60 x 60 (Angabe in Zentimetern) für etwa 70 Euro. Zusätzlich sollte auch die restliche Nasszelle aus wasserfestem Material wie beispielsweise Kompaktplatte bestehen und vollständig silikonverfugt werden. Unentdeckte Wasserschäden im Wohnmobil können verheerende Schimmel- und Rostfolgen haben.

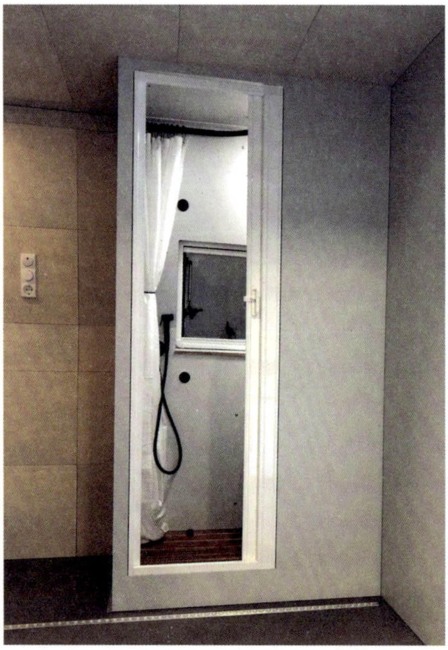

Eine Nasszelle nimmt viel Platz ein.

Da die Nasszelle so viel Platz benötigt, sollte sie mehrere Verwendungen haben: Die Toilette (siehe Seite 148) kann beispielsweise auch dort verbaut sein. Dafür empfehlen sich dreh- oder ausziehbare Lösungen, wie auf den Fotos auf Seite 143 und 144 oben sichtbar. In diesem kleinen Badezimmer können Toilette und Waschbecken auf Auszügen beiseite gefahren werden. Über einen Duschvorhang wird der Bereich zusätzlich abgetrennt, sodass die Komponenten beim Duschen nicht allzu nass werden. Ohne Badezimmerschrank kann das Waschbecken fest verbaut werden (siehe rechts oben). Für feste Toiletten werden größere Bäder benötigt, welche wirklich nur in langen Kastenwagen oder großen Expeditionsmobilen Platz finden, ohne den Raum vollständig einzunehmen.

Für das Badezimmer bietet es sich an, ein kleines Dachfenster (siehe Seite 71) zu verbauen. Am besten mit integriertem Lüfter, damit Sie sich nach dem Duschen schnell der Feuchtigkeit entledigen, ohne großartig den Wohnraum lüften zu müssen. Auch der Einbau einer Tür mit Dichtung ist angeraten. So sind die Räume voneinander abgetrennt. Wenn es sich um einen separaten Raum handelt, sollten auch hier die geltenden Vorschriften für Notausgänge und Zwangsbelüftung (siehe Seite 57) eingehalten werden.

Klappbare Dusche

Modulare Duschsysteme lassen sich über eine versteckte Duschwanne quasi unter einem doppelten Boden umsetzen – also ein Feld im Boden oder ein kleines Podest zum Herausnehmen, aus dem Sie einen Duschvorhang hochziehen und an der Decke einhaken. Eine weitere Möglichkeit besteht in Sitzgelegenheiten, die über einen Deckel zu einem Duscheinstieg werden. Der Vorteil hierbei: mehr Stauraum für den Duschvorhang und die Aufhängung. Allerdings ist das Verletzungsrisiko höher, wenn

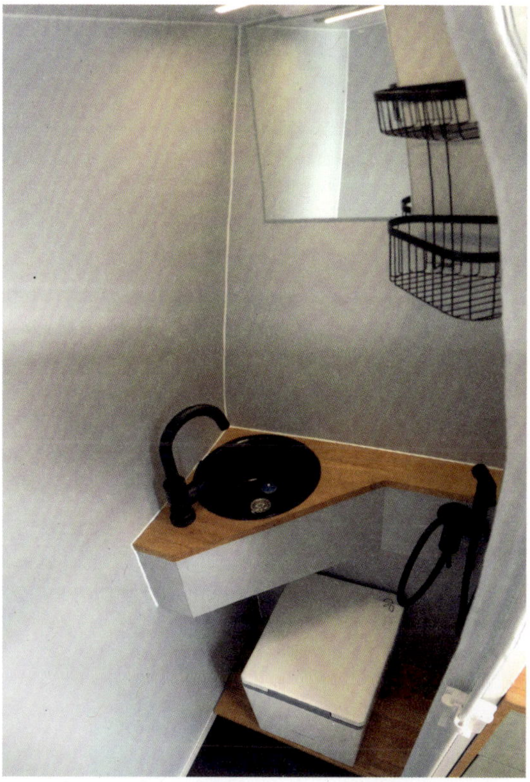

Eine Nasszelle muss dicht sein, die Silikonfugen sind hier gut zu erkennen.

Duschtypen im Vergleich

Dusche	Vorteile	Nachteile
Feste Duschkabine	► Hoher Komfort ► Jederzeit nutzbar	► Sehr hoher Platzverbrauch
Klappbare Dusche	► Platzsparend	► Umbauaufwand ► Hohe Feuchtigkeit im Camper
Außenduschen	► Kein Platzverbrauch im Grundriss ► Keine Feuchtigkeit im Fahrzeug ► Einfache Umsetzung	► Nicht überall nutzbar ► Inkompatibel mit herkömmlichen Hygieneprodukten ► Aufbau Duschzelt

Wenn Waschbecken und Toilette eingefahren sind, bleibt ausreichend Platz zum Duschen.

Eine Wassersteckdose mit Schnellkupplung

Sie über den erhöhten Einstieg klettern müssen.

Für klappbare Duschen liegt nahe, eine Armatur mit ausziehbarem Schlauch in der Spüle zu verbauen. Denn dann brauchen sie keine zusätzlichen Wasserleitungen für den Duschkopf legen. Achten Sie darauf, dass die Armatur weit genug ausziehbar ist, sodass Sie sie an der entsprechenden Stelle über Ihren Kopf halten können. Durch diese Kombination halten Sie ihr Wassersystem simpel, aber dennoch umfangreich nutzbar.

Einen Nachteil hat die Konstruktion jedoch: Ein simpler Duschvorhang hält keine Verdunstungsfeuchte ab, wodurch die Luftfeuchtigkeit im Wohnraum nach dem Duschen sehr hoch ist. Umfangreiches Lüften ist am besten bereits während des Duschens angesagt. Danach sollten Heck und Schiebetüren für einige Minuten geöffnet bleiben, um das Schimmelrisiko zu minimieren. Bevor die Dusche wieder eingeklappt wird, sollten außerdem alle Komponenten gut getrocknet werden.

Außenduschen

Baulich am einfachsten umsetzen lassen sich Außenduschen. Sie sind besonders bei Fahrzeugen ohne Stehhöhe und kleineren Campervans beliebt, da dafür kein Platz im Innenraum verloren geht. Weiterer Vorteil: keine Feuchtigkeitsentwicklung im Innenraum. Mit einer Außendusche duschen Sie über eine Wassersteckdose. Diese kann entweder außen am Fahrzeug (Installation wie ein Fenster) oder innen an Möbelstücken etwa mit Ausrichtung zur Heckklappe angeschraubt werden (siehe Foto links). Der Vorteil dabei ist, dass keine Karosserieteile geschnitten werden müssen. Zum Duschen wird die Brause über eine Schnellkupplung an die Wassersteckdose angebracht. Wassersteckdosen sind als Mischbatterie oder für reinen Kaltwasserbetrieb erhältlich. Inklusive Brause zahlen Sie 70 bis 150 Euro.

Wenn Sie nicht im Freien duschen möchten, sorgen Duschzelte (ab 30 Euro) für Privatsphäre. Diese müssen allerdings auch im Camper verstaut werden. Das Packmaß kann variieren, ist bei den um die 2 Meter hohen Zelten mit einer Grundfläche von 1 Quadratmeter jedoch nicht zu unterschätzen. Wer draußen duscht, hat den Nachteil, dass kein herkömmliches Shampoo oder Duschgel genutzt werden kann. 100 Prozent biologisch abbaubare Shampoos und Seifen erhalten Sie im Outdoor-Fachhandel. Zudem kann die Außendusche in der Natur nur dort genutzt werden, wo das Wasser versickert. Auf Stellplätzen machen Sie sich damit keine Freunde.

MEISTER-TIPP

Die Wassersteckdosen werden grundsätzlich für Tauchpumpensysteme hergestellt, weshalb immer ein Schalter für den Stromanschluss integriert ist. Manche Anbieter garantieren jedoch auch Anschlüsse von Druckpumpen bis 3 bar. Sie können die Wassersteckdose dann insofern mit der Druckpumpe betreiben, dass Sie nur die Wasserschläuche anschließen. Wegen des hohen Drucks kann sich die Schnellkupplung beim Anschließen der Brause verklemmen, weshalb die Druckpumpe währenddessen immer ausgeschaltet werden sollte, um kleinere Überschwemmungen zu vermeiden.

UMBAU

Außendusche nachrüsten

Um eine Wassersteckdose nachzurüsten, bieten sich Innenräume von Stauklappen oder Heckgaragen von teil- oder vollintegrierten Wohnmobilen an. Zunächst besorgen Sie sich eine zu Ihrem System passende Wassersteckdose. Für Tauchpumpen werden Sie schnell fündig, da die Steckdosen grundsätzlich dafür hergestellt werden. Manche Anbieter geben ihre Produkte jedoch auch für Druckpumpen frei. In diesem Fall lassen Sie den Stromschalter bei der Installation einfach außen vor. Für die Installation legen Sie Ihre Wasseranlage trocken. Achten Sie darauf, dass nicht nur Tank, sondern auch Leitungen und Armaturen entleert sind. Druckpumpen sollten ausgeschaltet werden und die Wasserhähne geöffnet sein, sodass der Druck aus dem System entweichen kann. Damit Sie so wenige neue Leitungen wie möglich verlegen müssen, sollte eine Stelle gewählt werden, an der bereits Leitungen verlaufen. Dort schneiden Sie den Ausschnitt für die Wassersteckdose aus. Die trockengelegten Warm- und Kaltwasserschläuche werden gekappt und über ein T-Stück wieder verbunden (Schlauchschellen nicht vergessen). An den entstandene Schnittstellen legen Sie nun die neuen Leitungen. Wird Ihr Wasser durch eine Tauchpumpe befördert, schließen Sie nun noch die Kabel an. Bevor Sie das System wieder in Betrieb nehmen, sollten Sie alles nochmals auf Dichtigkeit prüfen.

SIMPEL ODER KOMPLEX?

Anhand unserer zwei beispielhaften Wasserlaufpläne können Sie sich ein Bild machen, wie unterschiedlich dimensioniert Ihr Wassersystem ausfallen kann. Hier gilt abermals: Andere Kombinationen sind möglich und können genauso funktional sein wie unsere Beispiele.

Simpel

Ein simples Kaltwassersystem mit einem Spülbecken und dem Anschluss für eine Außendusche. Der Frischwassertank kann von außen über einen Wassereinfüllstutzen befüllt werden. Das System wird über eine Tauchpumpe betrieben, daher sollten die Armaturen mit integriertem Schalter verbaut und mit der 12-Volt-Batterie verkabelt werden. Das Grauwasser aus dem Waschbecken läuft in einen Kanister, der per Hand geleert werden muss. Das System lässt sich beispielsweise gut mit einer separaten Trockentrenntoilette (siehe Seite 149) kombinieren.

Komplex

Ein umfangreiches Wassersystem mit Druckwasserpumpe inklusive Warmwasserversorgung und Filter. Den Frischwassertank können Sie von außen über einen Wassereinfüllstutzen befüllen. Wegen der Warmwasserversorgung muss darauf geachtet werden, dass die Armaturen der Dusche und der Küche über eine Mischbatterie verfügen und Sicherheitseinrichtungen wie Thermomischer und Überdruckventil hinter dem Boiler verbaut sind. Für das Waschbecken im Badezimmer genügt eine Kaltwasserbatterie. Boiler und Druckpumpe müssen jeweils an das 12-Volt-Netz angeschlossen werden. Zusätzlich sollten Sie einen Hauptschalter für die Druckpumpe einplanen. Das Abwasser aus den zwei Waschbecken in Küche und Bad sowie das Duschwasser läuft in einen Grauwassertank, der an entsprechenden Entsorgungsstellen (siehe Seite 129) über ein Ablassventil geleert werden kann. Das Wasser aus der Toilette läuft in einen Schwarzwassertank, der herausnehmbar sein muss. Das WC-System ist nicht zwingend mit dem Wassersystem zu verbinden. Auch separate Fertiglösungen mit Handpumpe oder wasserfreie Modelle (siehe ab Seite 149) erfreuen sich großer Beliebtheit.

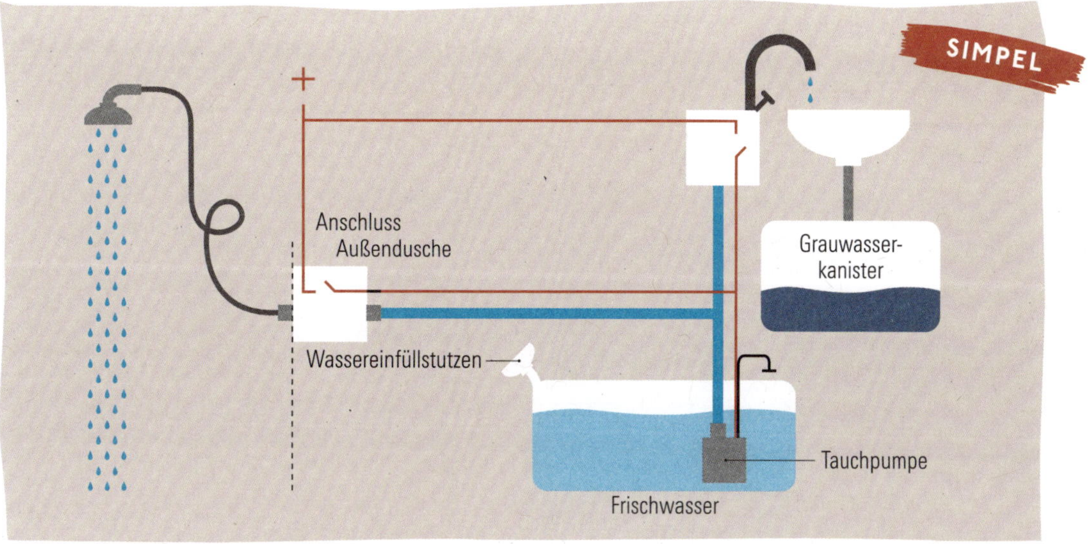
SIMPEL
Anschluss
Außendusche
Grauwasser-
kanister
Wassereinfüllstutzen
Tauchpumpe
Frischwasser

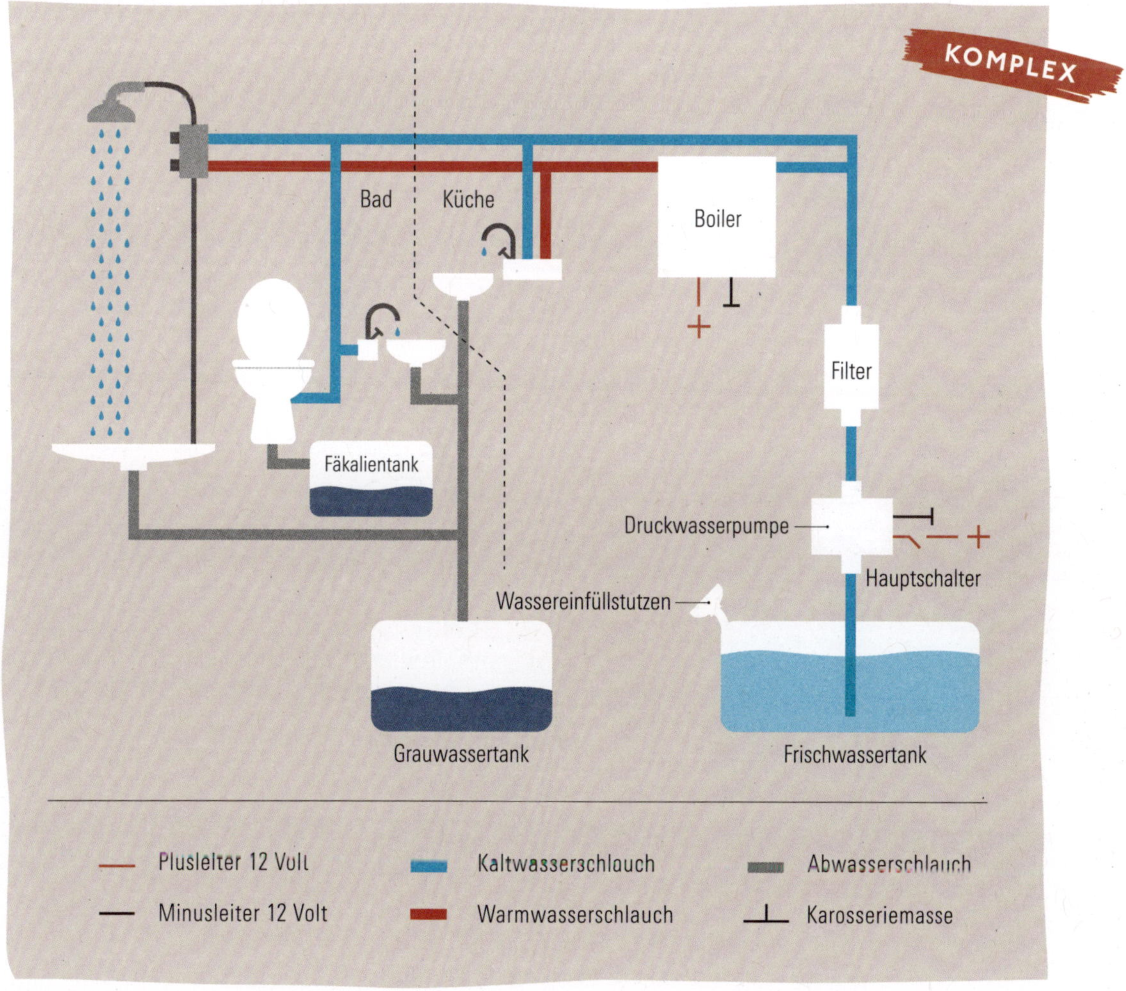
KOMPLEX
Bad
Küche
Boiler
Filter
Fäkalientank
Druckwasserpumpe
Hauptschalter
Wassereinfüllstutzen
Grauwassertank
Frischwassertank
Plusleiter 12 Volt
Kaltwasserschlauch
Abwasserschlauch
Minusleiter 12 Volt
Warmwasserschlauch
Karosseriemasse

TOILETTE

Die Kassettentoilette ist das Urgestein unter den Wohnmobil-WCs, doch sie bekommt besonders im DIY-Bereich langsam und stetig Konkurrenz von der alternativen Trocken-trenntoilette.

Kassettentoilette

Die Kassettentoilette aus Kunststoff ähnelt Ihrem WC zu Hause, ist jedoch nicht mit der Kanalisation verbunden. Die Fäkalien werden in einem Tank gesammelt, der über einen Schieber von der Kloschüssel getrennt ist. Um Geruchsbildung zu vermeiden, wird der Fäkalientank (oder Schwarzwassertank) mit einem Sanitärzusatz aus Chemikalien versehen. Der Tank muss regelmäßig an dafür vorgesehenen Entsorgungsstationen entleert werden, die mit der Kanalisation verbunden sind.

Die Kassette lässt sich von außen herausnehmen und entleeren.

Die Kassettentoilette – auch Chemietoilette genannt – gibt es zum Festeinbau für 700 bis 1200 Euro oder als tragbare Version für 50 bis 150 Euro. Beim Festeinbau sind die Hersteller Thetford und Dometic führend. Tragbare Modelle werden von vielen Firmen angeboten. Die teureren Einbaumodelle werden in das Wassersystem integriert (siehe Seite 128) und bieten sich nur in festen Bädern an. Um Platz zu sparen, gibt es Einbautoiletten mit Rotierfunktion, bei denen der Sitz zur Seite gedreht werden kann. So lassen sich ein paar Zentimeter Bewegungsfreiheit im Bad gewinnen. Damit der Fäkalientank von außen zugänglich ist, müssen Sie zudem eine Serviceklappe (circa 60 Euro, Einbau ähnlich wie Fenster) verbauen. Der Vorteil tragbarer Modelle („Porta Pottis") liegt neben dem geringen Preis darin, dass sie sich in Schubkisten verstauen lassen, wodurch kein festes Bad benötigt wird. Tragbare Kassettentoiletten verfügen über einen separaten Spülvorrat, der beispielsweise mit einer Handpumpe betrieben wird.

Alternative Systeme

Der Sanitärzusatz für Kassettentoiletten neutralisiert zwar die Gerüche der Fäkalien, entwickelt aber auch einen strengen Eigengeruch, der besonders von empfindlichen Nasen als Gestank wahrgenommen wird. Hinzu kommt, dass nicht jeder mit giftigen Zusätzen arbeiten möchte. Die Chemie in Kassettentoiletten lässt sich durch biologisch abbaubare Produkte zwar ersetzen, doch auch diese sind nicht ganz ungiftig. Wer auf Chemie verzichten möchte, dem stehen beim Wohnmobilausbau aber auch andere Möglichkeiten offen.

Trockentrenntoilette

Die Trockentrenntoilette ging aus der Trockentoilette hervor, bei der die Fäkalien mit Sägespänen gemischt in jeder Mülltonne entsorgt werden können. Die Sägespäne sorgen für Geruchsbindung, es wird kein Wasser benötigt. Die Bindung des Geruchs ist bei der Trockentrenntoilette jedoch verbessert, da Urin und Kot in separaten Behältern aufgefangen werden. Das sorgt für eine quasi geruchslose Toilette, denn der typische Gestank entsteht erst durch eine Verbindung der Ausscheidungen. So muss die Toilette nicht nach jedem Stuhlgang geleert werden.

Diese Bausatz-Trenntoilette ist elegant unter dem Bett verstaut.

Neben dem herkömmlichen Toilettensitz besteht die Trenntoilette aus einem Separator mit einem Trennbereich für Kot (hinten) und Urin (vorn) sowie zwei Auffangbehältern. Die Trockentrenntoilette hat besonders in den letzten Jahren an Popularität gewonnen und wird mittlerweile von diversen Anbietern für den Campingbereich vertrieben. Bisher sind eher tragbare Systeme gängig. Sie zahlen dafür zwischen 120 und 650 Euro. Auch günstige Eigenbausets, bei denen nur der Separator und Anschlüsse geliefert werden, sind beliebt. So lässt sich die Toilette auch leicht fest einbauen (siehe oberes Foto). Wer es noch einen Schritt weitertreiben möchte, kann auch auf eine Wohnmobil-Komposttoilette zurückgreifen. Diese sind mit etwa 1200 Euro jedoch wesentlich teurer. Eine relative neue Entwicklung sind sogenannte Verschweiß-Toiletten.

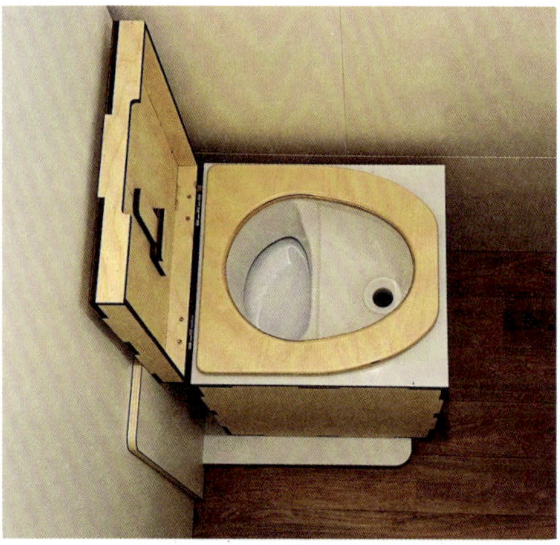

Blick auf den Separator einer Trenntoilette

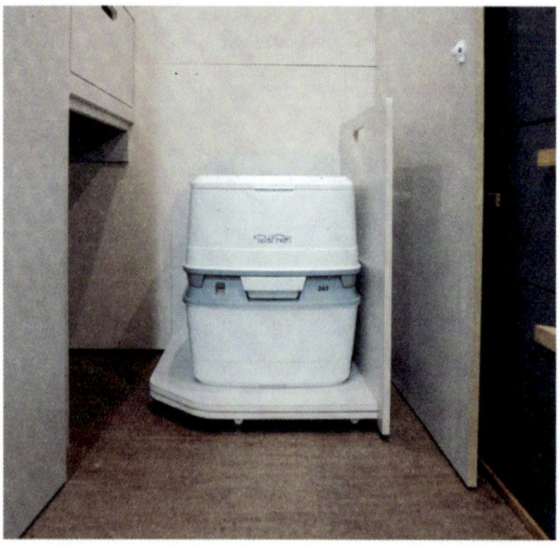

Einige Modelle lassen sich von herkömmlichen Porta Pottis kaum unterscheiden.

Weitere Alternativen

Deutlich weniger verbreitete Alternativen stellen Zerhacker- oder Verbrennertoiletten dar, die beide chemiefrei sind. Bei der Hacktoilette werden die Fäkalien mit mindestens einem Liter pro Spülung zu einem Brei vermengt. So wird zwar keine Chemie aber dafür viel Platz für den Abwassertank benötigt. Verbrennertoiletten bieten sich etwa für autarke Expeditionsmobile an. Dabei werden alle Ausscheidungen in einer Brennkammer vollständig vernichtet. Die übrig gebliebene Asche kann überall verstreut werden. Allerdings muss hier mit hohen Einbaukosten sowie nicht unerheblichem Strom- und Gasverbrauch gerechnet werden.

Kassettentoilette auf Trenntoilette umrüsten

Da Trenntoiletten immer beliebter werden, gibt es mittlerweile einige Optionen, die Kassettentoilette in ihrem festen Wohnmobilbad umzurüsten. Die Firma Arwinger hat ein Umbaukit für die weit verbreiteten Thetford Toiletten entwickelt. Bisher ist die Umrüstung für folgende Modelle möglich: C200, C220, C250 und C260. Seit Kurzem sind auch Umbausätze für Thetford-Banktoiletten C400 und C500 erhältlich. Dometic 4110 ist laut Hersteller in Planung. Da bei den Umrüstungskits die Toilettenkassette getauscht wird, ist die

Anschaffung nicht ohne. Die vollständigen Umbausätze starten bei 1200 Euro. Nach dem Umbau besteht die Toilettenkassette aus zwei Modulen, die sich zum Entleeren trennen lassen. Zudem wird der Separator in den Toilettensitz integriert, weshalb dieser für die Installation ausgebaut werden muss. Von der Firma ToniToi gibt es ähnliche Einsätze für etwa 900 Euro für Thetford C220, C223, C250 und C260. Besonders Frauen benötigen zu Beginn etwas Übung beim Toilettengang auf einer Trenntoilette. Die meisten Umbaumodelle verfügen über einen relativ kleinen Auffangbereich für Urin, weshalb das Zielen schwierig werden kann. Die Trenntoilette des Herstellers Perfect Van (ab 900 Euro) verfügt über ein entsprechend passenderes Design mit einem großen Auffangbereich. Sie ist für die Modelle Thetford C220/C260 und C200 sowie Dometic CT4110 verfügbar. Für den Umbau wird die gesamte Toilette ausgetauscht. Sehr günstige Umbaualternativen ab 35 Euro bieten sogenannte Trenntoilettenaufsätze des Herstellers Flexaport. In diesem Fall läuft der Urin wie gehabt in die Kassette. Der Kot wird in einem Behälter mit Plastiktüte aufgefangen, die direkt entsorgt werden kann (siehe Foto unten). Die Aufsätze sind für alle gängigen Toilettenmodelle passend erhältlich.

Feste Trenntoilette Marke Eigenbau

Die kleinen Einsätze bieten eine preisgünstigste Umbaualternative.

Geruchsfiltersystem nachrüsten

Eine weitere Möglichkeit, mit Ihrer Kassettentoilette auf Chemie zu verzichten, besteht in Absaugeinrichtungen. Über einen Lüfter, der automatisch anspringt, wenn Sie den Toilettenschieber betätigen, wird die Luft nach unten gesaugt und über einen Aktivkohlefilter abgeleitet. Führend für dieses System ist die Firma Sog, je nach Modell zahlen Sie inklusive Einbau etwa 200 Euro.

KÜCHE

Wer im Wohnmobil reist, kocht und isst auch dort. Und selbst Kochmuffel wollen auf den morgendlichen Kaffee und die Butter auf dem Brot nicht verzichten. Herd und Kühlschrank gehören daher zur Grundausstattung und sogar Backöfen lassen sich verbauen. Gekocht wird üblicherweise auf Gas, aber auch andere Möglichkeiten stehen bereit.

Kochen mit Flüssiggas

Im Wohnmobilbereich am weitesten verbreitet kochen Sie mit Flüssiggas. Wie in Kapitel 4 bereits beschreiben, können Sie entweder über Ihre Gasanlage ein Kochfeld anschließen oder einen separaten Gaskartuschenkocher nutzen. Was Sie bei der Installation einer Gasanlage beachten müssen, lesen Sie ab Seite 120.

Im Wohnmobil dürfen Sie nur Kocher anbringen, die für die Verwendung im Innenraum zugelassen sind und eine sogenannte Zündsicherung haben, was normalerweise von den Herstellern angegeben wird. Halten Sie die Herstellererklärung am Tag der Wohnmobilummeldung zur Vorlage bei Ihrem Sachverständigen bereit. Teilweise sind auch entsprechende Aufkleber an den Geräten angebracht. Draußen – also bei Kochern, die fest auf einem Heckauszug befestigt und auch nur mit aufgefahrenem Auszug zugänglich sind – dürfen auch andere Kocher verbaut werden.

Während der Fahrt müssen die Kartuschenkocher aus Sicherheitsgründen physisch von der Gasflasche getrennt werden, weshalb nur Modelle zugelassen sind, bei denen das möglich ist. Für Kochfelder, die an die Gasanlage Ihres Fahrzeugs angeschlossen werden, ist das nicht notwendig.

Kartuschenkocher

Gaskartuschenkocher gibt es in verschiedenen Ausführungen. Besonders bei kleineren Campern werden gern einflammige Geräte genutzt, in die eine kleine Kartusche liegend eingespannt wird. Diese sind jedoch selten mit Zündsicherung zu finden und daher nur für den Außenbereich zugelassen. Das Manko: Die Kartuschen für die Kocher sind sehr klein und fassen keine 230 Gramm Flüssiggas pro Kartusche. Wer täglich kocht, muss die Kartuschen daher alle zwei bis drei Tage wechseln und deshalb einige davon mitführen. Die Kocher gibt es zwar auch in doppelter Ausführung, dann müssen auch zwei Kartuschen eingelegt werden.

Ebenfalls zu den Kartuschenkochern zählen Kassettenkocher. Sie werden meist mit zwei oder drei Kochfeldern angeboten. Für die Versorgung werden kleine Gasflaschen über einen Schlauch an das Kochfeld angeschlossen. Geräte mit Zulassung für den Innenraum finden sich hier häufiger als bei den kleineren Modellen. Ein bekannter großer Anbieter ist Campingaz – die Flaschengrößen schwanken zwischen 0,5 bis 3 Kilogramm und können so schon deutlich länger halten als die der kleinen Kartuschenkocher.

Während der Fahrt müssen Gaskartuschen vom Kocher getrennt und sicher transportiert werden. Besonders bei größeren Flaschen kann das auf Dauer zu einer nervigen Tortur werden, ist für Ihre eigene Sicherheit aber unbedingt notwendig. Die Gaskartuschen dürfen eine Temperatur von 50 Grad überdies nicht überschreiten. Besonders im Sommer können diese Temperaturen im Wohnmobil jedoch erreicht werden. Parken Sie daher im Schatten und sorgen bei Abwesenheit für Durchzug, beispielsweise mithilfe von Lüftungsgittern (siehe Seite 121f.). Lagern Sie die Kartuschen an einem Ort, der lange kühl bleibt.

Kochfeld für die Gasanlage

Kochfelder für Gasanlagen gibt es in unterschiedlichen Größen. Sie haben den Vorteil, dass sie dauerhaft angeschlossen bleiben können und nicht von der Gasversorgung getrennt werden müssen. Das liegt an den hohen an Gasanlagen gestellten Sicherheitsvorkehrungen (siehe rechts). Die Gasflasche fährt dabei in einem Sicherheitskasten mit. Für den Selbstausbau ist diese Version die umständlichste, kann sich aber lohnen, da auch andere Geräte wie Heizung oder Kühlschrank gut mit Gas

ZULASSUNGS CHECK

Besonders zum Kochen mit offener Flamme bestehen hohe Sicherheitsanforderungen für Wohnmobile – zu Recht! Wer eine offene Kochstelle nutzt, muss für die Ummeldung zum Wohnmobil einen Warnhinweis in der Nähe anbringen. Laut TÜV-Merkblatt müssen die Buchstaben für die Überschrift „WARNUNG" auffällig und idealerweise in Großbuchstaben und roter Farbe sein.
Der restliche Text muss in schwarzer Farbe und mit einer Mindesthöhe von 3 Millimetern gedruckt werden. Der geforderte Wortlaut: „Beim Kochen ist es äußerst wichtig, für zusätzliche Lüftung zu sorgen, z. B. indem Fenster in der Nähe des Grills, Kochers oder Ofens geöffnet werden. Kochgeräte nicht als Raumheizung verwenden!" Passende Sticker können Sie im Fachhandel für drei Euro bestellen.
Die Kochstelle muss fest im Wohnmobil installiert und für den Betrieb im Innenraum zugelassen sein. Auch Ausziehoder klappbare Kochstellen sind zulässig, wenn man sie arretieren kann.

ZULASSUNGS-CHECK

Wird mit offener Flamme gekocht, sollte die Platzierung der Kochstelle einen Mindestabstand von 20 Zentimetern zu umliegenden brennbaren Gegenständen erfüllen. Klappbare oder feste Hitzeschilde dürfen nicht ohne Werkzeug zu hantieren sein. Zu beweglichen brennbaren Gegenständen wie beispielsweise Gardinen ist der Mindestabstand mit 90 Zentimetern sogar noch größer. Die Einzige Ausnahme dazu gilt, wenn die Gardine (beziehungsweise der Gegenstand) durch Bewegung ohnehin nicht weiter als 30 Zentimeter an die Flamme heranreicht. Je nach Art des Kochers gelten weitere Regeln, die wir an den entsprechenden Stellen behandeln. Schauen Sie auch nach den spezifischen Einbauanweisungen ihres Geräts. Die Kochstelle muss für eine Ummeldung zum Wohnmobil nicht zwingend vom Innenraum aus zugänglich sein. Auch wer auf einem Heckauszug kochen möchte, kann sein Fahrzeug zum Wohnmobil ummelden.

betrieben werden können. So werden die Geräte gleich von einem Ort versorgt. Auch die benötigten Auflagen werden in den Sicherheitsvorkehrungen behandelt. Achten Sie darauf, einen Kocher auszuwählen, der auf 30 mbar ausgelegt ist, da Ihre Gasanlage nicht größer dimensioniert sein darf.

Spirituskocher

Die weniger populäre Kochmethode mit einer offenen Flamme stellen Spirituskocher dar. Das liegt daran, dass die Geräte ziemlich unangenehm riechen können. Da sich die Beschaffung passender Gasflaschen im Ausland bisweilen jedoch als umständlich erweist, ist Spiritus bei Fernreisenden beliebt und wird mitunter als Zweitlösung verbaut. Spiritus lässt sich fast überall auf der Welt gut bekommen. Da sich vor einigen Jahren die Gesetzeslage geändert hat, wurden die meisten Spirituskocher mit Innenraumzulassung allerdings vom Markt genommen. Diese Lösung bietet sich daher eher für Heckauszüge an.

Kochen mit Diesel

Dieselkochstellen haben den Vorteil, dass keine offene Flamme im Spiel ist, was das Ganze relativ sicher macht und wodurch kein Hitzeschutz benötigt wird. Bis die Kochplatte heiß ist, dauert es allerdings ein wenig. Solche Kochplatten sind auch als Kombimodelle mit Heizung verfügbar. Die geltenden Einbauvorschriften sind dieselben wie bei Dieselheizungen (siehe Seite 62). Da in den Kraftstoffkreislauf Ihres Wohnmobils eingegriffen wird, empfehlen wir, den Einbau von Fachpersonal durchführen zu lassen.

Induktion

Ebenfalls ohne Flamme aber deutlich schneller auf Touren ist der Induktionsherd. Ein Liter Wasser kocht damit schon nach gut vier Minuten. Die Geräte sind mit 230 Volt betrieben und werden einfach über eine Schuko-Steckdose eingestöpselt und in einer Arbeitsplatte versenkt.

Induktionskochfelder erzeugen magnetische Wirbelströme im Kochtopfboden, weshalb sich dieser erhitzt. Doch die moderne Technik ist nur etwas für Campingplatzgänger mit Landstromanschluss oder Wohnmobile mit wirklich umfangreich dimensionierter Stromausstattung, denn pro Gericht für 2 Personen werden beim Kochen etwa 25 bis 35 Amperestunden verbraucht. Achtung: Lassen Sie die 230-Volt-Installation Ihres Wohnmobils von Fachpersonal durchführen! Was dabei beachtet werden muss, lesen Sie auf Seite 115.

Induktionsfelder funktionieren nur im Betrieb mit magnetisierbaren Kochtöpfen. Ob der jeweilige Topf auf Induktion ausgelegt ist, wird vom Hersteller angegeben. Allerdings lassen sich auch Omas Kochtöpfe aus emailliertem Stahl mit Induktion verwenden.

Kleine Küche mit Induktionsplatte

Backen

Auch den Luxus eines Backofens wollen sich viele nicht nehmen lassen. Einbauöfen werden mit Gas betrieben und kosten zwischen 600 bis 1000 Euro. Die Bedienung funktioniert wie zu Hause mit einschiebbaren Backblechen. Die Geräte gibt es auch als Kombi mit Kochfeld. Einbaubacköfen sind sehr geräumig, der häufig ohnehin schon gering bemessene Platz im Camper schrumpft dadurch um ein Weiteres. Der Dometic Backofen OG 2000 etwa hat Abmessungen von 53 x 41 x 31 (Angabe in Zentimetern) und wiegt über 13 Kilogramm. Um einen fest installierten Backofen betreiben zu können, muss Ihr Wohnmobil über eine Gasanlage (siehe ab Seite 120) verfügen.

Die strombetriebene Version sind Minibacköfen mit etwa 800 Watt. Sie werden allerdings nicht fest verbaut und können einfach nachgerüstet werden. Die Geräte für 50 bis 60 Euro sind nur etwas für Camper mit umfangreichem Strom-Setup oder Landstromversorgung. Die Öfen kommen eher klein daher und eignen sich wegen des hohen Strombedarfs mehr zum Brötchenaufbacken als für alles andere.

Falls Sie sich in beiden Optionen nicht wiedergefunden haben, besteht noch eine dritte Möglichkeit, im Wohnmobil zu backen. Dabei handelt es sich weniger um einen Ausbaugegenstand als um Campingzubehör: Backofenaufsätze für den Gaskocher. Am bekanntesten ist der Omnia Campingbackofen für circa 35 Euro. Die dreiteiligen Geräte bestehen aus einem

Die Lasagne in Ringform schmeckt genauso lecker wie gewohnt.

kreisförmigen Untersatz mit Loch für die „Unterhitze" einer Backform und einem Deckel, ebenfalls mit Loch, für die „Oberhitze". Das Brot oder der leckere Kuchen haben dann die Form eines großen Donuts. Das ist zunächst vielleicht etwas gewöhnungsbedürftig – schmeckt aber genauso wie aus dem richtigen Backofen. Mittlerweile gibt es ganze Kochbücher, die alle erdenklichen Gerichte wie Auflauf, Pizza und Gratin auf die runden Röhren zugeschnitten haben. Auch online ist einiges dazu zu finden. Wem das dennoch zu bunt ist, der findet auch Geräte mit Aufsätzen ohne Loch wie zum Beispiel den Camp4 Maria Campingbackofen für circa 70 Euro. Diesen Modellen mangelt es allerdings an Höhe, weshalb sie sich eher für flache Köstlichkeiten wie Pizza und Fladenbrot empfehlen.

Kühlgeräte

An schönen Urlaubstagen darf die Erfrischung mit einem kühlen Bier nicht fehlen, und auch Gurke und Salat sollten so lange wie möglich knackig und frisch bleiben – im Kühlschrank kein Problem. In der Welt der Campingkühlgeräte haben Sie die Wahl zwischen zwei unterschiedlichen Technologien: Kompressorkühlschränke funktionieren wie das Gerät in Ihrer Küche zu Hause, konkurrieren im Wohnmobilbereich aber mit dem Absorberkühlschrank. Beide Technologien haben Ihre Vor- und Nachteile. Eine Gegenüberstellung finden Sie ab der nächsten Seite. Von 12-Volt-Elektrokühlboxen ist abzuraten. Sie besitzen nicht die ausreichende Power und eignen sich maximal für einen Wochenendtrip.

Toploader oder aufrechter Kühlschrank

Die erste Frage, die sich für den richtigen Kühlschrank stellt, ist seine Form. Es gibt Kühlboxen (Toploader), die sich von oben beladen lassen, und herkömmliche Kühlschränke mit Tür. Die Toploader sind energieeffizienter, da die kalte Luft bei geöffnetem Deckel nicht herausfließt. Ein Kühlschrank mit Tür hingegen muss nach jedem Öffnen stärker nachkühlen, um die Temperatur zu halten. Toploader sind dafür eher kleiner und fassen meist zwischen 30 bis 40 Liter. Außerdem muss man sich immer bücken, um den Inhalt zu erreichen. Die aufrechten Geräte sind in wirklich großen Ausführungen mit bis zu 180 Litern inklusive Gefrierfach erhältlich. Wird er erhöht verbaut, lässt sich die Milch gemütlich aus dem Kühlschrank holen. Im besten Fall kann man die Tür von beiden Seiten öffnen, so ist der Kühlschrank von überall gut erreichbar. Da die Toploader im Wohnmobil eher umständlich zu verbauen sind – etwa über die Klappe einer Sitzgelegenheit erreichbar – gibt es mittlerweile auch Einbaugeräte, sogenannte Kühlschubladen. Diese lassen sich leicht in den Innenausbau integrieren, sind aber auch teuer. Dafür kann die Schublade aber auf Hüfthöhe verbaut werden, so ist kein anstrengendes Bücken mehr nötig.

Je nach Größe, Technologie und Ausstattung variieren die Preise für Kühlgeräte stark. Kleinere Kühlboxen mit ausreichend Power starten bei 200 bis 300 Euro, Sie können aber – falls Sie den Platz und das nötige Kleingeld dafür erübrigen möchten – auch über 3000 Euro für einen riesigen Campingkühlschrank ausgeben.

Denken Sie beim Einbau des Kühlgerätes daran, die vorgegebenen Einbauanweisungen des Herstellers zu beachten, ansonsten arbeitet der Lüfter des Kompressorkühlschranks nicht vernünftig oder die Umgebungstemperatur für den Absorber wird zu hoch. Vor allem in wärmeren Gegenden kann Ihrem Gerät das zum Verhängnis werden.

Absorberkühlgeräte

Im Kreislauf eines Absorberkühlgerätes fungiert Ammoniak als Kühlmittel. Dabei wird ein Ammoniak-Wasser-Gemisch in einem Kocher durch Wärmezufuhr erhitzt. Da dies über unterschiedliche Wärmequellen geschehen kann, lässt sich der Absorberkühlschrank entweder durch Strom oder mit Gas betreiben. Dies bietet Campern eine besonders große Flexibilität. Die Versorgung lässt sich per Drehknopf einstellen, moderne Geräte schalten auch automatisiert um. Der 12-Volt-Betrieb ist jedoch nur während der Fahrt oder für kurze Stopps (beispielsweise an der Tankstelle, dort dürfen Sie den Absorber wegen der offenen Flamme nämlich nicht mit Gas betreiben) geeignet. Ein mittelgroßer Absorber mit 81 Litern Volumen verbraucht etwa 250 Gramm Gas pro Tag. Ohne andere Verbraucher hielte eine große 11-Kilo-Gasflasche etwa 23 Tage. Und auch wenn der Gasverbrauch verhältnismäßig gering ist, möchten Sie es schließlich auch noch etwa zum Kochen oder sogar Heizen verwenden. Wer also nicht ständig seine Gasflasche wechseln möchte, sollte seinen Absorber daher größtenteils über 230-Volt-Landstrom versorgen können und ist so eher an Camping- oder Wohnmobilstellplätze gebunden. Achtung: Falls der Platz den Strom nicht pauschal abrechnet, kann das am Ende eines Urlaubs teuer werden.

Aber zurück zum Kühlkreislauf: Durch Erhitzen im Kocher wird das Ammoniak vom Wasser getrennt. Das vom Ammoniak befreite Wasser gelangt in einen Absorber,

Mit separatem Gefrierfach: Campingkühlschränke bieten maximalen Komfort.

während der gasförmige heiße Ammoniakdampf in einen Kondensator geleitet wird. Im Absorber gibt das heiße Ammoniakgas seine Wärme wieder an die Umgebung ab, wechselt in den flüssigen Zustand und gelangt in einen Verdampfer in dem sich Wasserstoff als Hilfsgas befindet.

Durch den geringeren Druck wechselt das Ammoniak erneut in den gasförmigen Zustand über und entzieht dabei dem Inneren des Kühlgeräts Wärme. Der entstandene Ammoniak-Wasserstoffdampf gelangt daraufhin zurück in den Absorber. Das Wasser im Absorber kann nun das gasförmige Ammoniak wieder aufnehmen (absorbieren). Das so im Wasser gebundene Ammoniak gelangt zurück in den Kocher, und der Kreislauf beginnt von Neuem. Wenn man diesen Kreislauf nachvollzieht, wird klar, dass Absorberkühlgeräte einen Nachteil mit sich bringen: Wie viel Grad sie in der Kühlkammer schaffen, ist abhängig von der Umgebungstemperatur – mehr als 25 Grad niedriger sind nicht drin. Besonders im Sommer kann es im Wohnmobil sehr heiß werden. Dann können die Absorbergeräte schon einmal schlappmachen und das Bier ist nach dem Strandtag eher lauwarm als angenehm kühl.

Außerdem muss das Gerät gerade stehen, damit der Kreislauf effektiv funktioniert. Auch das ist beim Camping nicht immer gegeben. Dennoch: Die Möglichkeit, den Kühlschrank auch mit Gas zu betreiben, ist nicht zu unterschätzen. Da er mit der Schwerkraft arbeitet, läuft er außerdem nahezu geräuschlos.

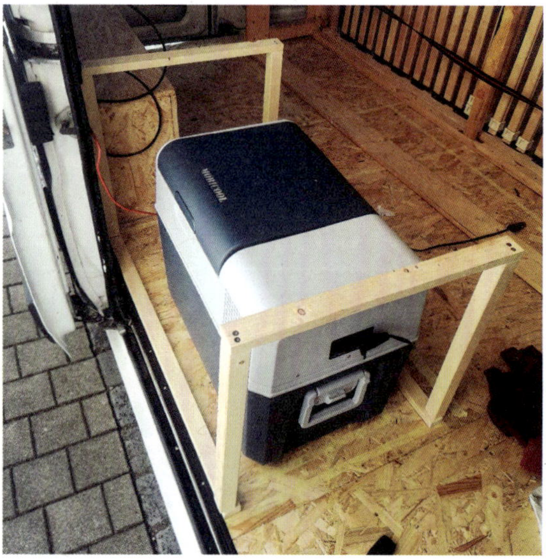

Einbauabstände einzuhalten ist wichtig.

Kompressorkühlgeräte

Unabhängig von der Außentemperatur, dahingegen nur über Strom betreibbar sind Kompressorkühlgeräte. Sie sind im Selbstausbaubereich deutlich weiter verbreitet und besonders bei Freistehern beliebt, da ihr Stromverbrauch relativ gering ist. Allgemein gilt: Je größer das Gerät, desto höher ist auch der Verbrauch. Jedoch hängt er ebenfalls davon ab, ob das Gerät gerade herunterkühlen muss oder es nur die Temperatur hält. Bei kleineren Kompressorgeräten können Sie im Durchschnitt mit knapp 10 Amperestunden pro Tag rechnen. Ähnlich dimensionierte Absorber haben einen deutlich höheren Stromverbrauch und sollten nur über Landstrom betrieben werden.

Der Kompressorkreislauf läuft etwas simpler ab und funktioniert über ein Drucksystem. Über einen Verdampfer wird ein Kältemittel in den gasförmigen Zustand versetzt, was dem Innenraum des Gerätes die Wärme entzieht. Das erhitzte Kältemittel wird daraufhin von einem Kompressor angesaugt. Er drückt das Gas zusammen und leitet es zu einem Kondensator. Dieser liegt außen am Gerät, wodurch die Wärme abgegeben werden kann. Dadurch verflüssigt sich das Kältemittel und fließt zurück zum Verdampfer, wobei zuvor der Druck wieder gemindert wird.

Wenn der Kompressor anspringt, dann gibt er ein brummendes Geräusch von sich. Je nachdem wo ihr Kühlgerät verbaut ist, kann das deutlich hörbar sein. Achten Sie darauf, dass das Gerät auf einem soliden Untergrund steht oder fest verbaut ist, damit sich keine Vibrationen übertragen. Der Kreislauf ist nicht so abhängig von der Umgebungstemperatur wie der Absorberkreislauf, wobei der Energieverbrauch mit der Temperatur steigt. Auch die Ausrichtung des Kühlgerätes ist zu vernachlässigen: Sie verlieren keine Effizienz, wenn Sie etwas schräg stehen. Wegen Ihres geringen Stromverbrauchs und der deutlich größeren Unabhängigkeit von der Außentemperatur sind Kompressorgeräte bei den meisten Selbstausbauern deutlich beliebter als Absorbergeräte. Die meisten Ausbauer, die Sie unterwegs treffen werden, reisen mit einer Kompressorkühlbox oder einem Kompressorkühlschrank.

Meister-Tipp

Campingkühlschränke sind meist auf den 12-Volt- sowie den 230-Volt-Betrieb ausgelegt. Viele Geräte verfügen über eine Vorrangschaltung, sodass Sie beide Anschlüsse für den Kühlschrank einstöpseln können und er automatisch umschaltet, sobald Sie die Landstromversorgung anschließen. Wenn Sie über einen in das System integrierten Wechselrichter verfügen, wird allerdings eine separate Leitung für den Kühlschrank benötigt. Mehr Informationen zur Camper-Elektrik lesen Sie ab Seite 96. Absorbergeräte lassen sich zusätzlich auch über Ihre Gasanlage (siehe ab Seite 120) betreiben.

Kompressor und Absorber im Vergleich

Gerät	Vorteile	Nachteile
Absorber Verbrauch: Gas (gering) Strom (hoch)	► Gas- und Strombetrieb ► Nahezu geräuschlos	► Maximal 25 Grad unter Umgebungs- ► temperatur ► Muss gerade stehen ► Eher nicht für Freisteher geeignet
Kompressor Verbrauch: Strom (gering)	► Unabhängig von Außentemperatur ► Darf schräg stehen	► Leichte Geräuschentwicklung

KAPITEL 6

INNEN-AUSBAU

BASICS

Endlich geht es an den Innenausbau Ihres Campers – der für viele schönste Teil des Ausbaus, bei dem der Wohnraum echte Gestalt annimmt. Stehen Bett und Schränke erst, träumt es sich viel leichter in den nächsten Urlaub. Welche Grundlagen Sie dazu benötigen, lesen Sie auf den folgenden Seiten.

Holzverbindungen

Mit Winkeln zu arbeiten ist simpel und geht schnell. Das Ergebnis ist dafür nicht ganz so stabil. Wenn Winkel im Spiel sind, achten Sie darauf, dass die Kraftübertragung bei Belastung über das Holz läuft und nicht über den Metallverbinder. Der Vorteil liegt darin, dass Winkelbefestigungen sich sehr einfach zurückbauen lassen. Falls Sie also mit dem Endergebnis nicht zufrieden sind oder sich nach einer Testphase herausstellt, dass Sie noch Veränderungen vornehmen möchten, sind Winkelverbindungen dankbarer. Besser halten Holzverbindungen, wenn sie direkt verschraubt werden. Auch diese Möglichkeit lässt sich zurückbauen. Das geht allerdings nicht mehr, sobald sie zusätzlich verleimt werden. Denn die getrocknete Verbindung ist oft stabiler als das Holz selbst und dementsprechend gut hält das Ganze. Auch leimen ohne Schrauben ist möglich, dann wird mit sogenannten Holzdübeln gearbeitet. Allerdings ist hier zu beachten, dass Sie Schraubzwingen für die Befestigung brauchen und einiges an Trockenzeiten für den Leim einplanen müssen. Wer eine herausnehmbare Konstruktion bevorzugt (siehe nächste Seite), kann die Möbel auch in sich fest bauen und nur die Verankerungen am Fahrzeug abnehmbar gestalten.

Ausklinkung für ein Bettgestell

Für Konstruktionen, die besonders gut halten müssen, wie beispielsweise ein

Bettgestell, kann man außerdem mit Ausklinkungen arbeiten. Diese verleihen dem Möbelstück eine sehr gute Formstabilität, das hohen Verschränkungskräften standhält. Das geht etwa mit einem Stechbeitel und einer Japansäge. Allerdings ist es dabei wichtig, dass Sie besonders genau arbeiten. Blutigen Anfängern in Sachen Holzarbeit könnte diese ohnehin schon eher langwierige Methode daher zu viel Zeit und Nerven kosten. Aber keine Sorge, die Möbel halten auch so. Ausklinken gehört eher in die Kategorie: Nummer sicher, schön und bombenfest.

Möbel anbringen

Möbel direkt in die Karosse zu schrauben empfiehlt sich nicht, zum einen sind die Bleche meist zu dünn, um größere Lasten punktuell zu halten, zum anderen holen Sie sich damit wahre Rost-Hotspots ins Fahrzeug. Eine Alternative bieten allerdings Nietmuttern. Dazu mehr auf Seite 176. Grundsätzlich sollten Möbel wie Schränke oder Bett an der Lattenunterkonstruktion (siehe Kapitel 3 „Rohbau") und/oder Bodenplatte Ihres Campers fest verankert werden. Ist Erstere bereits verkleidet, lässt sich an der Position der Schrauben im Holz erkennen, wo sich diese befindet. Sie können die Möbel auch ohne Holzverkleidung setzen, was den Vorteil hat, dass sich dadurch zum Beispiel im Schrank wertvoller Platz gewinnen lässt. Zumindest eine dünne Rückwand aus MDF oder wenigstens eine Stoffschicht aus etwa Kfz-Filz (siehe Seite 91) sollte aber vorhanden sein, sodass die unterliegende Dämmung nicht von scharfkantigen Gegenständen im Schrank verletzt wird.

Sie können Ihre Möbel nach feiner englischer Art außerhalb des Wohnmobils ungestört in Ihrer Werkstatt vorbauen – das macht sie automatisch herausnehmbar und somit modularer. Außerdem lassen sie sich so unkomplizierter mit Lack oder Öl behandeln. Allerdings müssen Sie beim Bauen auch immer wieder ins Auto, um nachzumessen – und das ist nicht zu unterschätzen. Damit der Innenausbau am Schluss ordentlich aussieht, lautet die Devise: messen, messen und nochmals messen. Denn – wie Sie mittlerweile natürlich wissen – Karosseriefahrzeuge sind nicht ansatzweise rechtwinklig geformt, sondern laufen nach oben hin konisch zu. Dementsprechend ist das Anpassen der Möbel eine außerordentlich wichtige Aufgabe.

Grundgerüst einer Sitzgelegenheit (siehe Foto unten): Der Radkasten verlangt eine Lösung, die sprichwörtlich um die Ecke gedacht ist.

Hier wurde um die Ecke gebaut.

MEISTER-TIPP

Arbeiten Sie nicht zu kleinteilig. Erst alle Möbel zu setzen und dann drumherum Holzverkleidung anzubringen, mag vielleicht logisch klingen, dauert aber viel länger als zunächst eine große Fläche auf einmal zu verkleiden. Allerdings kann es schon sinnvoll sein, an einigen Stellen so zu arbeiten, um sich etwas mehr Stauraum zu verschaffen – zum Beispiel bei einer Schrankwand oder dem Bett.

Wenn Sie die Möbel direkt in Ihr Fahrzeug zimmern, können Sie an Ort und Stelle ein optimal sitzendes Lattengerüst hochziehen und dieses anschließend verkleiden. Das bietet sich besonders bei großen Möbelstücken wie dem Bett an, denn je größer das Objekt der Begierde, desto umständlicher wird das Ein- und Ausladen. Eine andere Methode besteht darin, die Außenwände gleich als stützende Konstruktion zu nutzen. Dann müssen diese jedoch auch stark genug sein, um das nötige Gewicht zu tragen, was das Möbelstück meist schwerer macht. Entscheiden Sie am besten danach, mit wie viel Gewicht das Möbelstück belastet wird: Ein Bett kann ein Grundgerüst gut vertragen, ein Hängeschrank hingegen kommt auch gut ohne aus.

Schöne Fronten verleihen dem Ausbau einen besonderen Touch.

SCHRÄNKE

Abhängig vom Grundriss werden Sie nun Wandschränke, Hängeschränke, Toploader oder sogar Schubladenschränke bauen. Lesen Sie hier Grundlegendes zu Scharnieren und Beschlägen. Außerdem gehen wir ein paar Beispiele für Wohnmobilschränke Schritt für Schritt durch.

Einen Schrank bauen

Grundsätzlich funktioniert der Bau eines Schrankes immer ähnlich, aber natürlich gibt es die verschiedensten Methoden, das umzusetzen. Auf den vorherigen Seiten haben wir dazu bereits einiges behandelt. Welche Methode sich für Sie anbietet, finden Sie am besten übers Ausprobieren heraus. Machen Sie sich aber vorher Gedanken und entwerfen Ihr Möbelstück am besten zunächst auf dem Papier – das gilt übrigens nicht nur für Schränke. Auch wenn Sie bei der Grundrissplanung bereits sehr gründlich gemessen haben, messen Sie für die Planung noch einmal genau die aktuellen Maße für Ihre Möbel.

Manche Firmen bieten auch modulare Möbel und sogar Bettgestelle für den Selbsteinbau an. Große Baumarktketten listen inzwischen mitunter Bausätze für den Wohnmobilausbau im Sortiment. Allerdings passen diese teilweise nur für die gängigsten Ausbaufahrzeuge wie VW-Transporter, Fiat Ducato, VW Crafter und Mercedes Sprinter. Fragen Sie am besten bei den Möbelherstellern nach Ihrem Fahrzeugtyp.

Scharniere

Wie eigentlich bei allen Ausbaumöglichkeiten gibt es auch beim Bau von Schränken unterschiedlich komplexe Scharniere unterschiedlicher Qualität. Am einfachsten und besonders günstig sind Kolbenscharniere oder Klavierbandscharniere. Diese erhalten Sie bereits ab unter einem Euro im Baumarkt und empfehlen sich etwa für Schranktüren. Der Nachteil: Bei geschlossener Tür sind sie sichtbar.

Soll es sich um eine Klappe oder einen Deckel handeln, sind Aufschraub- oder Springscharniere mit Feder hilfreich, denn so bleibt die Klappe in einem Winkel von 80 bis 90 Grad geöffnet stehen. Sie kosten zwischen 5 bis 20 Euro das Paar und bieten sich zum Beispiel für Klappen über der Kühlbox oder bei Oberschränken an. Da sie nur aufgeschraubt werden und nicht eingelassen sind, läuft die relativ hohe Federkraft immer über die Schrauben. Besonders bei weicheren Hölzern und kurzen Schrauben kann das auf Dauer dazu führen, dass sich das Scharnier lockert und nachgezogen werden muss oder im schlechtesten Fall sogar herausreißt.

Schranktüren, Schubladen und Co sind formschlüssig zu verriegeln, um das Verletzungsrisiko zu minimieren. Das ist auch insofern sinnvoll, als dass so keine Teller und Tassen aus den Regalen purzeln.
An Stellen, an denen Personen bei einem Unfall aufprallen können, sind scharfkantige Teile verboten. Da Sie kaum etwas an der Fahrerkabine verändern werden, ist diese Regelung besonders für Personen relevant, die eine zugelassene Rücksitzbank verbaut haben. Denn dann müssen Sie darauf achten, dass Tisch oder Schränke in der Umgebung über abgerundete Kanten verfügen. Allerdings ist es überall sinnvoll, an scharfen Ecken und Kanten Gummischoner anzubringen oder sie etwas rund zu schleifen.

Ein Aufschraubscharnier

Das kann bei Becher- oder Topfscharnieren – auch Topfband genannt – weniger passieren. Sie werden in der Innenseite der Türen versenkt und sind im Tischlerbereich sehr gängig. Um die Scharniere einlassen zu können, müssen Scharnier und Materialstärke zusammenpassen und ein Loch in der entsprechenden Tiefe gebohrt werden. Daher nochmals der Hinweis, dass sehr genau gearbeitet wird, was etwas Übung bedarf. Die meisten Modelle sind außerdem auf Wandstärken von 15 bis 19 Millimetern ausgelegt, was im Wohnmobil schon ziemlich viel ist. Der Vorteil: Die Position der Tür lässt sich in alle Richtungen einstellen, und die Scharniere sind mit praktischen Funktionen wie Soft-Close, weitem Öffnungswinkel und Selbstschließmechanismus erhältlich. Im Baumarkt zahlen Sie ab 8 Euro pro Paar.

Öffnen und Schließen

Einige der oben genannten Scharniere sind von sich aus stark genug, die Türen geschlossen zu halten, dann wird nur noch ein Griff benötigt. Für simple Scharniere und auch bei Schubladen (siehe Seite 194) muss ein zusätzlicher Mechanismus eingesetzt werden, damit sie während der Fahrt geschlossen bleiben.

Möglichkeiten dafür sind Magnetschnapper – nicht mehr als vier bis fünf Kilogramm Zugkraft, ansonsten sind sie zu fest –, Kugelschnapper oder Vorreiber. Eine sehr elegante Möglichkeit bieten Push-Lock-Möbelschlösser. Praktisch ist der schon enthaltene Griff. Ansonsten können Sie als Grifflöcher oder Fräsungen ins Holz setzen. Auch das sieht elegant aus und man kann sich an nichts stoßen. Ebenfalls keine Stoßgefahr bieten weiche Schlaufen zum Beispiel aus robustem

Stoff oder Leder. Ansonsten fungieren alle Arten von Griffen, und Sie können kreativ werden, solange keine zu scharfen Kanten dabei entstehen (siehe Kasten auf Seite 166).

Verrieglung mit Kugelschnapper

Nur gerade Latten am Zaun

Wenn Sie Dachlatten im Baumarkt kaufen, nehmen Sie die Ware ganz genau unter die Lupe. Häufig sind die Latten leider krumm und schief, das können Sie im Campervan nicht gebrauchen. Nehmen Sie sich daher etwas Zeit, um die geradesten Stücke auszusuchen – ein paar gute sind immer dabei. Alternativ können Sie sich aus einer Multiplexplatte auch Latten selbst schneiden – am besten mit einer Kreissäge –, so werden sie besonders schön.

Grifflöcher sind simpel und unauffällig.

ANLEITUNG

Stauraum für flachen Campingbus bauen

WAS BRAUCHE ICH?

- Holzplatten (bspw. Multiplex)
- Holzschrauben
- Akkuschrauber
- Stichsäge
- u. U. Kreissäge
- Holzbehandlung, bspw. Holzlack
- Scharniere
- Griffe
- **Persönliche Schutzausrüstung (Seite 49)**

Circa 370 €	9 Stunden (Ohne Trocknungszeiten)	Schwierigkeit: 2

1 Stauraum ohne Unterkonstruktion bauen Sie beispielsweise aus Multiplex-Platten. Hier sollten dickere Stärken gewählt werden als für reine Verkleidung. Achten Sie beim Zuschneiden darauf, dass die Schnittkanten der Platten gerade sind, ansonsten stehen sie nachher schräg aufeinander. Am besten funktioniert das mit einer Kreissäge. In diesem Fall werden die Platten (wie im Bild) direkt miteinander verschraubt – das geht einfacher zu zweit. Bei zu dünnem oder splitterndem Holz können Sie die Kiste alternativ auch mit Winkeln bauen.

2 Auf dieselbe Weise werden zwei weitere Kisten gezimmert.

3 Nun wird die Arbeitsplatte aus Leimholz zugeschnitten und geölt (Trocknungszeiten beachten).

4 Das Grundgerüst für ein weiteres Schränkchen wird an die Rundung der Karosse angepasst. Zeichnen Sie die Konturen am besten auf einer Pappschablone vor und passen diese genau an. Eine Konturenlehre kann dabei von Nutzen sein. Außerdem wurden hier die Komponenten weiß lackiert (Trocknungszeiten beachten).

5 Eine Etage inklusive Trennwände für das Schränkchen. Auch die darunterliegende Kiste wird noch einmal herausgenommen und erhält Ausschnitte mit Rahmen für Türen und Schubladen, eine Trennwand sowie einen Einlegeboden.

6 Das verkleidete Endergebnis mit angebrachten Türen und Schubladen.

TIPP: Planen Sie bereits beim Möbelbau die Unterbringung größerer Zubehörteile wie Campingtisch oder -stühle mit ein (siehe Seite 205). Denn es ist sehr hilfreich, ein passendes Schubfach für diese Gegenstände zu haben, das beispielsweise über die Heckklappe zugänglich ist. So sind diese zum einen sicher gelagert und liegen zum anderen nicht nervig im Weg herum.

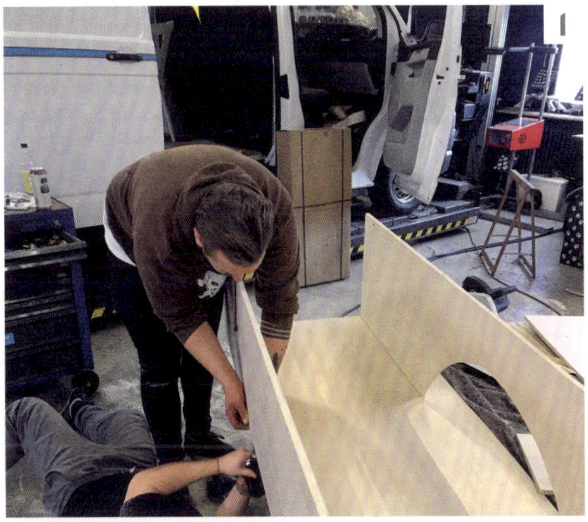
1

2

3

4

5

6

ANLEITUNG

Kleiderschrank

WAS BRAUCHE ICH?

- → Dachlatten
- → Einlegeböden
- → Holzplatten für Türen
- → Holzschrauben
- → Akkuschrauber
- → Stichsäge
- → Oberfräse
- → Stechbeitel
- → Japansäge
- → Scharniere
- → Griffe
- → Kugelschnapper
- → Holzbehandlung
- → Montagekleber
- → Silikonentferner
- → **Persönliche Schutzausrüstung (Seite 49)**

Circa 75 €	7 Stunden (Ohne Trocknungszeiten)	Schwierigkeit: 3

1 Dieser Kleiderschrank bekommt ein Gerüst aus Holzlatten. Die Ausklinkungen sind für die Streben der Einlegeböden gedacht. Achten Sie darauf, dass die Ausklinkungen der gegenüberliegenden Seiten auf derselben Höhe liegen.

2 Das Grundgerüst wird auf einen bereits vorhandenen Sockel gesetzt und an der Lattenunterkonstruktion verschraubt. Die obere Latte wurde mithilfe von Montagekleber befestigt und gehört somit ebenfalls zur Unterkonstruktion. Die Rückwand besteht aus dünner MDF-Platte.

3 Die Querstreben werden eingesetzt und verschraubt. Dadurch besteht nun nicht nur eine Oberfläche für die Einlegeböden, sondern die Konstruktion ist auch noch äußerst stabil.

4 Die Einlegeböden müssen einzeln eingepasst werden. Durch die Wölbung der Karosse werden die einzelnen Fächer nach oben hin schmaler.

5 Für die Türen wird ein Rahmen gebaut. Mit einer Oberfräse wurde eine Nut für die innere Platte geschaffen. Haben Sie keine Fräse, können Sie dafür Nut- und Federholz wie Rauspund nutzen, indem Sie die Latten mit der Kreissäge längs teilen.

6 Für den inneren Teil der Tür wird eine Holzplatte in den Rahmen geschoben. Sie sollte von der Dicke sehr genau auf die Nut passen und darf in ihrem Format auch etwas Spiel haben. Die Platten halten dadurch, dass der Rahmen mit Holzdübeln verleimt wird. So sind beim Öffnen der Türen keine Schrauben sichtbar. Natürlich können Sie auch rahmenlose Platten als Türen nutzen. Die Türen wurden mit Klavierband befestigt.

7 Nun muss die Konstruktion für die Holzbehandlung erneut auseinandergenommen werden (Trocknungszeiten beachten). Anschließend werden Kugelschnapper und Griffe befestigt.

1

2

3

4

5

6

7

8

ANLEITUNG

Boho-Hängeschrank bauen

WAS BRAUCHE ICH?

- → Holzplatten
- → Holzschrauben
- → Akkuschrauber
- → Stichsäge
- → Oberfräse
- → Aufschraubscharniere
- → Griffe
- → Holzbehandlung, bspw. Hartwachsöl
- → Schraubgläser
- → **Persönliche Schutzausrüstung (Seite 49)**

Circa 65 €	4 Stunden (Ohne Trocknungszeiten)	★★★ Schwierigkeit: 2

1 Für den Boho-Hängeschrank wird mit einer Kombination aus Multiplex und Vollholz gearbeitet. Die untere Platte besteht aus Vollholz und besitzt eine Waldkante. Wegen der Krümmung der Karosserie sollten Sie für die Seitenwände außerdem zunächst wieder passende Pappschablonen anfertigen. Seitenwände, Decken und Bodenplatte werden einfach aneinandergeschraubt. Achten Sie wieder auf gerade Schnittkanten. Die Deckenplatte wird an der Unterkonstruktion des Campers befestigt. Damit der Schrank am Ende gerade hängt, müssen Sie möglicherweise einen Keil für die Decke formen (an die Unterkonstruktion der Decke geschraubt oder geklebt, „Deckenplatte" des Schrankes dann daran befestigen). Für die Rückwand wurde in diesem Fall MDF-Platte genutzt.

2 Der Bau der Türen erfolgt identisch wie für den Kleiderschrank auf den vorangegangenen Seiten. Der einzige Unterschied: Die Rahmen sind an dieser Stelle seitlich verschraubt, da dies bei geöffnetem Zustand von vorn nicht sichtbar ist.

3 Es wird eine Zwischenwand gezogen und die Türen werden mit Aufschraubscharnieren befestigt, sodass sie nach oben hin aufgeklappt werden können.

4 Das Holz sollte behandelt werden – beispielsweise wie in diesem Fall mit Hartwachsöl. Außerdem sind noch Griffe anzubringen. Je nach Art der Scharniere werden unter Umständen Anschläge für die Türen und Möglichkeiten zur Verriegelung benötigt. Gerade bei hohen Schränken ist es wichtig, dass Sie während der Fahrt auf gar keinen Fall aufspringen können. Welche Optionen es gibt, lesen Sie auf Seite 166.

5 Zuletzt können noch Schraubgläser hinzugefügt werden. Sie dienen für Gewürze oder dem Verstauen kleinerer Gegenstände.

6 Befestigen Sie die Schraubdeckel mit jeweils zwei Schrauben unter dem Hängeschrank. Es ist wichtig, dass Sie zwei Schrauben nutzen, damit sich die Deckel beim Öffnen nicht mitdrehen. Alternativ kann auch mit Magnetlösungen gearbeitet werden.

1

2

3

4

5

6

BETT

Wer gut schläft, verbringt einen erholsamen Urlaub. Ein bequemes Bett ist im Wohnmobil daher unerlässlich. Wählen Sie zwischen einem festen Bett oder modularen Lösungen. Zu Lattenrosten gibt es einige interessante Erkenntnisse der Stiftung Warentest.

Festes Bett

Ein festes Bett bietet fraglos den größten Komfort, denn Sie müssen es vor dem Schlafengehen nicht erst umbauen. Damit der Schlafbereich etwas vom Wohnraum getrennt ist, bauen viele ihr festes Bett erhöht – was außerdem für einen sehr großen Stauraumbereich sorgt. Je nachdem wie hoch ihr Fahrzeug ist, können Sie dann allerdings unter Umständen nicht aufrecht im Bett sitzen. Wer entspannt aufrecht sitzen möchte, sollte darauf achten, dass – Achtung: inklusive Matratze! – noch etwa 90 Zentimeter Freiheit bis zur Deckenverkleidung bestehen. Bei einem H2-Kastenwagen läge die Oberkante des Bettes dann etwa auf 95 Zentimetern. Zum Vergleich: Die durchschnittliche Sitzhöhe für einen Stuhl liegt zwischen 42 bis 48 Zentimetern.

Baut man das feste Bett längs ein, werden dadurch zwei Meter der Fläche für den Schlafbereich geblockt. Wenn Sie noch andere Möbel im Wohnmobil haben möchten, wie einen Tisch mit Sitzgelegenheit und Kochecke oder gar ein Bad, dann kann das ein schwieriges Unterfangen werden. Es sei denn, die Länge Ihrer Ladefläche beträgt deutlich über drei Meter. Aus diesem Grund entscheiden sich einige dazu, das Bett quer im Camper zu verbauen. Dann gehen für zwei Personen nur etwa 1,40 Meter für das Bett drauf und der Rest kann als Wohnraum dienen. Im Mini-Camper ist das allerdings nicht möglich und auch die meisten Campervans sind so schmal, dass inklusive Verkleidung keine ausreichende Breite für ein Querbett herauszuholen ist. Aus diesem Grund sind Querschläfer-Betten eher etwas für Kastenwagen – Ausbauern großer Expeditionsmobile stellt sich das Platzproblem ohnehin nicht. Doch selbst die meisten Kastenwagen sind nach dem Ausbau innen so schmal, dass nur kleinere Personen ausgestreckt in einem Querbett liegen können.

Um hier etwas Raum zu gewinnen, können Sie sich eine Heckverbreiterung einbauen. Diese Ausbuchtungen aus GFK sind meist bereits isoliert und können an einer oder zwei gegenüberliegenden Seiten angebracht werden. Dadurch gewinnen Sie pro Seite bis zu 10 Zentimeter. Für die

Montage wird an der Karosse ein Ausschnitt gesetzt (Behandlung mit Feile und Schutzlack, siehe „Fenster“, ab Seite 56). Anschließend wird die Verbreiterung mit Montagekleber verklebt und zusätzlich verschraubt. Heckverbreiterungen erhalten Sie für zwischen 200 und 700 Euro. Sie können sie für zwischen 1200 bis 1600 Euro auch professionell einbauen lassen.

Heckverbreiterungen sind eintragungspflichtig und müssen fachgerecht montiert werden. Nutzen Sie nur Modelle, die für Ihr Fahrzeug passend sind. Entsprechende Angaben und Dokumente für die Eintragung erhalten Sie vom Hersteller.

Hochbett

Hochbetten im Camper sind besonders bei Familien beliebt, denn so können Schlafetagen für mehr als zwei Personen geschaffen werden. Ein Hochbett im Wohnmobil sollte nicht ausschließlich auf Stelzen stehen, sondern auch seitlich an der Fahrzeugwand verankert sein. Da Kinder auf dem Bett auch gern toben möchten oder sich möglicherweise sogar daran hängen, können mitunter sehr starke Kräfte auf die Konstruktion wirken.

Aus diesem Grund ist angezeigt, die Unterkonstruktion für das Bettgestell zusätzlich zum Verkleben mit Montagekleber über Nietmuttern zu sichern. Diese beste-

Eine robuste Bettkonstruktion

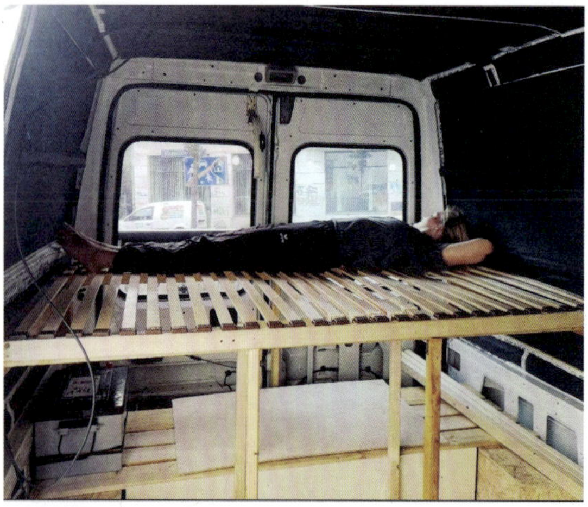

Kleine Personen können im Kastenwagen problemlos quer schlafen.

hen in der Regel aus einem zylindrischen Metallkörper mit einem Innengewinde und einem erweiterten Kopf. Die Nietmutter wird in ein vorgebohrtes Loch gesteckt und mithilfe einer Nietmutternzange in das Blech eingepresst. Dabei verformt sich der hintere Teil der Nietmutter und bildet eine Verriegelung, die sie sicher im Holm hält. Die Holme vieler Transportfahrzeuge haben im Innenraum vorgestanzte Löcher, die sich gut dafür nutzen lassen. So vermeiden Sie, in die Holme zu bohren, wobei Metallspäne entstehen, die Sie nicht wieder herausbekommen. Rost wäre dadurch so gut wie vorprogrammiert.

Ein hochgefahrenes Hubbett

Modulare Betten

Ausreichend Platz und Bewegungsfreiheit im Wohnmobil sind rar. Mit einem Bett, das sich zu einer Sitzgelegenheit oder Sitzecke umbauen lässt, können Sie die Raumnutzung im Camper optimieren. Für Umbaubetten bestehen schier unendliche Möglichkeiten. Das Bett kann auszieh- oder klappbar sein. Die absolute Luxusvariante (für Camper mit Stehhöhe) bieten Hubbetten, die sich beispielsweise über ein Schneckengetriebe nach oben fahren lassen und eine unterliegende Sitzecke freigeben oder als riesige Heckgarage (etwa für Motorräder) dienen. Hier ist der Umbauaufwand minimal und auch die Bettwäsche muss nicht separat verstaut werden. Diese Variante ist in der Umsetzung jedoch nicht ganz unkompliziert und die Unterkonstruktion für die Aufhängung oder Führung sollte zusätzlich mithilfe von Nietmuttern (siehe oben) gesichert sein.

Ausziehbares Bett

Wer sein Bett mittels Ausziehens zu einer Sitzgelegenheit umbauen möchte, sollte darauf achten, dass das Bettgestell inklusive Matratze eine Höhe von 50 Zentimetern

ZULASSUNGS CHECK

Sitzgelegenheiten, die für die Fahrt nicht zugelassen sind, müssen als solche gekennzeichnet sein. Mehr dazu lesen Sie auf Seite 185.

nicht überschreitet. Ansonsten haben die meisten mit baumendeln Beinen zu kämpfen – was nicht nur ungemütlich, sondern aus ergonomischer Sicht auf Dauer auch wirklich ungesund sein kann. Wer dennoch auf üppigen Stauraum nicht verzichten will, kann das Ganze auch höher gestalten und mit einem Podest im Fußbereich arbeiten (siehe Foto Seite 178 oben). Jedoch bauen Sie sich so auch eine Stolperstufe ein.

Ausziehbare Betten können auf schwebenden Auszügen laufen, die auf einem Sockel oder Stützleisten abgelegt werden, oder Sie ziehen gleich ein gesamtes Gestell inklusive Füßen aus. Auch dreigeteilt ist das möglich, indem nur eine Seite herausgezogen wird. So erhalten Sie eine Sitzgruppe in der man sich gegenübersitzt.

Folgendes ist dabei jedoch immer gleich: Die Latten des Rostes müssen in zusammengebautem Zustand ineinandergreifen. Ineinandergeschoben erhalten Sie so eine durchgehende Sitzfläche, ausgezogen entsteht ein Lattenrost.

Rock-'n'-Roll-Bett

Die ursprüngliche Version des Klapp- beziehungsweise Rock-'n'-Roll-Bettes, besteht aus einer stählernen Unterkonstruktion mit zugelassenen Fahrzeugsitzen. Mit einem kurzen Handgriff lässt sich das gesamte Bettgestell auf einer Führung auseinanderziehen, wodurch der vordere und hintere Teil der Rückenlehnen nach unten klappt und so eine große Liegefläche bildet. In eingeklapptem Zustand können so außerdem zwei bis drei Personen mehr mitfahren. In Deutschland sind die Gestelle eher im Bereich der Campervans vertreten und mit Zulassung für folgende Fahrzeuge erhältlich: Volkswagen Transporter, Mercedes Vito, Ford Transit Custom, Opel Vivaro, Nissan NV300, Fiat Talento, Renault Trafic. Vom Rock-'n'-Roll-Bett abgewandelte Versionen sind sich gegenüberliegende klapp- oder drehbare Schlafsitzbänke, die teilweise universal in verschiedenen Fahrzeugtypen verbaut werden können. Im DIY-Bereich ist jedoch besonders das Rock-'n'-Roll-Modell beliebt. Weil das Konzept so einfach und genial ist, gibt es mittlerweile etliche Nachbauten aus Holz. So darf

Ausziehbare Bettkiste für einen Mini-Camper.

Das Manko bei modularen Betten: die dünne Matratze.

Ausziehbares Bettgestell aus Siebruckplatte.

zwar niemand auf der Sitzgelegenheit mitfahren, aber es ist in der Umsetzung deutlich günstiger und optisch ansprechender als Fahrzeugsitze im Wohnraum zu haben.

Für die DIY-Version wird ein drei- oder viergeteilter Lattenrost (siehe rechts) mit Scharnieren gefertigt. Das unterliegende Gestell läuft entweder am Boden auf Schienen oder kann leicht angehoben und dadurch aufgezogen werden. Wer mit einem viergeteilten Rost arbeitet, erhält im hinteren Fahrzeugbereich mehr Stauraum, das Möbelstück ragt allerdings auch weiter in den Raum hinein. Mit einem dreigeteilten Rost verhält es sich umgekehrt. Wichtig ist, dass Sie in beiden Fällen einen Lock-Mechanismus einbauen, damit das Gestell während der Fahrt sicher in Position bleibt.

Matratzen für feste Betten

Schaumstoffmatratzen isolieren gut und eignen sich daher für Menschen, die leicht frieren. Je nach Modell ist das Material jedoch nach ein paar Jahren durchgelegen. Latexmatratzen hingegen werden von vielen als sehr gemütlich und anschmiegsam wahrgenommen, sind allerdings auch teuer und schwer. Matratzen mit Federkern werden besonders gut durchlüftet und empfehlen sich daher für Menschen, die schnell schwitzen. Frostbeulen sollten wegen des kühleren Schlafgefühls allerdings die Finger davonlassen. Wer ein festes Bett verbaut, kann sich zwischen Federkern-, Schaumstoff- oder Latexmatratze entscheiden.

Unabhängig vom Material ist es häufig schwierig, eine Matratze zu finden, auf der alle Körpertypen gut liegen. Im aktuellen Matratzentest der Stiftung Warentest (Schaumstoffmatratzen – Februar 2024) haben die beiden Spitzenreiter das Kunststück geschafft: Knapp vorn lag die Bodyguard Anti-Kartell-Matratze von Bett1 für 199 Euro. Sie ist die derzeit beste Schaumstoffmatratze in der Datenbank. Zweitplatzierte war die Emma 25 Flip für 400 Euro. Sie lag mit Ihrem Gesamtergebnis (Gut – 1,7) nur knapp hinter der von Bett1 (Gut – 1,6).

Unter den Federkernmatratzen im Test vom Oktober 2023 schnitt die Schlaraffia myNap TFK mit der Note Gut (1,6) am besten ab. Sie kostet etwa 350 Euro. Von den Latexmatratzen aus dem Test im März 2022 ist die Allnatura Sanastar Comfort (Note: Gut 2,2) für circa 760 Euro empfehlenswert. Mehr Informationen erhalten Sie unter test.de/matratzen.

MEISTER-TIPP

Sie müssen übrigens keinesfalls einen Lattenrost mit Federung nachbauen. Unsere Testergebnisse zeigen, dass auch starre Latten ausreichen. Eine detaillierte Ausführung dazu lesen Sie auf Seite 180. Wichtig beim ausziehbaren Bett ist die regelmäßige Lüftung der Matratzen, da sie tagsüber nicht auf einer durchlüfteten Fläche liegen. Das können Sie beispielsweise tun, indem sie die Kissen morgens wenden.

Matratzen für modulare Betten

Das Thema Matratze ist besonders für Selbstausbauer heikel, die sich ein ausziehbares Bett konstruieren, das zu einer Sitzgelegenheit umgebaut wird. Dann muss das Material zu mehreren Kissen zerschnitten werden oder man benötigt eine klappbare Matratze. Dafür kommen eigentlich nur Schaumstoffmatratzen infrage. Standardmatratzen sind vielen Ausbauern zu klobig, um sie für modulare Betten zu nutzen. Es gibt zwar Anbieter für dünne Campingmatratzen (mit oder ohne Klappfunktion) aus „Spezialschaum“ mit 12, 9 oder sogar 6 Zentimetern Höhe, aber normalerweise empfiehlt die Stiftung Warentest bei Matratzen eine Mindesthöhe von 16 Zentimetern.

Bisher haben wir diese Matratzen noch nicht getestet und können daher nur allgemeine Aussagen treffen. Sarah Vasconi, Projektleiterin für Matratzentests der Stiftung Warentest, rät, auf ein hohes Raumgewicht zu achten: „Das bedeutet mehr Schaumstoff pro Kubikzentimeter. Leichte-

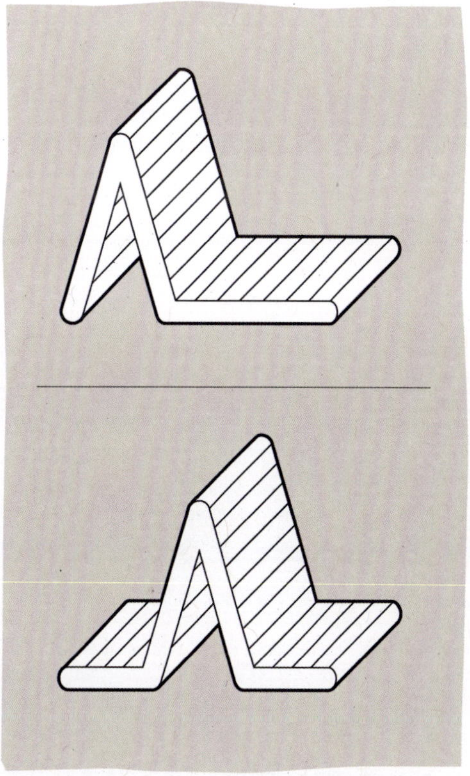

Dreigeteilter Lattenrost (oben) und viergeteilter Lattenrost (unten) für ein Rock-'n'-Roll Bett

Eine große Liegefläche

Der Rost kann ganz einfach weggeschoben werden.

Für die Liegefläche lässt sich eine Ebene bilden, tagsüber dienen die Kissen zum Sitzen und Anlehnen.

re Personen werden hier weniger Probleme haben. Wenn man schwerer ist und die Matratzen sehr dünn sind, kann es nämlich passieren, dass man beim Schlafen den Untergrund spürt." Im besten Fall wirkt das nur unangenehm, im schlimmsten Fall haben Sie den Tag über mit Rückenschmerzen zu kämpfen. Am besten liegen Sie das Modell Probe, um böse Überraschungen zu vermeiden. Außerdem: Je härter die Matratze, desto weniger sinkt man ein. Latex beispielsweise ist als Material eher fest, aber auch schwer.

Wer seine Matratze zerschneidet, um sie tagsüber als Sitzkissen zu verwenden, sollte Bezüge dafür nähen. Dazu bieten sich feste, robuste Stoffe ohne viel Stretchanteil an. Besonders gut geeignet sind strapazierfähige Möbelstoffe, in die ein Klett oder Reißverschluss eingenäht wird.

Lattenroste

Im Oktober 2022 hat die Stiftung Warentest geprüft, welche Relevanz federnde Lattenroste auf die Eigenschaften von Matratzen haben. Das Ergebnis liefert eine gute Nachricht für Selbstausbauer: Häufig verschlechterten die Lattenroste nämlich die Abstützeigenschaften der Matratzen, besser schnitten starre Roste ab. Sie müssen sich bei Ihrem Ausziehbett oder DIY-Rock-'n'-Roll-Bett also höchstwahrscheinlich keine Gedanken über die starren Latten machen, wichtiger ist eine gute Matratze. Ein gewisser Abstand der Latten gibt vielmehr den Ausschlag, damit die Matratze atmen kann. Je dünner die Matratze, desto eher hängt sie durch. Wer für sein festes Bett ebenfalls einen Lattenrost selbst anfertigen möchte, findet unter test.de (Stichwort „Lattenroste") eine kostenlose Bauanleitung.

TISCH

Ob fest verankert, schwenkbar, zum Ausziehen oder doch lieber zum Absenken? Für jeden Ausbau lässt sich der richtige Tisch finden. Als erweiterte Arbeitsplatte kommen kleinere Klapptische infrage.

Fester Tisch

Ein fester Tisch ist besonders im vorderen Fahrzeugbereich in Kombination mit Drehkonsolen (siehe Seite 185) die Option der Wahl. So erhält man leicht drei bis vier Sitzplätze. Die hintere Kopfseite des Tisches wird etwa über eine Tischgleitschiene (circa 45 Euro) eingehängt oder direkt in der Wand verankert. Achten Sie darauf, dass die Aufnahme in beiden Fällen über die Lattenunterkonstruktion des Campers stattfindet und nicht nur in der Verkleidung verschraubt ist. So vermeiden Sie, dass man sich davor fürchtet, sich auf der Konstruktion auch einmal leicht abzustützen. Zur Unterstützung können Sie hier auch mit größeren Regalwinkeln arbeiten. Auf der sichtbaren Kopfseite reicht meist ein einfaches Tischbein aus. Dieses sollte für zusätzliche Stabilität über den Fuß in der Bodenplatte verankert werden.

Schwenktisch

Schwenktische sind besonders in Wohnmobilen verbreitet, in denen Sie das Bett zu einer Sitzgelegenheit umbauen können. Denn die Modelle lassen sich nicht nur in jede beliebige Position schwenken, sondern auch zum Verstauen abbauen. Schwenktische gibt es in der schwebenden Version (siehe Fotos Seite 182), als L- oder als U-Schwenktisch. Durch seine U-Form hat das Tischbein doppelten Bodenkontakt, was ihm zusätzliche Stabilität bietet.

Schwebende Tischfüße bringen Sie über eine Befestigungsplatte am Möbelstück an. L-Tischbeine werden mit einer Metallschelle in Position gehalten und benötigen unter Umständen eine Aussparung im Boden für

Feste Tische eignen sich gut mit Drehsitzen.

Mit dem richtigen Tisch wird das Bett tagsüber zur gemütlichen Sitzecke.

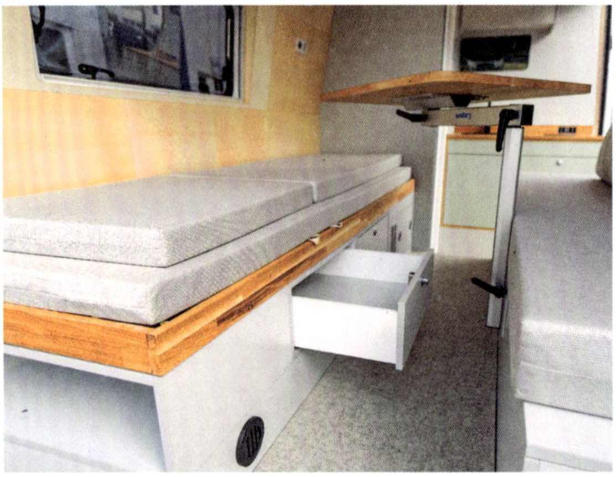

Über Schwenkbewegungen lässt sich der Tisch in verschiedene Positionen bringen.

Ein ausziehbarer Tisch kann sehr leicht verstaut werden.

den Fuß. Besonders die günstigeren Modelle ab 60 Euro sind allerdings etwas weniger stabil und auch der Abbau braucht mehr als einen Handgriff. Für einen schwebenden Schwenkarm, in Handhabung und Montage sehr komfortabel, können Sie hingegen leicht über 200 Euro ausgeben. Modelle mit U-Gestell liegen preislich dazwischen. Die Preise sind jedoch exklusive Tischplatte, diese müssen Sie jeweils zusätzlich erwerben.

Ausziehbarer Tisch

Im Selbstausbau erfreuen sich ausziehbare Tischplatten großer Beliebtheit – und das zu Recht, da sie unauffällig sind und beim Verstauen keinen zusätzlichen Platz einnehmen. Die Platte ist über Lastauszüge (siehe Seite 183) befestigt und kann nach Belieben ein- und ausgefahren werden. Ein weiterer Vorteil ausziehbarer Tische: Sie sind ohne Fuß nutzbar.

Für die Montage bringen Sie ein Paar Vollauszüge (siehe Seite 197) seitlich oder unterhalb der Tischplatte an und verankern sie auf der gegenüberliegenden Seite in Schrank- oder Bettgestell. Bei einem Tisch mittlerer Größe reichen Auszüge, die etwa 45 Kilogramm halten können, aus. Damit sich die Tischplatte während der Fahrt nicht verselbstständigt, ist außerdem ein Schließmechanismus wie zum Beispiel ein kleiner Keil oder Grendelriegel anzubringen. Es gibt auch Auszüge mit integrierter Einrastfunktion.

Hubtisch

Eher aus dem Wohnwagen stammend und im DIY-Bereich weniger verbreitet sind frei stehende Hubtische. Das liegt unter anderem daran, dass die höhenverstellbaren

Auch zweigeteilte Lösungen sind möglich (links). Im Außenbereich können Tischauszüge ebenfalls eine sinnvolle Option sein (rechts).

Sockel relativ teuer sein können. Es gibt sie als Doppelfuß zum Einklappen und als Einzelfuß mit Teleskopstab. Ihr Vorteil: Sie sind sehr stabil und lassen sich dennoch so absenken, dass aus einer Sitzecke eine Liegefläche entstehen kann.

Häufig sind in den Füßen Gewichte integriert, damit der Tisch während der Fahrt sicher steht. Dennoch sollten Sie definitiv auf ein anschraubbares Modell zurückgreifen, um sich keiner unnötigen Unfallgefahr auszusetzen.

Klapptisch

Klapptische sind besonders als zusätzliche Arbeitsfläche beliebt. Über zwei einrastende Klappträger (circa 10 Euro pro Stück) lässt sich eine schmale Tischplatte aufstellen und wieder herunterklappen. Aber Vorsicht: Auch wenn mit stabilen Materialien gearbeitet wird, sollten Klapptische nicht zu stark belastet werden. Gerät die ausgeklappte Fläche zu klein, gehen Klapptische unter anderem nicht als vollwertiger Tisch für die Ummeldung zum Wohnmobil durch. Auf der sicheren Seite befinden Sie sich, wenn es eine weitere Sitzmöglichkeit mit Tisch gibt. Soll ein kleiner Klapptisch die einzige Ablagefläche in Ihrem Fahrzeug sein, besprechen sie Ihr Vorhaben am besten mit Ihrem TÜV-Sachverständigen.

ZULASSUNGS CHECK

Für die Ummeldung zum Wohnmobil müssen eigentlich alle Möbel fest installiert sein, einzig der Tisch bildet eine Ausnahme. Er darf so gebaut sein, dass er sich leicht entfernen lässt. Welche Möbel für die Minimalausstattung eines Wohnmobils vorgeschrieben sind, lesen Sie auf Seite 42.

SITZGELEGENHEITEN

Wer ein festes Bett hat, das sich nicht zu einer Sitzgelegenheit umbauen lässt, benötigt für die Ummeldung zum Wohnmobil noch eine Sitzmöglichkeit. Aber auch so ist es ja nicht von Nachteil, sich zum Abendessen auch drinnen gemütlich hinsetzen zu können.

Sitzen

Am einfachsten ist es, Kisten in Sitzhöhe von 42 bis 48 Zentimetern (inklusive Sitzpolster) zu bauen. Wenn Sie die Sitzgelegenheiten mit einer Klappe oder Tür konzipieren, dienen sie gleichzeitig als Stauraum. Auch zugelassene Fahrzeugsitze im Wohnraum gelten als Sitzgelegenheit. Vorteil: Sie sind ergonomischer als Sitzkästen.

Als Sitzpolster kommen feste Schaumstoffkissen infrage, die Sie passend zuschneiden können, mit einem Bezug aus robustem Möbelstoff. Bezüge lassen sich kaufen oder selbst nähen. Maßanfertigungen erhalten Sie in der Schneiderei, kleinere Bezüge sind selbst dort nicht sehr teuer.

Wenn die passenden Aufnahmen dafür vorhanden sind, können Sie im Wohnraum auch Fahrzeugsitze als Sitzgelegenheit nutzen. Allerdings gilt hierbei: Sitzplätze, auf denen Passagiere befördert werden, sind eintragungspflichtig und müssen fachgerecht montiert werden. Nutzen Sie nur Modelle, die auch zu Ihrem Fahrzeug passen. Entsprechende Angaben und Dokumente für die Eintragung erhalten Sie vom Hersteller.

Mit Drehkonsolen erweitert sich der Wohnraum im Handumdrehen zu einer Sitzgruppe.

Drehkonsole

Eine Drehkonsole erlaubt es, Fahrer- und/ oder Beifahrersitz zu drehen. Dadurch lässt sich der Wohnraum Ihres Campers erweitern. Voraussetzung ist, dass eine offene Verbindung zwischen Wohnraum und Fahrerkabine besteht. Für die Installation wird der Fahrzeugsitz abgebaut, sodass das unterliegende Gestell (Sitzkonsole) frei liegt. Um alle Schrauben zu erreichen, drehen Sie die Konsole um 45 Grad auf und verschrauben sie in vorgegebener Richtung an der Sitzkonsole. Danach wird der Sitz wieder aufgesetzt und wie vorgegeben befestigt. Nun sollte sich der Sitz drehen lassen und in Fahrtrichtung einrasten. Der Einbau einer Drehkonsole kann je nach Hersteller variieren. Folgen Sie genau den Einbauanweisungen. Für die Fahrt müssen die Sitze natürlich wieder zurückgedreht werden.

Sitze modernerer Fahrzeuge beinhalten neben mechanischen Funktionen auch elektronische Bauteile für beispielsweise die Sitzverstellung oder Airbags. Auch diese müssen unter Umständen fachgerecht demontiert und wieder zusammengesetzt werden. Eine falsche Montage kann zu Funktionsausfall und Fehlermeldungen führen. Falls Sie sich unsicher fühlen, sollten Sie sich fachliche Unterstützung suchen.

Abnahme der Drehkonsole

Wenn Sie eine Drehkonsole einbauen möchten, achten Sie darauf, dass das Modell eine Allgemeine Betriebserlaubnis (ABE) für Ihren Fahrzeugtyp besitzt, ansonsten bedarf es einer Einzelabnahme. Da es sich um einen Eingriff in die Sitzstruktur handelt und teilweise in die Bordelektronik eingegriffen wird, muss für gewöhnlich auch beim Einbau mit ABE ein TÜV-Sachverständiger eine kurze Abnahme über die fachgerechte Montage der Drehkonsole durchführen, oder die Zulassungspapiere sind mitzuführen. Inwiefern eine Abnahme notwendig ist, entnehmen Sie den mitgelieferten Zulassungspapieren der Konsole.

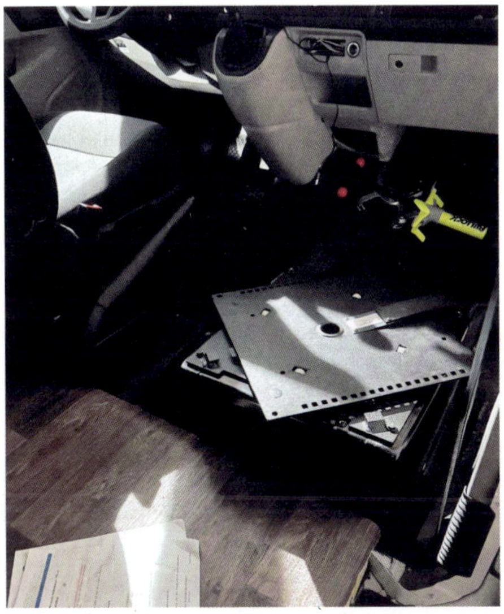

Die Drehkonsole wird unter dem Sitz eingesetzt.

ZULASSUNGS CHECK

Sitze, die während der Fahrt nicht benutzt werden dürfen, brauchen eine Kennzeichnung. Im TÜV-Merkblatt zur Wohnmobilummeldung wird folgender Schriftzug empfohlen: „Sitz während der Fahrt nicht benutzen." Entsprechende Aufkleber gibt es im Internet für wenige Euro zu bestellen.

Nachgerüstete Fahrzeugsitze, die während der Fahrt besetzt werden dürfen, müssen fachgerecht eingebaut und eingetragen werden. Wenn das Fahrzeug nicht über geeignete oder geprüfte Verankerungspunkte verfügt, kann gegebenenfalls auch mit Smartfloor-Systemen gearbeitet werden. Halten Sie dazu am besten zunächst Rücksprache mit Ihrem TÜV-Sachverständigen.

ANLEITUNG

Sitzgelegenheit mit Stauraum bauen

WAS BRAUCHE ICH?

- Dachlatten
- Holzplatten
- Scharniere
- Holzschrauben
- Akkuschrauber
- Stichsäge
- evtl. Kreissäge
- Holzbehandlung, bspw. Beize
- **Persönliche Schutzausrüstung (Seite 49)**

Kosten	Zeit	Schwierigkeit
Circa 110€	6 Stunden (Ohne Trocknungszeiten)	Schwierigkeit: 1

1 Die richtigen Maße nehmen und Latten für das Grundgerüst zuschneiden. Ein Schreinerwinkel kann dabei hilfreich sein.

2 Das Gerüst steht. Um den Radkasten herum wurde eine Verkleidung gesetzt, weshalb der Stauraum stufenförmig verläuft. Als Nächstes werden Trennwände zugeschnitten und eingesetzt. So entstehen kleinere Kammern und Ihre Sachen purzeln während der Fahrt nicht herum. Die Einlage von Anti-Rutschmatten soll dies ebenfalls verhindern.

3 Die sichtbare Außenverkleidung besteht aus einer großen Platte. Auch sie muss zugeschnitten werden. Lange gerade Schnitte setzen Sie am besten mit einer Kreissäge.

4 Nun wird die Außenverkleidung verschraubt. Das Holz sollte vorher behandelt werden. An dieser Stelle wurde mahagonifarbene Beize verwendet.

5 Am hinteren Teil des Gerüsts lassen sich Klappen mit ausreichender Stärke mittels Scharnieren befestigen. Wenn Sie möchten, dass die Klappen in geöffnetem Zustand von allein offen stehen bleiben, setzen Sie etwa auf Springscharniere. Achten Sie darauf, dass die Klappen mit dem Rand der vorderen Verkleidung abschließen. Da die Sitzgelegenheit mit dem Heck abschließt, kann dort eine Klappe oder Tür angebracht werden. So ist der Stauraum auch von Außen leicht erreichbar. Oder es wird mit Heckauszügen gearbeitet, die den Stauraum übersichtlicher gestalten. Denken Sie daran, alle unbeschichteten Hölzer mit Holzbehandlung Ihrer Wahl zu versehen.

6 Als Klappengriffe sind für eine Sitzgelegenheit Löcher ideal, damit die Sitzkissen anschließend auf einem ebenen Untergrund Platz finden. Auch wenn die Schwerkraft die Klappen theoretisch unten hält, ist eine zusätzliche Verriegelung aus zum Beispiel Magnet- oder Kugelschnapper ratsam. Außerdem wird dadurch Klappergeräuschen während der Fahrt vorgebeugt.

1

2

3

4

5

6

FERNSEHER UND INTERNET

Auch wenn es nicht für jeden Ausbauer relevant ist: Einige Reisende müssen regelmäßig an den Schreibtisch, was einen gut ausgestatteten Arbeitsplatz unerlässlich macht. Aus diesem Grund lesen Sie an dieser Stelle einen kurzen technischen Exkurs in die Welt der Monitore und Datenübertragung.

Bildschirm

Wer sich für längere Zeit auf Reisen befindet oder sogar Vollzeit ins Vanlife einsteigen möchte, wird wohl die eine oder andere Stunde mit Telearbeit verbringen. Aber auch im Urlaub möchten Sie vielleicht gemütlich einen Film schauen und sich dabei nicht mit mehreren Personen vor einen kleinen Laptop zwängen. Vor allem wer sich häufiger und für längere Zeit vor dem Monitor befindet, sollte den Einbau eines festinstallierten Bildschirms in Erwägung ziehen. Dieser kann – im Gegensatz zum Laptop – auf Augenhöhe installiert werden und ermöglicht so eine gesündere Sitzposition. Bildschirme und Fernseher für das Wohnmobil gibt es für 12 oder 230 Volt, Kostenpunkt: zwischen 250 bis 500 Euro.

Satellitenfernsehen

Möchten Sie lineares Fernsehen schauen, können Sie eine Camping-Satellitenschüssel installieren. Diese sind zwar eher als Nachrüstgegenstände bei ausgebauten Wohnmobilen üblich, sollten an dieser Stelle aber auch Erwähnung finden. Die Satellitenschüssel liegt während der Fahrt flach am Fahrzeugdach an und richtet sich bei Bedarf meist automatisch auf und sucht sich über eine Rotation die beste Ausrichtung zum Rundfunksatelliten. Damit die Satellitenschüssel für die Fahrt sicher einklappt, wird bei manchen Modellen in die Bordelektronik des Fahrzeugs eingegriffen, indem eine Verbindung zum Zünder hergestellt wird. Das sorgt dafür, dass die Schüssel automatisch einklappt, sobald das Fahrzeug gestartet wird. Daher sollte die Installation unbedingt von Fachpersonal durchgeführt werden. Und das kann teuer werden: Angebote unter 2000 Euro werden Sie selten finden. Günstigere Alternativen geben mobile Sat-Anlagen für Wohnmobile oder Internetfernsehen ab.

Moderne Wohnmobilfernseher sind DVB-fähig oder besitzen einen Triple Tuner.

ZULASSUNGS CHECK

Fest installierte elektronische Geräte im Wohnmobil benötigen einen Nachweis über elektromagnetische Verträglichkeit, weshalb Sie nicht einfach jeden Fernseher einbauen dürfen. Wohnmobilbildschirme zeichnen sich außerdem durch Schockunempfindlichkeit aus. Ob das Gerät für die Verwendung in Kraftfahrzeugen vorgesehen ist, erfahren Sie aus der Produktbeschreibung. Am besten informieren Sie sich im Campingfachhandel. Dieser führt üblicherweise die passenden Geräte.

Dadurch lassen sie sich ohne einen zusätzlichen Receiver zum Fernsehen mit Ihrer Satellitenschüssel kombinieren.

Internetverbindung

Die meisten Campingplätze bieten WLan an, doch wenn Sie Pech haben, ist das Netz selbst heutzutage noch nicht in allen Bereichen, sondern nur in Rezeptionsnähe verfügbar. Bereits auf Wohnmobilstellplätzen ist ein WLan-Angebot nur in den allerseltensten Fällen zu finden. Internetempfang erhalten Sie unterwegs über mobile Router, doch nicht alle davon sind sicher. Das zeigte ein Test mobiler Hotspots der Stiftung Warentest vom Juni 2023. Drei der 14 geprüften Geräte offenbarten kritische Sicherheitslücken, die ein leichtes Einfallstor für Hacker darstellten. Im Wohnmobil sind mobile Hotspots mit Akku angezeigt, da sie sich über einen USB-Anschluss und somit über 12 Volt laden lassen. Unter den sieben getesteten Akkumodellen war der ZTE HyperMobile 5G (289 Euro) Spitzenreiter. Er erreichte die Note Gut (2,0) und glänzte mit atemberaubenden Datenraten: Im 5G-Netz schaffte er Downloads mit über 700 Megabit pro Sekunde (Mbit/s). DSL-Anschlüsse in deutschen Haushalten liegen nicht selten nur bei 16 Mbit/s. Ebenfalls Gut (2,2) aber deutlich teurer ist der Acer Connect M5 5G Mobile WiFi für 420 Euro. Dafür lässt er sich als einziger auch als Powerbank nutzen.

Die getesteten Produkte sind ausschließlich zur mobilen Nutzung gedacht. Es gibt allerdings auch speziell für den Wohnmobilbereich entwickelte Produkte zur festen Installation. In diesem Fall wird eine LTE-Antenne auf dem Fahrzeugdach montiert, die an einen WLan-Router im Innenraum sendet; preislich liegen Sie hier bei etwa 900 Euro. Eine weitere Option und besonders bei Offroadcampern beliebt ist Satelliteninternet, da keine Verbindung zum Mobilfunknetz benötigt wird und auch über Ländergrenzen hinweg eine stabile Internetverbindung gewährleistet ist.

Acer Connect M5 5G Mobile WiFi

INNENRAUM-BELEUCHTUNG

Gemütliche Beleuchtung beschert Ihnen angenehme Urlaubsabende. Neben Lampen fürs Ambiente können zusätzliche Deckenlampen – sogenannte LED-Spots – attraktiv sein. Denn wer will schon im Halbdunkel sein Handy suchen? Mit guter Ausleuchtung finden Sie Ihre sieben Sachen schnell wieder.

Deckenlampen

Wild schwingende Deckenlampen sind für ein mobiles Zuhause weniger geeignet. Damit Sie trotzdem eine effektive Deckenbeleuchtung bekommen, sind sogenannte LED-Spots sehr beliebt. Die 12-Volt-Lampen fürs Wohnmobil bekommen Sie für etwa 10 bis 20 Euro das Stück im Campingfachhandel. Die Lampen können Sie in einem runden Ausschnitt in Ihrer Deckenplatte oder im Profilholz platzieren. Oder Sie bauen eine Lampe drumherum (siehe rechts).

Indirekte Beleuchtung blendet nicht.

Es empfiehlt sich, die Lampen im Profilholz oder der Deckenplatte einzulassen, bevor Sie Ihre Deckenverkleidung anbringen. Denn häufig befindet sich der Befestigungsmechanismus auf der Rückseite. Außerdem sind Überkopfarbeiten sehr anstrengend, weshalb sie möglichst umgangen werden sollten.

Zum Einlassen der LED-Spots arbeiten Sie am besten mit einem im Durchmesser passenden Lochkreissägenaufsatz für Ihren Akkuschrauber. Damit die Schnittkanten nicht ausfransen, will die Bedienung etwas geübt sein. Führen Sie Ihre ersten Versuche am besten an einem Probestück durch.

Anschließend können Sie die LED-Spots so zusammenschließen, dass sie sich über einen einzelnen Lichtschalter betätigen lasen. Es gibt auch Modelle mit integriertem Touch-Schalter. Ein Vorteil der Lampen: Sie können gezielt mehrere Lichtquellen für

Aus den Deckenspots bauen Sie sich flugs auch eine eigene Lampe.

MEISTER-TIPP

Mindestens ein Lichtschalter sollte von der Eingangstür gut erreichbar sein. Auch ein Schalter, der sich vom Bett aus ausknipsen lässt, drängt sich auf. Denn nichts ist nerviger, als bereits warm eingekuschelt in den Federn zu liegen, nur um zu bemerken, dass man vergessen hat, den Schalter am anderen Ende des Fahrzeugs zu betätigen. Es gibt auch dreipolige Schalter, mit denen Sie eine Wechselschaltung aufbauen können. Dabei werden die zwei Schalter über Verbindungsleiter miteinander verbunden, was dafür sorgt, dass sich dieselbe Lampe von zwei verschiedenen Stellen aus an- und ausschalten lässt. Mehr zu Elektrik im Camper lesen Sie ab Seite 96.

Wohnraum, Küchenbereich und Bett wählen und so Ihr Wohnmobil effektiv ausleuchten. Natürlich können Sie sich aber auch für eine große Deckenlampe entscheiden. Entsprechend flache Modelle (damit man sich nicht den Kopf daran stößt) für 12 Volt finden Sie ebenfalls im Campingfachhandel.

Lampen fürs Ambiente

Wer genießt es nicht, in gemütlicher Runde am Abend zusammenzusitzen? Selbst wenn das beim Camping häufig draußen stattfindet, gibt es auch einmal kühle oder regnerische Tage, an denen Sie es sich vielleicht lieber drinnen gemütlich machen. Und was wäre da unpassender als eine grelle Deckenlampe? Indirektes Licht macht hier mehr Laune und sorgt für angenehmes Ambiente. Leicht versteckte LED-Bänder oder Lichtleisten sorgen für Wohlfühlstimmung. Das geht nach oben strahlend oder sogar als Bodenbeleuchtung unter den Möbeln – werden Sie kreativ!

VORHÄNGE UND THERMOMATTEN

Leichte Vorhänge helfen dabei, sich tagsüber etwas Privatsphäre zu verschaffen und trotzdem noch Licht hineinzulassen. Thermomatten hingegen schließen nachts blickdicht ab und dämmen die Fensterscheiben zusätzlich.

Vorhänge

Selbst ausgebaute Camper sind nicht selten neugierigen Blicken ausgesetzt. Mit Vorhängen können Sie Ihre Privatsphäre schützen. Ein leichter Stoff lässt noch genug Licht durch, um tagsüber auf künstliche Beleuchtung zu verzichten. Gardinen lassen sich im Camper gut mit flexiblem Vorhangdraht, der an beiden Seiten mit Haken in Ösen eingehängt wird, aufhängen. Es gibt Sets zu kaufen, bei denen der Draht mit passenden Haken und Ösen geliefert wird. Die Bausätze inklusive zwei Meter Draht erhalten Sie für etwa 6 Euro. Am besten arbeiten Sie für die Führung Metallösen in den Stoff ein (beim Nähen an die Saumzugaben denken). Alternativ kann man sich derlei für kleines Geld anfertigen lassen. Gehen Sie mit den Maßen und dem gewünschten Stoff zur Schneiderei.

Die einfache Variante: eine Drahtschlaufe mit Presshülse

Wer es etwas unkomplizierter möchte, für den reichen Drahtschlaufen mit Presshülsen aus dem Baumarkt. Da der Draht dünn ist, halten die meisten Stoffe gut daran. Es reicht, ihn einmal umzunähen und den Draht durchzuziehen. Der Draht wird gespannt, indem die Schrauben stramm durch die Ösen geschraubt werden. Unter Umständen hängt die Gardine dann leicht durch (siehe Foto). Ist der Fensterbereich, etwa durch eine Verkleidung, sehr gerade, können Sie mit Vorhangschienen arbeiten. Dann muss in die Gardine ein Kräuselband für die Rollringe eingenäht werden.

Thermomatten

Mittlerweile sollte Ihr Camper gedämmt sein (siehe Kapitel 3, Seite 79). Allerdings gibt es da noch die einfachverglasten Fenster in der Fahrerkabine. Hierüber verlieren sie nachts viel an Energie, außerdem kondensiert dort schnell Feuchtigkeit. Um dem vorzubeugen, wird die Fahrerkabine über Nacht mit mehrschichtigen Thermomatten isoliert, die über Saugnäpfe von innen an Front- und Seitenscheiben angebracht werden. Zusätzlich zur Wärmedämmung bietet dies einen guten Blickschutz. Tagsüber sind Thermomatten sinnvoll, um im Sommer die Mittagshitze draußen zu halten.

Die Matten lassen sich für fast alle gängigen Campingfahrzeuge erwerben (circa 70 Euro). Finden Sie kein passendes Produkt, gibt es auch DIY-Sets oder Meterware. Das bietet sich insbesondere an, wenn Sie einen Fensterbus fahren. Denn dann sollten Sie alle Fenster nachts dämmen. Meterware ist oft günstiger als fertige Rundummatten für alle frei liegenden Fenster zu erwerben. Maßgeschneiderte Komplettsets gibt es für Mini-Camper ab 150 Euro. In nachträglich eingesetzten Campingfenstern (siehe ab Seite 56) sind häufig bereits Rollos integriert. Haben Sie sich für ein Modell ohne Rollo entschieden, empfiehlt sich auch hierfür eine Thermomatte.

Es gibt weitere Möglichkeiten, die Fenster in der Fahrerkabine zu dämmen. So finden sich seit einiger Zeit Anbauteile, bei denen Rollos unter einer Verkleidung der A- oder B-Säule versteckt werden. Ihr Vorteil: Das Öffnen und Schließen der Rollos geht superschnell. Weil sie im Fahrzeug integriert sind, müssen sie außerdem nicht separat verstaut werden. Allerdings ist diese Verdunklungsmethode auch enorm teuer. Der Preis für ein einziges Seitenscheibenrollo liegt bisher noch bei zwischen 300 und 500 Euro.

ZULASSUNGS-CHECK

Kochen Sie mit offenem Feuer, muss dessen Abstand zu Vorhängen mindestens 90 Zentimeter betragen. Oder aber die Gardine kann nicht näher als 30 Zentimeter an die Flamme heranreichen. Das erreichen Sie etwa, indem Sie die Vorhänge nicht nur oben aufhängen, sondern auch unten abspannen.

Die Thermomatte hält über Saugnäpfe am Fenster.

SCHUBLADEN UND AUSZÜGE

Ein Heckauszug zum Kochen oder gar Sitzen oder doch nur eine kleine Besteckschublade? Nun lesen Sie von verschiedenen Bauarten für Auszüge und Schubladen und welche ideal wo aufgehoben sind.

Schubladen

Irgendwo befindet sich wohl in jedem Wohnmobil eine Schublade, und wenn es nur ein kleines Besteckfach ist. Wie bei allem gibt es auch beim Schubladenbau unendlich verschiedene Möglichkeiten. Im simpelsten Fall nutzen Sie beispielsweise im Kleiderschrank einfach Kunststoffschubladen oder Drahtkörbe mit Randprofil auf einer Laufleiste oder zwischen zwei Holzleisten. Eine weitere Möglichkeit stellen Schubladen auf einer Führung aus zwei unterliegenden Holzklötzen dar (siehe 195). Eine schienengeführte Schublade läuft besonders reibungslos, bedarf aber auch präziser Planung und Umsetzung.

Eine weitere Frage: Soll die Front der Schublade aufliegen oder bündig mit der Fassade abschließen? Die aufliegende Front ist größer als der Rest der Schublade und die Seiten schließen bündig mit dem Schrank ab. Bei der eingelassenen Schublade hingegen schließt die Front bündig mit dem Schrank ab, weshalb die Seiten um die Tiefe der Front kürzer sein müssen. Die Front hat in diesem Fall außerdem 2 bis 5 Millimeter Spiel – so groß wie der Ausschnitt oder die Aussparung für die Schublade. Diese Methode lässt sich erweitern, indem eine zusätzliche Frontverkleidung als Blende aufgesetzt wird. Das verzeiht beim Bauen die meisten Fehler, denn wenn Sie nicht ganz gleichmäßig gearbeitet haben, lassen sich hierdurch unterschiedliche Spaltmaße wieder ausgleichen.

Schublade bauen

Für eine Schublade benötigen Sie fünf Holzplatten: den Boden, zwei Seitenwände, eine Rückwand und die Front. Die Platten sollten dick genug sein, damit Sie in die Kanten hineinschrauben können ohne, dass sie splittern. Üblich für Schubladen sind 12 Millimeter.

Wie bei der Anleitung „Stauraum für flachen Campervan bauen" (Seite 168) ist es wichtig, dass alle Schnittkanten sehr gerade sind. Nur dann kann man die Teile in rechtem Winkel aufeinandersetzen. Dafür arbeiten Sie am besten mit einer Kreissäge oder lassen sich das Holz passend im Baumarkt zuschneiden. Nun setzen Sie die Teile noch mit Schrauben und Leim zusammen. Von innen verstecken lassen sich Schrauben mithilfe einer Taschenbohrvorlage. Natürlich gibt es auch andere Möglichkeiten, eine Schublade zu bauen: Alternativ können Sie die Einlage für die Bodenplatte fräsen (dann kann sie deutlich dünner ausfallen) oder mit Winkeln arbeiten. Verschiedene Holzbautechniken lesen Sie auf Seite 162. Natürlich braucht Ihre Schublade auch einen Griff. Dabei sind Löcher oder Schlaufen sehr beliebt. Mehr Informationen zu Griffen lesen Sie unter „Öffnen und Schließen" auf Seite 166.

Die Führung

Die oben beschriebene Holzkiste kann auf einer Führung aus zwei unterliegenden Holzklötzen laufen oder schienengeführt sein. Schienen lassen sich so verbauen, dass sie außen anliegen oder über Montagewinkel unterliegend versteckt sind. Bei außenliegender Schienenführung (siehe Foto rechts) muss beachtet werden, dass die Abstände der Seitenwände zum äußeren Ausschnitt so gewählt sind, dass die Schienenführung dort noch Platz findet. Daher muss die Stärke der Auszüge von der Breite der Schublade abgezogen werden. Für solche Schubladen ist daher eine aufliegende Front angeraten, um in geschlossenem Zustand den durch die Anbringungsart entstehenden Spalt zu vertuschen. Wie sie eine Schiene verbauen, lesen Sie in unserer Schritt-für-Schritt-Anleitung auf Seite 197.

Schwerlastauszüge

Je nachdem wie viel Gewicht auf der Lade lasten soll, können Sie anstatt von Schub-

ZULASSUNGS-CHECK

Für eine Ummeldung zum Wohnmobil sollten Schubladen formschlüssig verriegelt werden können. Nutzen Sie daher Schubladenführungen mit Einrastfunktion oder anderweitige Verriegelung wie beispielsweise Push-Lock (siehe Seite 166).
Für Schwerlastauszüge empfiehlt es sich allerdings immer, die verriegelbaren Modelle zu wählen, da diese auf das entsprechende Gewicht bereits ausgelegt sind.

Eine schienengeführte Schublade

Schubladen mit aufliegender Front

Schwerlastauszüge optimal verbaut als Sitze

ladenschienen auch Schwerlastauszüge nutzen. Sie sind robuster konzipiert und daher in der Lage, höheren Belastungen standzuhalten. Schwerlastauszüge mit einer Traglast von über 200 Kilogramm sind keine Seltenheit. Die Schienen werden von Ausbauern gern für Heckauszüge genutzt. Diese können so kräftig sein, dass Sie nicht nur als Kochmöglichkeit, sondern auch als Sitzgelegenheit dienen können (siehe Bild unten).

Wichtig ist es, die Auszüge fest in der Bodenplatte zu verankern oder ein Gestell zu nutzen, das robust genug gebaut ist. Für die Verankerung am Boden werden zusätzlich zu den Auszügen Montagewinkel (20 bis 30 Euro) benötigt. Denn werden die Auszüge liegend verbaut, verlieren sie an Stabilität. Nur Hochkant behalten sie ihre gesamte Tragkraft. Schwerlastauszüge gibt es in den unterschiedlichsten Dimensionen. Sogar zwei Meter lange Vollauszüge sind kein Problem. Doch die stabile Umsetzung hat ihren Preis: Je nach gewünschter Traglast und Ausstattung müssen Sie daher pro Auszugmeter zwischen 80 und 180 Euro pro Paar rechnen.

Sicherung von Schwerlastauszügen

Schwerlastauszüge brauchen eine angemessene Verriegelung, damit sie während der Fahrt oder im Unfall nicht aufspringen. Wählen Sie beim Kauf daher am besten direkt Modelle mit Verriegelung, denn diese sind bereits auf das passende Gewicht ausgelegt. Um sie entriegeln zu können, haben die Auszüge dann zwei Hebel. Das sieht auf den ersten Blick zwar nicht besonders toll aus, lässt sich aber zum Beispiel mit einer Frontverkleidung elegant verstecken (siehe Bild links).

ANLEITUNG

Schubladenschienen anbringen

WAS BRAUCHE ICH?

- → Schrankkorpus
- → Drei Paar Vollauszüge
- → Drei Schubladen
- → Magnetschnapper
- → Schubladenblenden
- → Griffe
- → Holzschrauben
- → Akkuschrauber
- → **Persönliche Schutzausrüstung (Seite 49)**

Circa 100 € | 2 Stunden | ★ Schwierigkeit 1

1 Die Schienen werden seitlich am Korpus angebracht und ein passendes Gegenstück jeweils an der Schublade befestigt. Setzen Sie dabei die Schienen so an, dass sie vorn bündig abschließen. Dafür können Sie ein Holzbrett als Anschlag nutzen. Nun schrauben Sie die ersten Auszüge am Korpus an. Damit die erste Schiene nicht direkt auf dem Boden aufliegt, legen sie zum Anbringen einen etwa zwei Millimeter dicken Abstandshalter (etwa aus Pappe) darunter.

2 Nun bringen Sie das Gegenstück der Auszüge am untersten Rand der Schublade an. Diesmal ist es aber wichtig, dass Sie keinen(!) Abstandshalter verwenden. So erreichen Sie, dass die Schublade nicht über den Korpusboden schabt. Die Exakte Position der Aufnahme ist hier sehr wichtig, bohren Sie also unbedingt die Schublade vor und achten dabei darauf, dass die Aufnahme am unteren und vorderen Rand der Schublade anschlägt. Stecken Sie die Schublade auf und kontrollieren, ob sie reibungslos auf der Schiene läuft. Dass die Schiene im unteren Bereich der Schublade angebracht ist, sorgt dafür, dass sie auch mit mehr Gewicht noch reibungslos auf der Schiene läuft.

3 Die unterste Schublade ist angebracht. Wenn Sie weitere Schubladen geplant haben, können Sie auf der unteren Schublade wieder einen Abstandshalter auflegen und erhalten dadurch die optimale Montagehöhe für den nächsten Auszug. Die Auszugsgegenstücke werden wieder– wie im Punkt zuvor beschrieben – ohne Abstand am unteren Rand der Schublade angebracht. So entsteht ein gleichmäßig schmaler Abstand zwischen den Schubladen.

4 Nun können Sie alle Schubladen wieder herausnehmen und die vorderen Blenden anbringen. Zum Herausnehmen müssen Sie lediglich die Auszüge aushaken. Falls Sie zu Beginn nicht ganz exakt gemessen haben, kann die oberste Blende etwas höher ausfallen als die restlichen, um das Ganze auszugleichen. Das sorgt auch optisch für einen schönen Effekt.

5 Anschließend noch Griffe montieren und die Magnetschnapper anbringen – fertig!

KAPITEL 7

ZUBEHÖR & SICHERHEIT

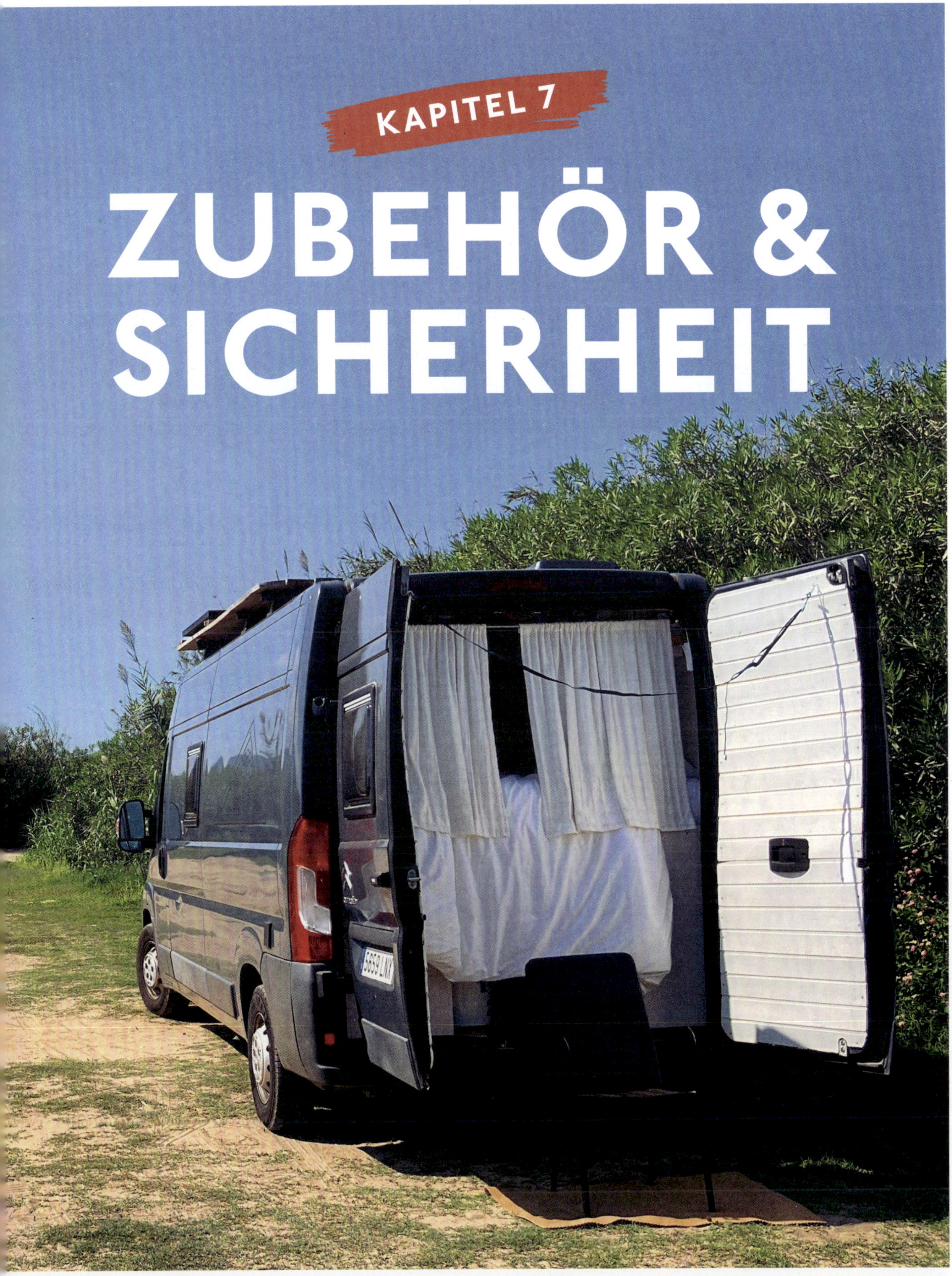

ANBAU-ZUBEHÖR

Ob Markise, Fahrradträger oder Halterungen für andere Sportgeräte: Kreieren Sie Ihr eigenes Heim auf vier Rädern, gibt es eine Menge Zubehör, das Sie außen am Fahrzeug anbringen können.

Markise

Es gibt für beinahe jedes Fahrzeug die passende Markise. Campingmarkisen werden in den unterschiedlichsten Längen angeboten, sind aber selten günstig zu haben. Die gängigsten Modelle (Kassettenmarkisen) werden per Hand ausgekurbelt und über arretierbare Füße auf dem Bodenabgestützt. Der unkomplizierte Aufbau lässt sich sogar allein sehr komfortabel durchführen, selbst wenn die Markise weit oben angebracht ist. Das lassen sich die Hersteller auch etwas kosten: Unter 800 Euro werden Sie wenige Kurbelmarkisen finden.

Aufgestellte Kassettenmarkise an einem Campervan.

Es gibt auch etwas günstigere Modelle – sogenannte Sack- und Rollmarkisen, die etwas umständlicher im Aufbau daherkommen. Der Nachteil: Ohne einen Hocker lassen sie sich bei höheren Fahrzeugen nur schwer aufbauen. Sackmarkisen sind außerdem relativ windanfällig und müssen so schneller einmal abgespannt werden, preislich starten sie ab etwa 350 Euro.

Eine weitere Variante sind Markisen, die sich rund um das Fahrzeug bis zu 270 Grad aufklappen lassen und sozusagen schwebend ohne zusätzliche Füße auskommen. Diese Modelle sind besonders im Overlanding-Bereich beliebt (Überlandreisen zu abgelegenen Zielen), da sie großräumig Schatten spenden. Für den normalen Wohnmobilausbau sind sie als teure Spielerei einzuordnen, denn der Kaufpreis für freitragende Modelle liegt meist bei weit über 1000 Euro. Bekannte Markisenhersteller sind Thule, Fiamma, Wigo und Dometic.

Montage

Allgemein gilt bei der Montage einer Markise, dass sie auf der Seite der Schiebetür angebracht werden sollte. Das mag banal klingen, ist aber essenziell. Kassettenmarkisen können entlang der Seitenwand oder auf dem Dach aufliegend montiert werden. Achten Sie darauf, dass Ihr Markisenmodell zur jeweiligen Montageart passt.

Bei der seitlichen Montage entsteht häufig ein schmaler Spalt zwischen Fahrzeugblech und Markise. Dieser muss entsprechend abgedichtet werden. Passende Regenrinnenprofile oder Gummileisten erhalten Sie im Campingfachhandel. Bei der Dachmarkise besteht dieses Problem nicht. Dachmarkisen sind so konstruiert, dass sie über die Montagepunkte von Dachträgern oder die Regenrinne am Fahrzeug verankert werden können. Wer einen festen Dachträger (siehe Seite 74) auf seinem Fahrzeug verbauen möchte, sollte daher auf eine seitliche Montage der Markise setzen. Ob auf dem Dach oder seitlich: Beide Arten erfordern in der Regel, dass die Befestigungspunkte von innen gekontert werden. Entscheiden Sie sich daher am besten für oder gegen eine Markise, bevor Sie Ihr Fahrzeug dämmen und verkleiden.

Es gibt jedoch Ausnahmen: Manche Modelle können am Dachträger angebracht werden. Zudem lassen sich Sackmarkisen beispielsweise über einen Keder montieren. Ein Keder ist die runde Randverstärkung eines Stoffes, der in sein Gegenstück – die Kederschiene – eingefädelt werden kann. Die Kederschiene kann entweder mit passendem Montagekleber angeklebt oder verschraubt werden. Wer klebt, kann seine Markise auch nach dem Innenausbau anbringen. Schrauben sind allerdings ebenfalls von der Innenseite zu kontern, weshalb auch in diesem Fall die Innenraumverkleidung bei der Montage noch nicht angebracht sein sollte. In manchen Fällen kann der Keder aber auch am Dachträger selbst verschraubt werden.

Blick auf eine Kassettenmarkise

Eine sehr schmale Sackmarkise

Die ausgerollte Sackmarkise wird über Stangen stabilisiert.

Wenn möglich, sollten Sie Ihre Markise immer auf über zwei Metern Höhe montieren. Denn bei Markisen, die niedriger angebracht werden sollen, müssen bei der Wohnmobilummeldung aus Sicherheitsgründen die Außenkanten bewertet werden. Das bedeutet, dass am Umriss des Fahrzeugs keine Teile so hervorragen dürfen, dass sie den Verkehr gefährden. Die Bewertung dessen liegt bis zu einem gewissen Grad auch im Ermessensspielraum der Sachverständigen. Falls die Montage in über zwei Metern Höhe an Ihrem Fahrzeug nicht möglich ist, besprechen Sie Ihr Vorhaben zuvor mit Ihrem TÜV-Sachverständigen. Möglicherweise lässt sich eine gemeinsame Lösung finden.

Montage einer Dachmarkise an Aufnahmen für den Dachträger

DIY-Sonnensegel

Wie Sie sehen, kann man für eine Markise einen ganz schönen Batzen Geld ausgeben. Es geht aber auch anders: Kederschiene und -leiste können Sie für zusammen circa 14 Euro pro Meter auch einfach kaufen und sich ihre eigene Markise selbst nähen (siehe Foto rechts). Genauer gesagt handelt es sich dabei dann allerdings um ein Sonnensegel, da es abgespannt werden muss. Der Nachteil: Der Stoff und die Stangen zum Aufstellen müssen während der Fahrt im Fahrzeug verstaut werden und nehmen dadurch zusätzlichen Platz ein.

Wählen Sie einen robusten, am besten UV-beständigen und wasserabweisenden Stoff. Verstärken Sie die Ecken für die Stützen – der dem Fahrzeug abgewandten Seite – großzügig mit zwei zusätzlichen Materialschichten in Form von rechtwinkligen Dreiecken (Hypotenuse circa 30 Zentimeter). Schlagen Sie einen 2 Zentimeter breiten Saum rundum (zweimal umschlagen) ein und vernähen ihn. Setzen Sie nun in die verstärkte Fläche kurz vor den Saumrändern Metallösen ein, an denen später die Stangen eingesetzt werden.

Nun wird in die dem Fahrzeug zugewandte Seite der Keder eingenäht. Wählen Sie dafür einen doppelfahnigen Keder. Der bereits gesäumte Stoff wird zwischen den Kederfähnchen eingesetzt und vernäht. Nun lässt sich die Markise in den Keder einfädeln und zum Beispiel mit teleskopierbaren oder faltbaren Tarpstangen abspannen.

Wer keine Erfahrung an der Nähmaschine hat: Es gibt Sonnensegel für Keder oder zum Abspannen auch ab circa 120 Euro zu kaufen. Noch günstiger sind Tarps (circa 30 Euro). Diese müssen allerdings umständlich über das Fahrzeug gespannt werden.

Fahrradträger

Sich schnell aufs Rad schwingen und die Gegend erkunden kann sehr praktisch und erholsam sein. Daher nehmen viele Camper ihre Drahtesel gern mit in den Urlaub. Aber auf welchem Fahrradträger? Die Stiftung Warentest hat im Februar 2021 acht Autofahrradträger für die Anhängerkupplung getestet. Die Produkte wurden unter anderem einem Crashtest unterzogen und hinsichtlich Sicherheit, Handhabung und Haltbarkeit bewertet. Testsieger war der Thule EasyFold XT. Er meisterte die Sicherheitsprüfungen am besten und erhielt das Qualitätsurteil Gut (1,9). Mit 665 Euro war er aber auch der teuerste Träger im Test.

Der Fahrradträger Thule EasyFold XT

Ein selbstgenähtes Sonnensegel als Alternative zur teuren Markise

Deutlich günstiger und noch Gut (2,5) schnitten der Oris Traveler II und der Eufab Premium II Plus für je etwa 450 Euro ab. Sie wurden jeweils als sicher eingestuft, jedoch lösten sich bei beiden Modellen einzelne Klemmen. Beim Eufab waren zudem die Rücklichter etwas anfällig – eines davon brach im Test ab. Nicht zu empfehlen sind die Träger Atera Strada Vario 2, MFT Compact 2E+1 und XLC Azura Xtra LED VC-C05. Sie fielen im Crashtest durch.

Achtung: Die Fahrradträger sind eher für Fahrzeuge mit Kofferraumklappe entwickelt. Wer einen Camper mit Flügeltüren am Heck fährt, sollte wissen, dass die Türen sich trotz Abklappfunktion nicht bei jedem Träger vollständig öffnen lassen können. Die Testkandidaten von Oris und Eufab hatten einen besonders weiten Abklappwinkel. Achten Sie darauf, dass Ihr Fahrzeug über eine Anhängerkupplung verfügt, die eine ausreichende Stützlast für den beladenen Träger besitzt.

Nicht im Test: Träger, die sich vorziehen oder zur Seite aufklappen lassen. Sie eignen sich aber gut bei Flügeltüren. Eine weitere Möglichkeit für den Fahrradtransport bieten Heckträger, die an Heckklappe oder Flügeltüren montiert werden. Das Beladen der Träger ist jedoch wenig komfortabel, da sie etwa auf Bauchhöhe angehoben werden müssen.

ZULASSUNGS CHECK

Für die Seitenträger gelten vergleichbare Richtlinien wie für Dachträger auf Seite 74. Bringen Sie die Seitenträger nicht unter zwei Metern Höhe an (siehe Markisen, Seite 202). Denn da sie verhältnismäßig weit hervorragen, können sie andernfalls den Verkehr gefährden.

Weitere Sportgeräte

Möchten Sie größere Sportgeräte wie Surfbretter oder Kajaks transportieren, können diese auf einem Dachträger mitfahren. Manchmal sind dafür zusätzlich entsprechende Adapter notwendig. Diese lassen sich allerdings nachträglich anbringen. Was bei Seitenträgern mitunter nicht der Fall ist – etwa für Surfbretter. Denn hier sind Modelle gängig, die von innen gekontert werden müssen.

Bei allem, was draußen mitfährt, ist die Ladungssicherung sehr wichtig. Achten Sie darauf, die Sportgeräte adäquat mit Spanngurten zu sichern.

Ersatzrad

Entfernen Sie ihr Ersatzrad nicht, um Gewicht zu sparen oder dort einen Unterflurtank anzubringen. Auf ein Ersatzrad sollten Sie nicht verzichten. Falls Sie doch einmal mit einem Platten dastehen, ist der Reifenwechsel mit Ersatzreifen eine Sache von Minuten. Ohne müssen Sie zur nächsten Werkstatt abgeschleppt werden. Wer schon einmal ohne Ersatzrad liegen geblieben ist, weiß, dass solch ein Prozedere leicht fünf Stunden und länger dauern kann. Dass man mit dem Camper eher in abgelegeneren Regionen unterwegs ist, ist dem überdies nicht förderlich. Wenn Sie dann noch nach den regulären Arbeitszeiten liegen bleiben, verbringen Sie Ihre Urlaubsnacht neben einer Werkstatt.

LOSES ZUBEHÖR

Ob Klapptisch, Spezialgeschirr oder faltbare Feuerschale: Der Auswahl an losem Campingzubehör ist keine Grenze gesetzt. Leicht und möglichst klein soll es sein. Im Küchenbereich gibt es kreative Erfindungen wie klappbare Henkel und Pfannengriffe.

Zur üblichen Urlaubsausstattung des Campers gehören natürlich auch Zahnbürste, Shampoo, Handtücher und Co. Im Folgenden werden zunächst campingspezifische Produkte – erhältlich im Outdoor-Fachhandel, online oder bei großen Campingausstattern – behandelt. Auf Seite 207 finden Sie eine Checkliste, auf der alle Gegenstände aufgelistet sind, die Ihnen den Campingurlaub erheitern. Das meiste Campingzubehör zeichnet sich dadurch aus, dass es entweder besonders leicht ist, sich gut verkleinern lässt oder beide Eigenschaften besitzt.

Tisch und Stühle

Ein Großteil des Campingurlaubs spielt sich draußen ab. Quasi unentbehrlich sind daher ein Tisch und Sitzgelegenheiten für draußen. Hier empfehlen sich klappbare Campingtische, die in den verschiedensten Dimensionen erhältlich sind. Unterschiede ergeben sich in der Art und Weise, wie die Tische verstaut werden: Klapptische lassen sich durch das Einklappen der Tischbeine zu einem flachen Packmaß komprimieren. Bei Falttischen lässt sich zusätzlich noch die Tischplatte um die Hälfte einfalten, was sie noch kleiner macht. Das geringste Packmaß erhalten Sie mit Modellen, bei denen die Tischplatte aus leichten (Alumi-

Schwer und sperrig – aber komfortabel: Klappstühle und ein großer Campingtisch

Nicht besonders schnell aufgebaut, dafür winzig im Packmaß: die Ultraleichtversionen.

Weingläser aus Kunststoff und Emaillegeschirr

nium-)Latten besteht, die auf einem faltbaren Tischgestänge ausgerollt werden.

Die gleiche Devise gilt für Campingstühle. Auch hier gibt es verschiedene Klapp- oder Falttechniken vom großen und schweren, dafür sehr komfortablen Campingklappstuhl mit verstellbarer Rückenlehne, der jedoch sehr viel Platz einnimmt (Packmaß etwa 112 x 10 x 65, Angabe in Zentimetern – eher geeignet für Dauercamper), über kleinere Modelle, die sich zu einem Bündel von etwa 80 Zentimetern Höhe und 20 Zentimetern im Durchmesser zusammenfalten lassen, bis hin zum Ultraleichtstuhl, der – neben seinem komprimierten Packmaß (zum Beispiel 35 x 12 x 10) – zudem ein sehr geringes Gewicht aufweist. Häufig kommen die kleineren Modelle – Tische wie Stühle – gleich in praktischen Tragetaschen daher.

Küche

Campinggeschirr aus Melaminharz oder Emaille wiegt wenig und ist außerdem kaum zu zerstören, sodass Teller und Tassen auch auf buckeligen Pisten nicht zerspringen. Von Produkten mit Bambusanteil ist abzuraten: Im Bambusbecher-Test von 2019 fanden die Prüfer der Stiftung Warentest in den meisten zu viele Schadstoffe. Die Becher waren so schlecht verarbeitet, dass die Schadstoffe in die Prüflebensmittel übergingen. Die freigesetzten Stoffe waren Melamin – kann Blase und Nieren schädigen – und Formaldehyd – kann Haut, Atemwege und Augen reizen. Reine Melaminharzprodukte sind aber meist sicher, Kindergeschirr wird oft daraus gefertigt. Wichtig ist der richtige Umgang: Keine Lebensmittel mit einer Temperatur von über 70 Grad Celsius einfüllen.

Glas hat als zerbrechliches Material eigentlich ebenfalls nichts im Wohnmobil verloren. Als Ersatz dienen Kunststoffgläser, die mittlerweile täuschend echt wirken können (siehe Foto links unten). Wer auf echtes Glas nicht verzichten möchte, kann sich an Modellen mit Magnetaufhängung versuchen. So soll gesichert werden, dass sie während der Fahrt nicht aneinanderstoßen oder herumrutschen. Antirutschmatten für Töpfe und Geschirr gehören ebenfalls zum Angebot der Campingausstatter.

Fast alle Haushaltsutensilien, die Sie sich vorstellen können, gibt es in der platzsparenden Campingversion. Beispielsweise große Eimer zum Eindrücken, sodass eine circa fünf Zentimeter dicke Scheibe entsteht. Die Eimer lassen sich gut als Spülschüssel oder zur Handwäsche nutzen. Ultraleichte Töpfe und Pfannen sparen Gewicht. Teilweise sind auch die Henkel klappbar, sodass sie weniger Platz einnehmen. Selbst Grills und Feuerschalen gibt es in der kleinen oder faltbaren Version.

Sonstiges

Zum Wasserfüllen sollten Sie sich einen Frischwasserschlauch mit passendem Anschluss an den Tankeinfüllstutzen besorgen. Wer einen Landstromanschluss hat, benötigt ein CEE-Kabel. Nicht jeder Stellplatz ist perfekt eben. Um mögliche Schieflagen auszugleichen ist es sinnvoll, Auffahrkeile mitzuführen.

Checkliste

Outdoor-Gear, Küchenutensilien und Hygieneartikel. Mit unserer Checkliste sind Sie für Ihren ersten Urlaub startklar. Haben Sie noch weitere Ideen? Ergänzen Sie Ihre persönlichen Gegenstände am Ende der Checkliste.

Outdoor Must have:
- O Campingtisch
- O Campingstühle

Outdoor Nice to have:
- O Grill
- O Feuerschale
- O Kerzen
- O Tischlampe

Küche Must have:
- O Kochutensilien
- O Teller
- O Tassen
- O Schüsseln
- O Besteck
- O Schwämme
- O Spülmittel
- O Geschirrtücher

Küche Nice to have:
- O Kunststoffgläser
- O Kaffeemaschine (Mokkakocher)
- O Faltbarer Eimer (Spülschüssel)

Wasser Must have:
- O Frischwasserschlauch

Wasser Nice to have:
- O Gießkanne (für schlauchloses Tankfüllen)
- O Zusatzkanister

Elektrik Must have:
- O Multimeter
- O Ersatzsicherungen
- O Stirnlampe
- O Ladekabel (für Handy, Kamera, etc.)

Bei Landstromanschluss:
- O CEE-Kabel (max. 25 Meter)
- O CEE-Verlängerungskabel

Elektrik Nice to have:

- ○ Lichterkette
- ○ Powerbank

Bei Landstromanschluss:

- ○ Kabeltrommel
- ○ Verteilersteckdose

Badezimmer:

- ○ Zahnbürste
- ○ Shampoo
- ○ Duschgel
- ○ Handtücher
- ○ Hygieneartikel
- ○ Toilettenpapier
- ○ Insektenschutzmittel
- ○ Reiseapotheke

Wohnen Must have:

- ○ Kleidung
- ○ Bettwäsche
- ○ Müllsäcke

Ist es Ihr erstes eigenes Wohnmobil, stellen sich nach dem Ausbau viele Fragen. Worauf muss ich vor der Abreise achten? Wie plane ich einen erfolgreichen Campingurlaub? Und vor allem: Wo finde ich die schönsten Stellplätze? Diese und viele weitere Fragen beantworten wir in unserem Ratgeber „Traumziele mit dem Wohnmobil“. Darin helfen wir Ihnen bei der Planung Ihres Urlaubs und zeigen die schönsten Stellplätze Deutschlands, Österreichs und der Schweiz.

Wohnen Nice to have:

- ○ Handwaschmittel
- ○ Wäscheleine
- ○ Mückennetze
- ○ Handfeger
- ○ 12-Volt-Staubsauger

Nivellieren:

- ○ Auffahrkeile

Freizeitbeschäftigung:

- ○ Hängematte
- ○ Spiele (Brettspiele, Kartenspiel(e), Boule, Wikingerschach)
- ○ Sportgeräte (Fahrräder, Federball, Frisbee)
- ○ Picknickdecke
- ○ Strandmuschel
- ○ Bücher

Werkzeug:

- ○ Hammer
- ○ Multitool
- ○ Wasserpumpenzange
- ○ Passende Schraubendreher
- ○ Duck-Tape
- ○ Kabelbinder

Persönliche Gegenstände:

- ○ ______________________
- ○ ______________________
- ○ ______________________
- ○ ______________________
- ○ ______________________
- ○ ______________________
- ○ ______________________

EINBRUCHSCHUTZ

Wohnmobile sind ein beliebtes Einbruchsobjekt, im Vergleich zu Haus und Wohnung aber schlechter gesichert. Klemmstangen und Zusatzschlösser verhindern den Einstieg in Türen und Fenster. Eine mobile Alarmanlage kann für Abschreckung sorgen. Geheimfach und Safe schützen die Wertgegenstände.

Fenster sichern

Die großen Schwachstellen im Wohnmobil sind Fenster und Dachluken. Sie sind oft nur über kleine Kunststoffhaken fixiert. Durch Metallaufsätze oder -profile lassen sich Aufstellfenster verstärken. Dabei wird beispielsweise eine Metallleiste mit Winkelprofil am unteren Rand des Fensters angebracht. Das Gegenstück bildet ein schraubbarer Metall-Pin, der das Ganze von innen sichert. So sind Sie nicht mehr auf Kunststoffhaken angewiesen, die schnell aufgebrochen sind. Theoretisch lassen sich die Metallprofile auch irgendwann aufstemmen, dies ist aber sehr aufwendig, was Kriminelle abschreckt. Kostenpunkt: um die 100 Euro pro Fenster. Klingt teuer, erspart Ihnen aber unter Umständen einen Einbruch mit all seinen Folgen.

Bei Schiebefenstern wirken Klemmstangen (circa 60 Euro) effektiv dem gewaltsamen Öffnen entgegen. Ähnliche Stangen gibt es auch für Dachluken, diese lassen sich dann zwar noch aufbrechen, der Einstieg aber wird erschwert.

Türen sichern

Zur Sicherung der Türen gibt es unzählige Möglichkeiten, die teilweise nur von kleineren Herstellern und für bestimmte Modelle gefertigt werden. Informieren Sie sich am besten spezifisch zu Ihrem Fahrzeugtypen. Allerdings gibt es auch viele Universallösungen und ganze Onlineshops, die sich auf Wohnmobilsicherheit spezialisiert haben. Da es sich häufig um kleine Serienfertigungen handelt, sind besondere Schlosssysteme selten für kleines Geld zu haben. Eine etwas unkonventionelle, aber sehr günstige Empfehlung des ADAC ist es, die Fahrer und Beifahrertür von innen mit Spanngurten zusammenzuzurren. Dazu wird der Gurt jeweils durch einen Haltegriff gezogen und stramm abgespannt. Anschließend lassen sich die Türen der Fahrerkabine auch mit geknacktem Schloss quasi nicht mehr öffnen. Gleiches geht mithilfe einer Kette. Leider ist diese Methode nicht bei jedem Fahrzeug möglich. Denn nicht immer ist ein Loch zum Durchfädeln des Gurtes oder der Kette vorhanden.

Für Schiebe- und Hecktüren eignen sich von außen angebrachte Bolzen- oder Drehsicherungen, die sich mit einem zusätzlichen Schloss verriegeln lassen. Auch gibt es Methoden, bei denen ein Diskusschloss so an der Laufschiene der Schiebetür angebracht wird, dass es sie beim Öffnen blockiert. Hier führen Einbruchsversuche aber zu gröberen Lackschäden. Der Nachteil bei Außenverriegelungen ist, dass Sie einen weiteren Schlüssel herumschleppen. Der Vorteil: Sicherungen von außen wirken bereits optisch abschreckend. Bei Innensicherungen empfiehlt es sich, außen Hinweissticker anzubringen. Diese werden von den Herstellern mitgeliefert oder können dazugekauft werden. Außerdem sind Außensicherungen meist universal für viele Fahrzeugmodelle nutzbar. Innensicherungen sind hingegen häufig fahrzeugspezifisch. Hier ist besonders der Bereich der Kastenwagen gut abgedeckt. Beispiele für Innensicherungen, die aber nur für ausgewählte Modelle erhältlich sind, stellen Sicherungsketten zur Schiebetürverriegelung dar. Dabei wird die Tür etwa über eine Kette von innen mit einer in der B-Säule verankerten Öse verbunden.

Für Hecktüren gibt es Metallplatten, die von innen angebracht werden. Über eine runde Aufnahme blockiert ein Sicherungsbolzen das Öffnen der Türen. Beide Optionen sind erhältlich für die meisten Kastenwagen, darunter Fiat Ducato, Peugeot Boxer, Citroën Jumper, Mercedes Sprinter, Volkswagen Crafter und Ford Transit.

Innensicherungen können nachts an allen Türen genutzt werden. Wenn Sie das Fahrzeug verlassen, muss aber mindestens eine geöffnet bleiben, um auszusteigen.

Sogenannte Prick Stops sind Bleche, die verhindern sollen, dass Ihre herkömmlichen Türschlösser aufgebrochen werden. Besonders bei älteren Fahrzeugen ist dies leider innerhalb von Sekunden mit nur einem Schraubenschlüssel möglich, indem entweder unterhalb der Türgriffschale oder in den Schließzylinder eingestochen wird. Das Aufhebeln der Türgriffschale wird durch Prick Stops so gut wie verhindert. Um sie anzubringen, muss unter Umständen die Innenverkleidung der Türen abgenommen werden. Prick Stops sind zum Beispiel erhältlich für Fiat Ducato, Peugeot Boxer und Citroën Jumper.

Leider ist es noch nicht möglich, eine normale Autoscheibe einschlagsicher zu gestalten. Daher können all diese Maßnahmen nur abschrecken, den gezielten Einbruch verhindern Sie nicht. Der ADAC empfiehlt, keine Wertsachen herumliegen zu lassen und Bargeld versteckt zu verteilen. Die Fenster sollten bei Abwesenheit geschlossen bleiben und der Camper möglichst nicht einsehbar sein. Nehmen Sie nur die nötigsten Wertgegenstände mit auf die Reise, tragen Sie das Wichtigste am Körper. Der ADAC rät zudem von Übernachtungen auf Autobahnraststätten und ungesicherten Parkplätzen ab. Hören Sie auf Ihr Bauchgefühl: Empfinden Sie einen Ort als unsicher, sollte Sie dort nicht übernachten.

Alarmanlage

Einen weiteren Abschreckeffekt bieten Alarmanlagen. Sie haben die Wahl zwischen Systemen mit Magnet- oder Ultraschallsensoren, die innen an Fenstern und Türen angebracht werden. In eingeschaltetem Zustand registrieren die Detektoren, ob die Eingänge geöffnet werden. Der Vorteil: Sie können sich auch mit scharfgestellter Alarmanlage im Fahrzeug aufhalten, ohne dass sie fälschlicherweise anspringen sollte. Im Alarmfall erhalten Sie Benachrichtigungen aufs Handy, einige Modelle lassen sich per Smartphone steuern. Allerdings: Bei Komplettsystemen für Fenster und Türen sind Sie schnell um die 300 Euro los. Ebenfalls abschreckend wirken Aufkleber mit Hinweis auf Alarmsicherung.

Meister-Tipp

Hinweissticker auf Alarmanlage und Co können übrigens auch ohne die entsprechende Ausstattung abschreckend wirken. Wer gerade nicht das benötigte Kleingeld aufbringen kann, ist also gut bedient, ein paar Euro in Aufkleber zu investieren und die Anlage vielleicht erst zu einem späteren Zeitpunkt nachzurüsten.

Safe und Geheimfach

Unentbehrliche Wertgegenstände sollten Sie möglichst immer bei sich tragen. Geht das nicht, kann ein Safe Ihnen ein sichereres Gefühl bieten. Damit dieser nicht herausgerissen wird, sollte er im besten Fall in der Bodenplatte oder im Boden eines robusten Möbelstücks durchgeschraubt und mit einer gegenliegenden Metallplatte verankert werden. Ist der Tresor „nur" angeschraubt, kann er unter Umständen gewaltsam herausgebrochen werden.

Da Sie Ihren Camper selbst ausbauen, können Sie kreativ werden. Geheimfächer unter einem doppelten Boden im Schrank oder versteckt hinter einer Rückwand können Lagerorte für Laptops oder Kameras darstellen. Auch können Sie diebstahlsichere Beutel mit eingearbeitetem Metallgitter in Ihrem Geheimfach befestigen. Durch das Gitter sind die Taschen gegen Messereinwirkung geschützt. Sie eigenen sich gut für wichtige Dokumente und können bei Bedarf auch mitgenommen werden.

Hilfe im Einbruchsfall

Trotz aller Vorsichtsmaßnahmen ist es dennoch geschehen: Das Fahrzeug ist aufgebrochen, alle Taschen und die teure Kamera sind weg. Eine Tragödie, die aber zu bewältigen ist, wenn Sie gut vorbereitet sind.

Für den Einbruchsfall im Wohnmobil, können Sie Ihre Hausratversicherung so anpassen, dass ausdrücklich auch Diebstahlschutz im Kfz abgedeckt ist. Ohne diese Erweiterung greift der Hausratschutz nämlich meist nicht.

Alternativ zur erweiterten Hausratversicherung bieten einige Versicherer auch Inhaltsversicherungen für Reisemobile. Sie sichern neben Einbrüchen auch Brand, Unfall oder Fahrzeugdiebstahl ab. Im Versicherungsvergleich der Stiftung Warentest unter test.de/Wohnmobilversicherungen finden Sie eine Gegenüberstellung solcher Policen. Jedoch enthält der aktuelle Versicherungsvergleich keine einzelnen Tarife, die nur das Risiko Diebstahl versichern, sondern Kfz-Versicherungspolicen mit der Inhaltsversicherung als Zusatzleistung.

Auch ist empfehlenswert, dass Sie alle wichtigen Dokumente als ausgedruckte Kopie mitführen. Ein verlorener Reisepass ist deutlich einfacher ersetzt, wenn Sie auf der Botschaft eine beglaubigte Kopie vorzeigen können. Alternativ gelten natürlich auch andere Ausweisdokumente als Identitätsnachweis. Wenn also Reisepass und Personalausweis nicht am selben Ort lagern, erhöhen Sie die Wahrscheinlichkeit, dass Ihnen im Falle eines Diebstahls eines von beiden erhalten bleibt.

SCHUTZ VOR AUTODIEBSTAHL

Die Häufigkeit der Diebstähle von Wohnmobilen steigt, die Zulassungen aber auch. Sicherheitsmaßnahmen wie eine Lenkradkralle schrecken ab. Ein verstecktes GPS-Ortungssystem kann im Verlustfall helfen, den Camper wiederzufinden.

Ruhe bewahren

Laut aktuellem Bundeslagebild für Kfz-Kriminalität nehmen zwar die Diebstähle von Wohnmobilen zu, allerdings steigen die Zulassungszahlen auch stark. Höchstwerte gab es in den Auswertungen vom Januar 2022 mit einer Steigerung von 13,7 Prozent zum Vorjahr. Das bedeutet, dass die absolut gemeldeten Fälle von Wohnmobildiebstählen zwar steigen, die relative Häufigkeit wegen des allgemeinen Wohnmobilbooms aber tatsächlich seit Jahren sinkt.

Zudem sei gesagt, dass selbst ausgebaute Wohnmobile oft einen hohen Wiedererkennungswert haben und somit weniger attraktiv sind für Gauner als manch teurer Luxusliner von der Stange. Diesen Fakt können Sie sich außerdem zunutze machen, indem Sie das Fahrzeug beispielsweise mit Aufklebern oder einer besonderen Lackierung noch stärker personalisieren – und das gilt natürlich nicht nur für selbst ausgebaute Camper.

Wegfahrsperren

Allzu große Sorgen müssen Sie sich um Ihren neuen Camper also nicht machen. Wer sich dennoch schützen möchte, hat einige Möglichkeiten: Achten Sie zunächst nach Entfernen des Zündschlüssels immer darauf, das Lenkradschloss einrasten zu lassen. Wenn Sie in abgestelltem Zustand das Lenkrad drehen, rastet ein Bolzen in der Lenksäule ein, sodass sich das Lenkrad nicht mehr bewegen lässt und das Fahrzeug quasi nur noch im Kreis fahren könnte. Da das Lenkradschloss mit Gewalt aber freigebrochen werden kann, bieten sich zusätzliche Maßnahmen wie Lenkrad- oder Reifenkrallen an. Auch Pedalsperren bieten eine Option. Im Folgenden stellen wir Ihnen einige Möglichkeiten vor, die Diebstahlsicherheit in Ihrem Fahrzeug zu erhöhen. Sie können natürlich auch mehrere der nachfolgend genannten Möglichkeiten kombinieren, um die Fahrzeugsicherheit zu maximieren.

Lenkradkralle und Co

Lenkradkrallen werden am Lenkrad befestigt und abgeschlossen. Für gewöhnlich blockieren sie die Bewegung durch einen Kontakt mit dem Armaturenbrett. So wird verhindert, dass das Lenkrad gedreht werden kann, was das Fahren des Fahrzeugs erschwert. Auch wenn diese Art der Wegfahrsperren schon lange nicht mehr den aktuellsten Stand der Technik darstellen, so wirken sie doch auch optisch abschreckend, genau wie Reifenkrallen. Diese werden am Reifen festgeklemmt und abgeschlossen, so kann sich das Rad nicht mehr drehen. Ist jedoch ein unabgeschlossener Ersatzreifen von außen zugänglich, soll es bereits vorgekommen sein, dass die Reifenkralle umgangen wird, indem die Diebe den betroffenen Reifen einfach wechseln. Eine weitere Möglichkeit bieten Pedalsperren. Sie blockieren Kupplungs- oder Gaspedal, was das Anfahren erschweren soll. Die Pedalsperre ist die kleinste der drei Optionen und dadurch im platzbegrenzten Camper handlich. Dafür wirkt diese Sperre aber auch weniger abschreckend, da sie unten im Fußraum schlecht sichtbar ist. Es gibt auch Modelle, die als kombinierte Lenkrad- und Pedalsperre fungieren und so etwas besser sichtbar, dafür aber auch wieder größer sind. Alle Wegfahrsperren erhalten Sie ziemlich günstig für unter 50 Euro, wobei die Modelle mittlerweile teilweise auch mit integrierten Alarmsystemen erhältlich sind.

Gangschaltungssperre, Lenksäulensperre und OBD-Schloss

Eine deutlich teurere aber auch modernere Maßnahme bietet der Einbau einer mechanischen Gangschaltungssperre – Marktführer ist hier die Firma Bear-Lock –, der für 500 bis 700 Euro möglich ist. Allerdings ist diese Option auch sehr platzsparend und muss nicht immer neu angebracht werden, da sie fest im Fahrzeug integriert ist. Bei einer Lenksäulensperre wird auf elektronische Weise der Fahrzeugstart und zusätzlich über eine Mechanik die Lenkung blockiert. Des Weiteren gibt es Verschließmechanismen für die Buchse der On-Board-Diagnose (OBD). Über diese lässt sich die elektronische Wegfahrsperre deaktivieren, die ab Werk in fast jedem Fahrzeug verbaut ist. Ist die Buchse mit einem OBD-Schloss blockiert, haben es Diebe deutlich schwerer, an die Steuereinheit zu gelangen.

Ortung

GPS-Ortungsgeräte werden über das Bordnetz an das Fahrzeug angeschlossen und senden bei unerwünschter Bewegung Nachrichten an Ihr Smartphone oder die Behörden. Allerdings ist auch hier der Einbau eher teuer und die Ortungsgeräte nicht immer absolut zuverlässig: Beim Diebstahl werden mittlerweile nämlich bereits häufig Störsender verwendet, um die GPS-Ortung zu umgehen.

Die Lenkradkralle erschwert das Wegfahren.

ANHANG

SERVICE

STICHWORT-VERZEICHNIS

K

L

M

N/O

P

R

S

VANLIFE IM INTERNET

Für die meisten Wohnmobilausbauerinnen und -ausbauer gilt: Der eigene Camper ist nicht nur die große Leidenschaft, sondern auch das liebste Gesprächsthema. Spätestens bei der ersten großen Reise stehen die Chancen sehr gut, auf Gleichgesinnte zu treffen, mit denen man Erfahrungen austauschen und fachsimpeln kann.

Doch auch online ist die Ausbauszene sehr aktiv: Es gibt zahlreiche Blogs zum Thema, Anleitungen auf YouTube oder auch Instagram-Kanäle mit vielen Inspirationen, um das mobile Zuhause individuell zu gestalten.

Ein reger Austausch unter Ausbauenden war auch entscheidend für die Entstehung dieses Ratgebers. Wir möchten Ihnen daher Webpräsenzen von Menschen vorstellen, die dieses Projekt unterstützt haben, mit Ideen und Vorschlägen und oft auch mit Fotos von ihrem eigenen Ausbauprojekt.

Wichtiger Hinweis: Die Inhalte dieser Accounts wurden nicht von der Stiftung Warentest geprüft, stehen in keiner Verbindung zur Stiftung Warentest und geben nicht die Meinungen und Empfehlungen der Stiftung Warentest wieder.

Instagram

rumpel_4x4
benzbiene
frischluftvanatiker
explore_africa_4x4
silibanana
zweiberts

Blog

www.unimogreise.com

Webpräsenz der Autorin

Pia Voigt, die Autorin des Buches, betreibt gemeinsam mit Ihrem Partner Theodor Thomas ebenfalls einen Blog zum Thema Wohnmobilausbau:

www.northernnomads.de

northernnomads.de

BILDNACHWEIS

Für die freundliche Bereitstellung der Bilddaten danken wir:

Achtung! Mary GbmH: 189

AdobeStock: Titel, 2, 84 (2x), 93, 175

Beer, Silvana: Titel, 52, 164, 198, 222

Borchert, Manuela und Uli: 24, 129, 151, 176

Campeleon: 91, 142, 143, 144, 149, 150 (2x), 155, 157 (1x), 178 (2x), 180 (3x), 182 (2x), 183, 196

EcoFlow Inc.: 119

GettyImages: 30, 46 (5x), 47 (4x), 124, 126, 160

Heidecke, Michaela: 94

Hundertmark, Elisa: Umschlag Rückseite, 74, 76, 86, 182

Kaszewski, Mandy: 4, 5, 20, 59 (2x), 60 (3x), 61, 78, 84, 89 (4x), 110, 113, 169 (6x), 185

Kern, Jasmin: 156

Königsmann, Christian: 16, 33, 34, 37, 38, 117, 119, 147, 179

Makita Werkzeug GmbH: 47

Meier, Roger: Titel, 59 (2x), 66, 80, 83, 87, 93 (4x), 133, 134, 163, 177, 187 (6x), 191 (3x)

Transitfrei.de: 112

Stieler, Dennis: 122, 123 (2x), 181, 184

Truma Gerätetechnik GmbH & Co KG: 140

Thule GmbH: 203

Uhl, Lisa: 4, 82, 83 (2x), 129, 158, 167 (2x), 176, 195

vanarang.de: 55 (3x)

Voigt, Pia: Umschlag Rückseite, 4, 18, 22 (2x), 49, 57, 63, 65 (2x), 69, 71, 72 (2x), 75 (2x), 81, 89, 93, 100, 116, 128, 129, 130, 135, 137 (4x), 138 (3x), 139 (3x), 144, 148, 151, 162, 166, 171 (8x), 172, 173, 183, 190, 192, 193, 196, 200, 201, 202, 203, 205, 206 (2x), 213, 214

Die Stiftung Warentest wurde 1964 auf Beschluss des Deutschen Bundestages gegründet, um dem Verbraucher durch vergleichende Tests von Waren und Dienstleistungen eine unabhängige und objektive Unterstützung zu bieten.

Pia Voigt ist freie Wissenschaftsjournalistin und verbringt einen Großteil des Jahres im selbst ausgebauten Camper. Alle Höhen und Tiefen eines Ausbauprojekts kennt sie aus eigener Erfahrung. Ihre letzte Reise führte sie als Digitale Nomadin entlang der Atlantikküste über 14 Länder bis nach Sierra Leone in Westafrika. Auf ihrer Webseite und dem gleichnamigen Instagram-Kanal „northernnomads.de" veröffentlicht sie neben praktischen Ausbau-Anleitungen– wie beispielsweise einem Batterie-Dimensionsrechner – Reiseberichte und Tipps rund ums Vanlife mit ihrem Partner und ihrer Katze Chilli.

Stiftung Warentest
Lützowplatz 11–13
10785 Berlin
Telefon 0 30/26 31–0
Fax 0 30/26 31–25 25
www.test.de, email@stiftung-warentest.de

USt-IdNr.: DE136725570

Vorständin: Julia Bönisch
Weitere Mitglieder der Geschäftsleitung:
Dr. Holger Brackemann, Daniel Gläser,
Dr. Birger Venn-Hein

Programmleitung: Niclas Dewitz
Autorin: Pia Voigt

Projektleitung: Eva Gößwein
Lektorat: Magnus Enxing
Mitarbeit: Veronika Schuster, Merit Niemeitz
Korrektorat: Magnus Enxing
Fachliche Unterstützung: Andreas Gille (Elektrik), Frank Schneider (TÜV-Verband), Jörg Wehrfritz (TÜV Rheinland), Roman Schukies
Titelentwurf: Daniela Greven
Layout: Christian Königsmann
Satz: Christian Königsmann, Annett Hansen
Bildredaktion: Lisa Frischemeier
Produktion: Christian Königsmann
Verlagsherstellung: Rita Brosius (Ltg.), Romy Alig, Susanne Beeh
Litho: tiff.any, Berlin
Druck: optimal media GmbH, Röbel

ISBN: 978-3-7471-0821-5

Wir haben für dieses Buch 100 % Recyclingpapier und mineralölfreie Druckfarben verwendet. Stiftung Warentest druckt ausschließlich in Deutschland, weil hier hohe Umweltstandards gelten und kurze Transportwege für geringe CO2-Emissionen sorgen. Auch die Weiterverarbeitung erfolgt ausschließlich in Deutschland.